防灾减灾系列教材

C语言程序设计
简明教程

鹿玉红　刘　颖　主编

杨秋格　邢丽莉　副主编

清华大学出版社

北京

内 容 简 介

C语言是一种结构化的计算机程序设计语言,具有使用灵活、表达能力强,兼具高级语言和低级语言双重功能等特点,是各大院校计算机程序设计入门课程的首选语言之一。本书以应用性为中心,以培养程序设计思想和程序设计能力为本位,坚持基础理论与应用实践并重的指导思想。

全书理论内容分析透彻严谨、详略得当,案例丰富生动,内容简洁、衔接自然、层层深入,共分为11章,全面讲解C语言的数据类型和表达式、三种基本结构的程序设计、模块化程序设计、数组、指针、结构体和文件等内容,每章后均附有重点内容小结和多种类型的习题,同时第11章为每章设置了相应的实验指导,与教学内容紧密衔接,相辅相成。本书配有电子课件、例题和实验的程序源码、习题答案等丰富的教学资源。

本书适合作为高等院校C语言程序设计等相关课程的教材,也可供C语言程序设计爱好者或参加各种C语言考试的读者学习使用。

图书在版编目(CIP)数据

C语言程序设计简明教程/鹿玉红,刘颖主编.—北京:清华大学出版社,2018(2024.7重印)
(防灾减灾系列教材)
ISBN 978-7-302-50485-6

Ⅰ.①C… Ⅱ.①鹿… ②刘… Ⅲ.①C语言—程序设计—教材 Ⅳ.①TP312.8

中国版本图书馆 CIP 数据核字(2018)第 131731 号

责任编辑:佟丽霞
封面设计:常雪影
责任校对:刘玉霞
责任印制:刘海龙

出版发行:清华大学出版社
   网 址:https://www.tup.com.cn,https://www.wqxuetang.com
   地 址:北京清华大学学研大厦 A 座   邮 编:100084
   社 总 机:010-83470000   邮 购:010-62786544
   投稿与读者服务:010-62776969,c-service@tup.tsinghua.edu.cn
   质量反馈:010-62772015,zhiliang@tup.tsinghua.edu.cn
印 装 者:三河市龙大印装有限公司
经 销:全国新华书店
开 本:185mm×260mm 印 张:27.25   字 数:663 千字
版 次:2018 年 8 月第 1 版   印 次:2024 年 7 月第 5 次印刷
定 价:78.00 元

产品编号:077451-02

"防灾减灾系列教材"编审委员会

主　任：薄景山

副主任：刘春平　迟宝明

委　员：（按姓氏笔画排序）

万永革	马胜利	丰继林	王小青	王建富	王慧彦
田勤俭	申旭辉	石　峰	任金卫	刘耀伟	孙柏涛
吴忠良	张培震	李小军	李山有	李巨文	李　忠
杨学山	杨建思	沈　军	肖专文	林均岐	洪炳星
胡顺田	徐锡伟	袁一凡	袁晓铭	贾作璋	郭子辉
郭恩栋	郭　迅	郭纯生	高尔根	高孟潭	梁瑞莲
景立平	滕云田				

丛 书 序

防灾减灾是亘古以来的事业。有了人类就有了防灾减灾，也就有了人类对防灾减灾的认识。人类社会的历史就是一部人与自然不断协调、适应和斗争的历史。防灾减灾又是面向未来的事业，随着我国经济社会的高速发展，我们需要更多优秀的专业人才和新生力量，为亿万人民的防灾减灾工作作出更大贡献。因此，大力发展防灾减灾教育，是发展防灾减灾事业的重要基础性工作。

防灾科技学院是我国唯一的以防灾减灾专业人才培养为主的高等学校，拥有勘查技术与工程和地球物理学两个国家级特色专业建设点。多年来，学院立足行业、面向社会，以防灾减灾类特色专业群建设为核心，在城市防震减灾规划编制、地震前兆观测数据处理、城市震害预测及应急处理等领域取得了一系列科研成果，在汶川地震、玉树地震等国内重大地震灾害的应急处理工作中作出了应有的贡献。学院坚持科学的办学方针，在整个教学体系中既注重专业技术知识的讲授，又注重社会责任方面的教育和培养，为国家培养了一大批优秀的防灾减灾专业人才，在行业职业培训、应急科普等领域开展了大量卓有成效的工作。

为系统总结学院在重点学科建设和人才培养方面所取得的科研和教学成果，进一步深化教学改革，全面提高教学质量和科研水平，服务我国防灾减灾事业，我们组织编写了这套"防灾减灾系列教材"。系列教材覆盖了防灾减灾类特色专业群的主要专业基础课和专业课程，反映了相关领域的最新科研成果，注重理论联系实际，强调可读性和教学适用性，力求实现系统性、前沿性、实践性和可读性的有机结合。系列教材的编委和作者团队既有学院的教师，也有来自中国地震局相关科研院所的专家。他们均为相关领域的骨干专家和教师，具有较深厚的科研积累、丰富的教学经验和实际防灾减灾工作经验，保证了教材编写的质量和水平。希望本套教材的出版和发行能够为我国防灾减灾领域的专业教育、职业培训和科学普及工作发挥积极的作用。

编写防灾减灾系列教材是一项新的尝试，衷心希望业内专家学者和全社会关心防灾减灾事业的读者对本系列教材的编写工作提出有益的建议和意见，以便我们不断改进完善，逐步将其建设成为一套精品教材。清华大学出版社对本套系列教材的编写给予了大力支持，在此表示衷心的感谢。

丛书编委会

2012 年 10 月

前 言

FOREWORD

C 语言是从 BCPL 语言发展过来的一种结构化的计算机程序设计语言,具有语言简洁紧凑,运算符和数据类型丰富,表达能力强,生成的目标代码质量高,使用方便灵活,既可以进行底层系统程序的开发,又可以进行上层应用程序的开发等特点。随着 C 语言在我国计算机行业的推广普及,目前绝大多数高等院校的理工科专业都开设了"C 语言程序设计"课程。

本书以应用性为中心,以培养程序设计思想和程序设计能力为本位,坚持基础理论与应用实践并重的指导思想,旨在帮助读者理解和掌握 C 语言,并能通过 C 语言解决现实世界中的实际问题。

本书全面而又系统地讲解了 C 语言的相关知识点,并进行了合理的组织与划分,全书共分为 11 章,包括初识 C 语言、C 程序设计基础、顺序结构程序设计、选择结构程序设计、循环结构程序设计、模块化程序设计、使用数组处理批量数据、指针、用户自定义数据类型、文件和实验安排等,前 10 章附有重点内容小结和多种类型的习题。

本书的结构安排合理、条理清晰,内容实用,讲解到位,具有以下几大特色:

(1) 结合 C 语言程序设计应用性、实践性的特点,精选教材内容。基础理论以实用、够用为目的,淡化语法,将基础知识、理论体系删繁就简。

(2) 问题驱动,增强学生学习的目的性和主动性。为了增强学生的学习目的性,在每章内容的开篇给出了本章的学习目标,同时在介绍具体内容之前,增加了"问题提出"环节,用来介绍为什么要学习这些内容,这些内容可以解决什么问题。在内容的编写上,注重对兴趣性和启发性原则的应用,尽量引用现实生活中学生感兴趣的实例导出知识点,并多提出一些问题,引发学生思考,从而紧紧抓住学生的学习思路,增强其学习的主动性。

(3) 精选案例,消除学生的畏难情绪的同时,培养学生的程序设计能力。在保证知识够用的前提下,适当控制难度,书中例题的选择尽量做到"知识性、趣味性、连贯性、简单性和应用性"的结合。根据学习环节设置的不同,例题一般分为两大类。一类是基础性、演示性例题。在刚接触新的知识点时,尽量选取这类较简单的例子,做到能说明问题即可,如对于三种循环语句的处理,可选用求前 100 个自然数和的例子加以讲解,这样既简化了问题,又突出了重点,易于消除学生的畏难情绪。另一类,则是培养学生程序设计能力的设计题。通过任务的提出、设计思路的分析、算法的描述、程序的实现、引发的思考和说明等过程,逐步引领学生掌握算法分析及程序设计的方法。

(4) 以"学生成绩管理系统"为主题,培养学生解决实际问题的能力。"学生成绩管理系统"这一主题,由第 3 章引入一直贯穿到第 10 章文件的建立和使用,并在第 11 章的实验安排部分进一步引申,前后衔接,逐步扩展,最终实现了一个功能完整的系统。在分模块实现该程序的过程中,将 C 语言的基础知识、程序的三种基本结构、函数、数组、结构体、文件等知识点和生活实际应用有机地结合在一起,有利于学生思考并理解"为什么学""如何用""用在哪儿"的问题,能够使学生在学习过程中真正地做到学以致用。

(5) 实践丰富,分层设置实验内容,注重学生应用技能的培养。为了强化学生的实际操作能力训练,加强学生动手能力的培养。本书在第 11 章设置了上机实践内容,考虑到学生的学习水平参差不齐,将实验内容分成基础实验、进阶实验和提高扩展实验三个不同的等级,其中基础实验以知识点的巩固、验证为主旨,进阶实验以知识点的完善、初步设计为主旨,提高扩展实验以知识点的扩充、提高为主旨。采用分层设置的方式既方便学生选择适合自己的实验内容,也方便老师开展分层教学。另外,在附录部分还给出了常见的上机错误分析,以帮助学生更好地完成上机实践环节。

本书的第 1～4 章和第 11 章由鹿玉红编写,第 5～6 章由邢丽莉编写,第 7、9 章由杨秋格编写,第 8、10 章由刘颖编写。在本书的编写过程中,防灾科技学院计算机专业的丰继林、白灵、张兵、庞国莉、郭娜和张艳霞等老师给予了多方面的支持和帮助,在此表示衷心的感谢。另外,编者参阅了大量的文献资料及网站资料,在此也一并表示感谢。

本书内容丰富,除了书中提供的内容外,还提供了电子课件、例题和实验的程序源码、课后习题答案等丰富的教学资源。虽然我们力求完美,但因编者水平有限,书中难免存在错误和不足之处,欢迎广大读者来信批评指正,提出您的宝贵意见和建议,帮助我们不断地完善本教程。编者 E-mail 地址为:luyuhong@cidp.edu.cn。

编　者

2018 年 4 月

目 录

CONTENTS

第1章

初识C语言

【内容导读】

本章首先从"什么是C语言"和"为什么学习C语言"两个问题入手,既可激发读者的学习兴趣,又可使读者认识到学习C语言的重要性。其次,通过具体的C语言程序实例,说明C程序的基本架构。最后,结合具体的C语言集成开发环境VC++6.0,给出了C程序的具体执行过程及基本的C程序调试方法。

【学习目标】

(1) 了解计算机语言及C语言的发展历程;

(2) 了解C语言的特点及其应用;

(3) 掌握C语言程序的基本架构及其运行过程。

1.1 什么是C语言

1.1.1 计算机语言

C语言对于初学者是陌生的,但语言对于大家来说是很熟悉的,人和人之间的沟通离不开语言,通过语言的有效组织可以进行各种各样的事务处理。现在我们的生活离不开计算机,人与计算机之间进行交互的语言就是计算机语言。按照计算机语言的发展历程,可以大致将其分为机器语言、汇编语言和高级语言三个阶段,各阶段语言的构成及特点简介如表1-1所示。

表 1-1 计算机语言的发展

计算机语言	构 成	优 点	缺 点
机器语言	0,1	所编写的代码能被计算机直接识别和接受,不需要翻译,执行速度快	难以学习、阅读和调试,使用人群为极少数的计算机专业人员,可移植性非常差
汇编语言	符号	相对于机器语言而言,较易学习、阅读和调试	所编写的代码不能被计算机直接识别,需要经过汇编程序进行汇编即翻译后才能执行,可移植性差

续表

计算机语言	构　成	优　点	缺　点
高级语言（分为面向过程和面向对象两种）	接近于自然语言	易于学习，功能强大，可读性强和可移植性好	所编写的代码不能被计算机直接识别，需要经过解释或编译后才能执行

注意：不同型号计算机的机器语言和汇编语言往往是不能通用的，因为它们是一种面向机器的语言，更贴近于计算机硬件结构和特性，故也将二者统称为计算机的低级语言，而在 20 世纪 50 年代所出现的计算机高级语言，正是相对于低级语言的一种称呼方法。

由计算机语言的发展过程不难看出，越是高级的语言，其语言结构越贴近于人类的自然语言，但离计算机的硬件结构越远，对于使用人员的计算机专业知识要求也越低，因而伴随着计算机语言的飞速发展，也极大地推动了计算机的普及。

1.1.2　C 语言的由来

C 语言是一种面向过程的计算机高级语言，其雏形为 1967 年英国剑桥大学的 Martin Richards 推出的 BCPL（Basic Combined Programming Language）语言。1970 年美国 AT&T 贝尔实验室的 Ken Thompson 为了在 UNIX 操作系统上设计 FORTRAN 语言的编译器，在 BCPL 语言的基础上设计出 B 语言。由于其过于简单，功能有限，1972—1973 年间，又由美国贝尔实验的 D. M. Ritchie 在 B 语言的的基础上设计出 NB 语言，即 C 语言。C 语言发展简史如图 1.1 所示。

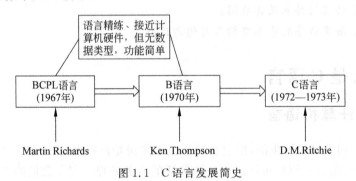

图 1.1　C 语言发展简史

1.2　为什么学习 C 语言

自 20 世纪 90 年代初，随着 C 语言在我国计算机行业的推广普及，目前绝大多数高等院校的理工科专业都开设了"C 语言程序设计"课程。作为计算机基础平台课程之一，它一般设置在大一阶段，而学生在刚刚接触之初都会很迷茫，不知道为什么要学习 C 语言，又该如何学习。

C 语言从出现、发展到标准的制定，再到目前的备受青睐。C 语言的特点和超越其他编程语言的优越性无不展示着它强劲的生命力，在短短的几十年间，其成为备受欢迎的编程语言之一。图 1.2 是 TIOBE 分别在 2014 年和 2015 年公布的程序设计语言受欢迎程度的排名情况,从中也可看出,C 语言始终处于前两位,不愧为编程界的常青树。下面就从 C 语言的特点及应用范围两个方面来剖析学习 C 语言的原因。

Aug 2015	Aug 2014	Change	Programming Language	Ratings	Change
1	2	⌃	Java	19.274%	+4.29%
2	1	⌄	C	14.732%	-1.67%
3	4	⌃	C++	7.735%	+3.04%
4	6	⌃	C#	4.837%	+1.43%
5	7	⌃	Python	4.066%	+0.95%
6	3	⌄	Objective-C	3.195%	-6.36%
7	8	⌃	PHP	2.729%	-0.14%
8	12	⌃⌃	Visual Basic .NET	2.708%	+1.40%
9	10	⌃	JavaScript	2.162%	-0.01%
10	9	⌄	Perl	2.118%	-0.10%
11	11		Visual Basic	1.781%	-0.23%
12	24	⌃⌃	Assembly language	1.760%	+1.11%
13	13		Ruby	1.416%	+0.17%
14	18	⌃⌃	Delphi/Object Pascal	1.407%	+0.49%
15	21	⌃⌃	MATLAB	1.232%	+0.50%
16	14	⌄	F#	1.232%	+0.14%
17	23	⌃⌃	Swift	1.179%	+0.51%
18	15	⌄	Pascal	1.138%	+0.09%
19	20	⌃	PL/SQL	1.137%	+0.35%
20	30	⌃⌃	R	1.010%	+0.49%

图 1.2 2014 和 2015 年度统计的编程语言的流行趋势排名图

(资料来源:http://www.tiobe.com/index.php/content/paperinfo/tpci/index.html)

1.2.1 C 语言的特点

C 语言作为一种功能强大、使用灵活的面向过程的程序设计语言,具有诸多特点,可大致归纳为以下四点。

1. 语言简洁紧凑,运算符和数据类型丰富且使用灵活

C 语言中共包括 32 个关键字和 9 种控制语句,其基本结构紧凑,采用函数作为程序设计的基本单位,有利于实现程序的结构化和模块化。C 语言中丰富的数据类型和运算符,既可用来描述各种复杂的数据结构,又能进行各种数据运算的处理。对各运算符的灵活使用,能实现在其他高级语言中难以完成的运算。C 语言的代码书写格式自由,且对语法检查不严格,从而加大了程序设计的自由度。

2. 允许直接访问物理地址

通过 C 语言中的取地址运算符、位运算、指针类型等,可以直接对计算机硬件进行操作,实现汇编语言的多种功能,而且为了满足计算机硬件编程的需要,C语言还支持与汇编语言的混合编程,从而使其兼具高级语言和低级语言各自的优势。C语言的这种双重特性,使它既可以进行底层系统程序的开发,又可以进行上层应用程序的开发。

3. 生成的目标代码质量高,程序执行效率高

一般情况下,针对同一问题用C语言编写程序,其生成目标代码的执行效率仅比用汇编语言编写的代码低10%～20%,但C语言编程相对于汇编语言却要容易得多,且易于调试、修改,故许多以前用汇编语言处理的问题,现已改为用C语言来处理了,且C语言也比较适用于如云计算、并行计算等对执行效率要求比较高的环境。

4. 可移植性好

所谓可移植性是指程序从一个系统环境下不加或稍加改动即可以搬到另一个完全不同的系统环境中运行。可移植性好也是C语言得到广泛应用的一个重要原因。

1.2.2 C语言的应用

通过前面对C语言发展及特点的介绍,可以将C语言的应用简单概括为以下五个方面:

(1) 用于操作系统、编译程序等系统软件的开发。

C语言源自于UNIX操作系统的设计,它具有很好的可移植性及很强的数据处理能力,至今仍然是编写操作系统、某些系统软件的不二之选。另外,C语言还是很多程序设计语言的开发语言,如Java、C♯等。

(2) 用于对程序的性能、执行效率要求比较苛刻的环境,诸如网络服务器端底层、云计算、高效的并行计算等领域。

(3) 对现有C语言编写的程序维护、二次开发等。

(4) 管理信息系统、游戏等软件的开发。

(5) 单片机、嵌入式系统开发。

C语言所具有的低级语言特点,非常适合于底层软件的开发,如利用单片机开发的温湿度控制、灾情报警等系统,还有大家非常熟悉的手机、PAD等时尚消费类电子产品的应用软件、游戏等,大部分也都是以C语言为基础进行嵌入式开发的。

另外,针对正在高校就读的学生而言,C语言还有一个不容忽视的"二级"意义,就是全国计算机等级二级考试,而且部分高校还会将该水平考试的分数与学生最终的本科学位挂钩,希望无论学习何种专业的学生,都能够在大学阶段掌握一种利用高级计算机语言编写、调试程序的基本技能。

在计算机无所不在的今天,只有更多地了解计算机,才能更好地利用它并让它更好地为我们服务。C语言最大的好处就是它不仅可以"干大事",而且也为我们打开了一扇了解计算机的窗口。所以,既然已经开设了这么一门颇具特色又有很好的发展趋势和应用前景的课程,就不要轻言放弃。应以顺利通过计算机二级考试为基础,以训练逻辑思维和程序设计能力为目标,在学习过程中挖掘出自己计算机方面的更大潜能,最终成为互联网＋时代的领军人物。

至于该如何学习,建议遵循"读程序—分析程序—写程序"三部曲。先从他人编写的程序入手,经过深入分析思考,完成自我解题到计算机解题思维方式的转化,最终一定能编写出满足自己需要的程序。

1.3 认识 C 语言程序

1.3.1 计算机程序

人类进行各项事务的处理,都离不开对自然语言的有效组织。如今通过计算机信息化处理方式来解决日常事务,当然也需要对人与计算机间交流的媒介——计算机语言进行组织,从而使它能够按照用户需求完成一定的工作,这就形成了计算机程序。所谓计算机程序就是一组能够被计算机识别和执行的指令的集合。计算机的一切操作都是由程序控制的,离开程序,计算机将一事无成。因而,我们学习 C 语言的目的,也是围绕一定的功能需求,对其进行合理组织,最终编写出完成指定功能的 C 语言程序。下面通过几个简单的例子来了解 C 语言程序的基本结构。

1.3.2 C 语言程序的基本结构

【例 1-1】 要求在计算机屏幕上显示(输出)以下一行信息:

This is my first C program!

C 程序代码如下:

```
#include <stdio.h>                              //编译预处理命令
int main()                                      //main 函数首部
{                                               //main 函数体的开始标志
    printf("This is my first C program!\n");
    return 0;
}                                               //main 函数体的结束标志
```

运行结果:

```
This is my first C program!
Press any key to continue_
```

【例 1-2】 输入两个整数,求二者之中的较大者。

C 程序代码如下:

```
#include <stdio.h>                              //编译预处理命令
int main()                                      //main 函数首部
{                                               //main 函数体的开始标志
    int max(int x,int y);                       //max 函数的声明
    int a,b,c;
    printf("请输入两个整数:");
    scanf("%d,%d",&a,&b);
    c=max(a,b);
    printf("max=%d\n",c);
    return 0;
}                                               //main 函数体的结束标志
```

```
int max(int x,int y)                    //max 函数首部
{                                       //max 函数体的开始标志
    int z;
    if(x>y)
      z=x;
    else
      z=y;
    return z;
}                                       //max 函数体的结束标志
```

运行结果：

请输入两个整数:3,5
max=5
Press any key to continue

通过以上两个例子，可以看出 C 语言程序的基本结构如下。

（1）C 程序都是由函数构成的，必须有且只能有一个 main 函数。

由两个实例的对比发现，C 程序可以由一个函数构成（如例 1-1），也可以由若干个函数构成（如例 1-2），且其中必须有而且只能有一个 main 函数。可见，main 函数在整个 C 程序的构成中具有非常重要的地位。

（2）无论 main 函数处于 C 程序的什么位置，C 程序的执行总是从 main 函数开始，并最终在 main 函数结束。

（3）函数的基本结构。

函数是构成 C 程序的基本单位。函数可以是系统提供的（称为标准库函数或系统函数），也可以是用户根据需要自己编写的（称为用户自定义函数）。如例 1-2 中的 printf 和 scanf 函数为系统函数，max 函数为用户自定义函数。

只有掌握了函数结构，才能顺利编写出自己想要的 C 程序。函数的基本构成如图 1.3 所示。

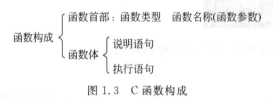

图 1.3　C 函数构成

① 函数首部。

构成函数首部的三部分依次说明该函数的类型、名称及函数参数（包括参数类型和参数名称），函数参数位于函数名称后面的圆括号中；函数类型和函数名称之间至少要用一个空格隔开；函数参数若多于一个，各个参数都要有与该参数相对应的参数类型，且各个参数之间要用逗号隔开。如例 1-2 中 max 函数的首部：

```
int max(int x,int y)
```

其中，max 为函数名，它的类型由 max 前面的 int 指出，表明 max 函数是一个整型函数。圆

括号中有两个参数 x 和 y,各自用 int 说明参数类型,且参数间用逗号隔开。

根据需要,也允许一些函数不带参数,但参数外侧的圆括号不能省略,即函数名后面是一对空的圆括号。如例 1-1 中 main 函数的首部:

```
int main()
```

C 语言中将不带参数的函数称为无参函数,带有参数的函数称为有参函数。

② 函数体。

位于函数首部下面用一对花括号{}括起来的部分称为函数体,通常由说明语句和执行语句两部分构成。一般来讲,说明语句为该函数定义数据,执行语句则是为了完成函数的功能。如例 1-2 中 max 函数的函数体:

```
{
  int z;              //说明语句:用于定义变量
  if(x>y)             //执行语句:用于求得 x 和 y 之中的较大者,并存于变量 z 中
    z=x;
  else
    z=y;
  return z;           //执行语句:用于返回变量 z 的值
}
```

注意:在 C 语言中允许函数体为空,此时的函数称为空函数,它什么也不做。在设计大型程序时会用到。如:

```
void empty()
{
}
```

(4) 分号是 C 语句必不可少的构成部分。

单独的一个分号,也是合法的 C 语句,称为空语句。

函数体是由一条一条的语句构成的,细心的读者会发现,每条语句后面都会有一个分号。大家可千万不要小看这个分号,如果丢掉它,C 程序的编译系统将会提示错误"syntax error: missing ';'",程序不能顺利执行。

(5) 编译预处理命令。

当 C 程序中使用到系统函数时,需要通过编译预处理命令将该函数所在的标准库函数(扩展名为 h,也称为头文件)包含到本程序中,成为程序的一部分。

如例 1-1 和例 1-2 中用到了系统函数 scanf 和 printf,它们的相关说明信息包含在头文件 stdio.h 中,所以在程序的开始位置加入了编译预处理命令:

```
#include <stdio.h>
```

或

```
#include "stdio.h"
```

以上两种 #include 命令格式的区别是:

① 前者采用尖括号形式,称为标准方式。此时编译系统到存放 C 编译系统的子目录中

查找所包含的头文件(如 stdio.h)。

② 后者采用双引号形式,称为非标准方式。此时编译系统先到用户的当前目录(一般是用户存放 C 源程序文件的子目录)中查找所包含文件,若找不到,再按标准方式查找。

可见,如果所包含文件为系统库函数,应采用标准方式,以提高效率;如果所包含文件为用户自己编写文件,应采用非标准方式,或在非标准方式的双引号内明确给出所包含文件的路径。如:

```
#include "d:\eg1_1\file1.c"
```

表明所包含文件为 d 盘 eg1_1 文件夹下的文件 file1.c。

(6) C 程序的书写格式。

① C 程序的书写格式非常自由,允许一条语句写在多行,也允许多条语句写在一行。但为了增强程序的可读性,应尽量避免一行内书写多条语句,而且提倡根据程序内容的从属关系,采用缩进的书写格式。如:

```
if(a>b)
  max=a;
else
  max=b;
```

② C 程序中的字母是区分大小写的。如变量定义语句 int a,A;,此时 a 和 A 是两个不同的整型变量。习惯上变量名、函数名等采用小写字母,常量名采用大写字母。

③ C 程序中所出现的标点符号(双引号中的部分除外),如逗号、分号、括号等均为英文状态下的符号。

(7) C 程序中的注释。

C 程序中的注释有两种格式:

① 单行注释,其格式为: //注释内容   说明:其注释内容不能超出一行

② 多行注释,其格式为: /＊注释内容＊/   说明:其注释内容可以分写在多行

注意:

① 注释内容可以由任何字符构成,注释可以出现在程序的任何位置,它们不参与程序的执行,只是为了帮助人们阅读理解程序。在用户编写程序时,提倡为程序做注释,这也是优秀程序员所必备的良好习惯。

② 多行注释符号/＊和＊/必须成对出现,且/和＊之间不能有空格,单行注释符号的两个/之间也不能有空格。

1.4 运行 C 程序的步骤和方法

1.4.1 C 程序的一般运行步骤

例 1-1 和例 1-2 都是用 C 语言编写的程序。如何将 C 程序输入到计算机并执行呢? 如图 1.4 所示,一般需要经过以下几个步骤。

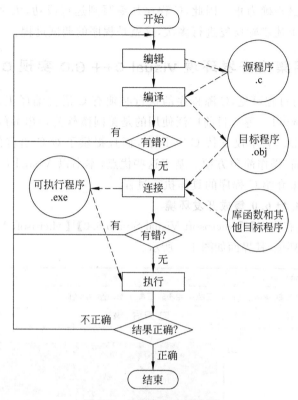

图1.4 C程序的上机步骤

1. 编辑源程序

按照C语言的语法规则编写程序,并保存成扩展名为c的文件,此文件就称为C源程序。

2. 编译

C语言作为计算机高级语言的一种,其源程序是不能被计算机直接识别和运行的,必须用编译程序(也称为编辑器)将其翻译成二进制形式的目标程序,其扩展名为obj。

3. 连接

将该目标程序与系统的标准函数库(如stdio.h)及其他的目标程序连接起来,最终形成可执行的二进制程序,其扩展名为exe。

4. 运行程序

在C程序设计过程中,不可避免地会出现一些错误,大体可以分为以下三类:

(1)编译时错误,又称语法错误,指因违背了C语言的语法规则而产生的错误,如前面提到的语句缺少分号等。

(2)连接时错误,指C程序中使用系统函数时,因函数名错、缺少该函数所属函数库的包含文件或包含文件路径错误等原因而导致的错误。

(3)运行时错误,指C程序通过了编译、连接,能够运行,但得到的运行结果与预期的结果不一致,如发生了除零错误、死循环等。

在程序执行过程中,无论出现上述哪类错误,都需要修改C源程序,再重新编译、连接、执行,直到将程序调试正确为止。因此,C程序从编写到运行成功,大多数情况下不是一次完成的,而是需要将上述步骤反复进行多次,这就是程序的调试过程。

1.4.2　使用集成开发环境 Visual C++ 6.0 实现 C 程序

由 C 程序的执行过程可见,C 源程序的执行必须有 C 语言编译工具的支持,早期常用的有 Turbo C 2.0、WinTC 等。目前广泛使用的是美国微软公司出品的一个可视化集成开发环境 Visual C++ 6.0,它不仅支持 C++ 语言,而且提供了对 C 语言的完全支持,并具有 Windows 可视化界面,操作简单方便。基于这些优点,本书以 Visual C++ 6.0 为 C 程序开发环境,结合例 1-1 来介绍 C 程序的具体执行过程。

1. 启动 Visual C++ 6.0 集成开发环境

单击【开始】|【所有程序】|【Microsoft Visual Studio 6.0】|【Microsoft Visual C++ 6.0】,进入 Visual C++ 6.0 集成环境,其界面如图 1.5 所示。

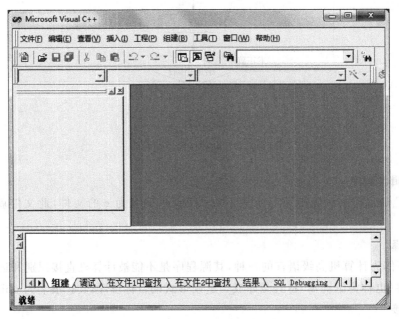

图 1.5　Visual C++ 6.0 集成开发环境界面

2. 使用集成开发环境 Visual C++ 6.0 实现 C 程序

（1）创建和编辑 C 源程序文件

启动 VC++ 6.0 后,选择菜单【文件】|【新建】,系统将打开名为【新建】的对话框,如图 1.6 所示。单击该对话框的【文件】选项卡,在其列表框中选择【C++ Source File】选项,在右侧【文件名:】处输入此次建立的 C 语言源程序文件的名称,如 eg1_1.c,在右侧【位置:】处输入该文件的存储路径如 D:\EG1_1,也可以点击 … 按钮,打开如图 1.7 所示的【选择目录】对话框,选择文件的存储路径并单击【确定】按钮。

单击【确定】按钮后,进入 C 源程序的编辑界面,如图 1.8 所示。此时,可在空白的编辑区域,输入用户编写的 C 程序。在编辑窗口名称右侧,可能会出现【*】号,表明输入的程序代码还有未被保存的内容,一定要执行【文件】|【保存】或单击工具栏中的■保存按钮,至此

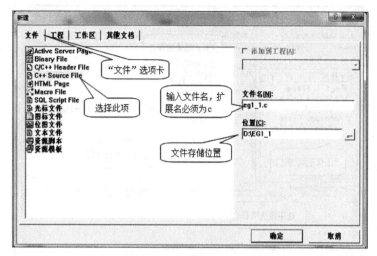

图 1.6 【新建】对话框

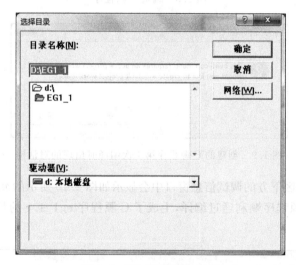

图 1.7 【选择目录】对话框

C 源程序编辑完毕。图 1.8 左侧部分为"工作空间"窗口,选择该窗口下方的 FileView 选项卡,可以查看当前工程项目中的相关文件信息。

注意:

① 在创建 C 源程序时,文件名一定要以 c 作为扩展名,否则系统将按默认扩展名 cpp 保存(这是 C++ 源程序文件扩展名),而且文件名最好不要用中文。

② 建议用户在创建 C 源程序前,先在资源管理器的某个磁盘上新建一个文件夹,以利于 C 源程序相关文件的存放。

(2)编译源程序

程序编写完毕后,选择菜单【组建】|【编译】或单击工具栏中的 编译按钮,会出现如图 1.9 所示的对话框,提示【此编译命令要求一个有效的工程工作空间,是否创建?】。

此时必须选择【是(Y)】,从而为 C 源程序自动创建一个默认的工程工作区,同时在

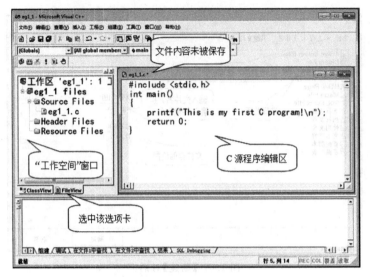

图 1.8　编辑 C 源程序

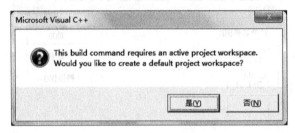

图 1.9　创建的 C 源程序第 1 次编译时出现的对话框

图 1.8 C 源程序编辑区下方的调试信息窗口中会显示如图 1.10 所示的编译报告：0 error(s)，0 warning(s)，表示源程序顺利通过编译，生成了 C 源程序 eg1_1.c 的目标程序 eg1_1.obj，无编译错误。

图 1.10　C 源程序编译成功

如果编译出错，出现如图 1.11 所示的编译信息，提示 C 源程序有 1 个 error（事实上并不一定只有一处 error 错误）和 0 个 warning。用鼠标拖动调试信息窗口右侧和下方的滚动条，可以查看程序出错的位置及具体的出错原因。

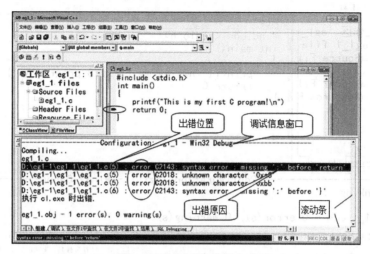

图 1.11 C 源程序编译出错

调试方法：无论在调试信息窗口中提示了多少条 error 类错误信息，一定要找到第一条 error 类错误，并用鼠标双击它。此时，在程序的编辑窗口中会出现一个粗箭头指向可能出错的程序行。根据出错原因提示信息（missing';'before return），检查 C 源程序，发现在第 4 行末漏写了分号。改正后再进行编译调试，若还存在 error 类错误，重复上述过程，直至编译信息为："0 error(s)，0 warning(s)"，表示编译成功。

注意：在分析编译报错信息时，会发现编译系统所提示的错误位置与 C 程序中错误发生的实际位置可能是不一致的，但错误的实际位置一般在出错提示的上下行。

（3）连接，构建可执行文件

程序通过编译后，选择【组建】|【组建】选项，此时调试信息窗口中会显示如图 1.12 所示的连接报告："0 error(s)，0 warning(s)"，表示源程序顺利通过连接，生成了可执行程序 eg1_1.exe，无连接错误。

如果连接出错，调试信息窗口会显示所有错误和发生错误的可能原因，但不能定位代码行。如出现图 1.13 所示的连接信息，提示源程序有 1 个 error（事实上并不一定只有一处 error 错误）和 0 个 warning。用鼠标拖动调试信息窗口右侧和下方的滚动条，可以查看程序出错原因。

调试方法：找到第一条连接错误，根据出错原因提示信息（unresolved external symbol_print），关键就是 symbol 后面的函数名称，检查 C 源程序，发现在第 4 行书写 printf 函数名时漏写了 f。改正后再进行编译连接调试，若还存在连接错误，重复上述过程，直至连接信息为："0 error(s)，0 warning(s)"，表示连接成功。

（4）运行可执行文件

成功构建.exe 文件后，选择【组建】|【! 执行】选项或单击工具栏中的！执行按钮运行程序。如果运行期间没有出现错误消息提示，并得到预期的运行结果，则 C 程序的执行过

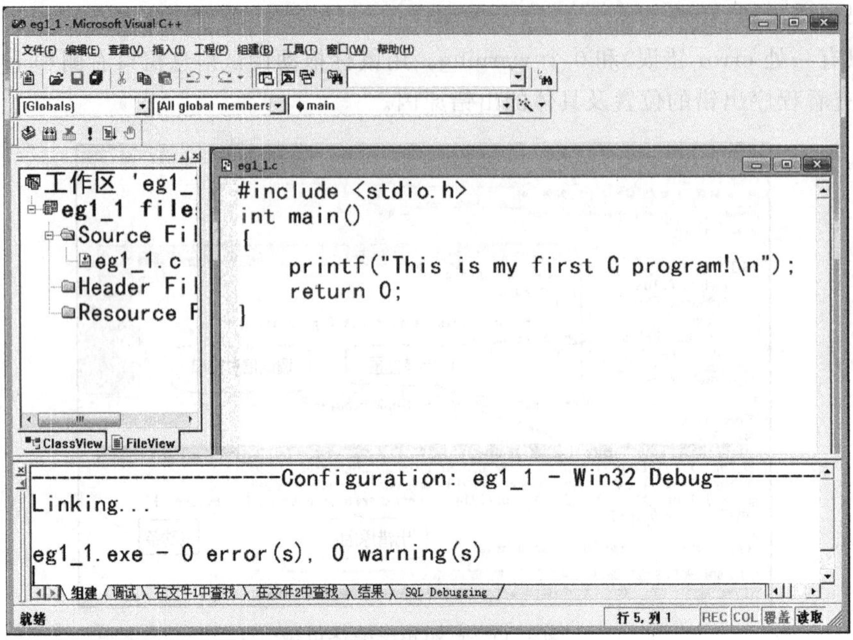

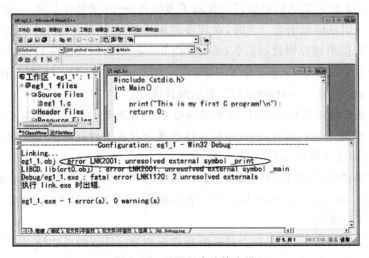

图 1.12 C 源程序连接成功

图 1.13 C 源程序连接出错

程圆满完成,按任意键关闭运行结果窗口即可,如图 1.14 所示。但如果出现错误消息提示或结果不正确,则表明存在运行时错误。该类错误也是不能定位代码行的,需修改源程序、再编译、连接和执行,直至得到用户满意的结果。运行时错误的具体调试方法见 1.4.3 节。

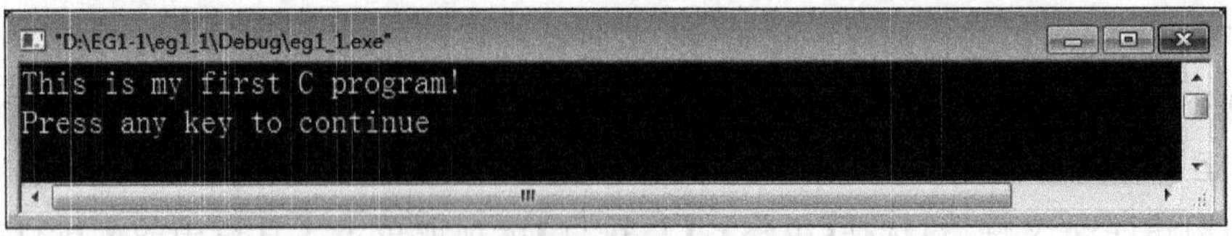

图 1.14 成功执行 C 源程序后的运行结果窗口

注意：若想创建第二个C程序，必须通过选择【文件】|【关闭工作空间】命令关闭上一个程序的工作空间，然后再重复上述过程。

1.4.3 C程序的调试方法

程序调试的目的在于发现和改正程序中的错误，使程序能够正常运行。在C程序调试过程中，语法错误和连接错误是C编译系统能自行检查的，此时用户只需根据系统给出的错误提示找到相应位置进行修改即可，但有些错误（如运行时错误），往往是因用户所编写程序存在逻辑问题而导致结果与预期结果不一致。C编译系统对于这类错误无能为力，需要用户使用一定的调试方法，查出错误位置并进行程序的修改，直至得到正确结果。

1. 程序执行到中途以便观察阶段性结果

方法一：使程序执行到光标所在的那一行暂停

（1）在需暂停的行上单击，定位光标；

（2）选择【组建】|【开始调试】|【Run to Cursor】或按快捷键＜Ctrl＋F10＞，程序将执行到光标所在行暂停，进入跟踪状态，如图1.15所示。暂停的语句前面会出现一个黄色的小箭头，表示该语句是下一条将要执行的语句。如果把光标移动到后面的某个位置，再按＜Ctrl＋F10＞，程序将从当前的暂停位置继续执行到新的光标位置，第二次暂停。

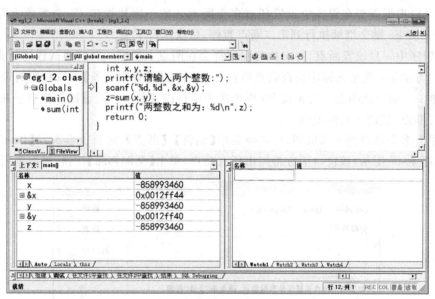

图1.15 C程序执行到光标所在行暂停

注意：程序一旦进入调试状态，原来的【组建】菜单会变成【调试】菜单。

方法二：在需要暂停的行上设置断点

（1）将光标定位在需设置断点的行上，单击工具栏的【编译微型条】中最右侧的按钮，或按快捷键F9设置断点。该行代码前面会出现一个红色的圆点，说明设置断点成功。

（2）选择菜单【组建】|【开始调试】|【GO】或按快捷键F5，程序遇到断点暂停，进入跟踪状态，如图1.16所示。

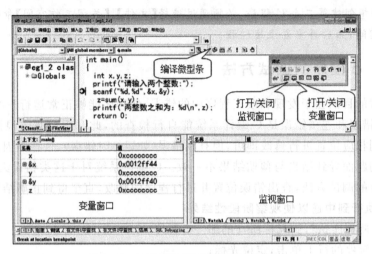

图 1.16 C 程序执行到断点所在行暂停

说明:

① 如果工具栏中未出现【编译微型条】,则在其他工具栏的任意位置右击,在弹出的菜单中选择【编译微型条】即可。

② 可以根据需要在程序中设置任意多个断点。按一次快捷键 F5 会暂停在第一个断点,再按一次 F5 键会继续执行到第二断点暂停,依次执行下去。

③ 程序中一旦设置断点,每次执行程序都会在断点上暂停。因此调试程序结束后应取消断点。方法是:先把光标定位在断点所在行,再单击【编译微型条】中最右侧的按钮🖐,或按快捷键 F9,则取消断点。若再按 F9 则再次为该行设置断点。故该操作相当于开关,按一次是设置断点,按两次是取消断点。

如果有多个断点想全部取消,可选择菜单【编辑】|【断点】,屏幕上会显示【Breakpoints】窗口,如图 1.17 所示,该窗口下方将列出所有断点,单击【全部移除】按钮,将取消所有断点。

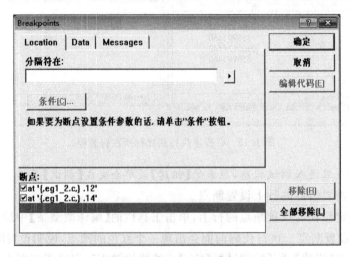

图 1.17 【Breakpoints】窗口

④ 设置断点的方法相比较于【Run to Cursor】(运行程序到光标处暂停),更适用于调试

较长的程序。

2. 观察变量或函数返回结果的值

按照上面的操作,使程序执行到指定代码行暂停,目的是为了查看有关变量的值,以分析确定C程序结果不正确的原因。VC++6.0中有两个窗口用于查看变量的值,一是变量(Variables)窗口,一是监视(Watch)窗口,二者均可在【调试工具栏】中打开/关闭,如图1.16所示。如果没有出现【调试工具栏】,则在其他工具栏的任意位置右击,在弹出的菜单中选择【调试】即可。

(1)变量窗口

变量窗口有多个选项卡。其中,自动窗口(Auto)用于显示在当前代码行和前面代码行中使用的变量,若有函数的返回值也会进行显示。局部变量窗口(Locals)通常用于显示位于当前上下文即正在执行的函数中的变量。通过局部变量窗口可以在程序执行过程中给变量赋一个新值,以更好地分析程序结果。

(2)监视窗口

在监视窗口中可以添加要监视其值的变量或表达式。

3. 单步执行,进一步观察分析变量的值和函数的返回值

当程序执行到某个位置时发现结果已经不正确了,说明在此之前肯定有错误存在。如果确定了出错程序段的范围,就可以按照上面的步骤暂停在该程序段的第一行,再输入需要观察的变量名,然后单步执行,即一次只执行一条语句,逐行检查代码再配合观察变量值的变化,以确定错误发生的具体位置。

开始单步执行后,在程序的编辑窗口会有一个黄色箭头马上指向下一条待执行语句。单步执行的方式一般分为两种,一种是可以不进入函数内部的单步执行,另一种是进入函数内部的单步执行。

(1)不进入函数内部的单步执行

方法:选择菜单【调试】|【Step Over】或单击【调试工具栏】中的▯或按快捷键F10。

(2)进入函数内部的单步执行

若黄色箭头所指代码是一个函数调用语句,想进入该函数内部进行单步执行,其方法为:选择菜单【调试】|【Step Into】或单击【调试工具栏】中的▯或按快捷键F11。

说明:对于不是函数调用的语句来说,键F10与键F11的作用相同;一般对系统函数不要使用进入函数内部的单步调试键F11。

4. 控制调试的步伐

(1)如果程序的调试排错过程结束,想彻底终止调试状态,可选择菜单【调试】|【Stop Debugging】或单击【调试工具栏】中的▯或按快捷键<Shift+F5>停止调试。

(2)在调试状态下,如果想全速继续运行程序,可以按键F5,程序会一直运行到结束或再次遇到断点暂停。

(3)单步执行时,若当前黄色箭头所指为某函数内部代码,如果不想在函数内部逐条跟踪了,可选择菜单【调试】|【Step Out】或单击【调试工具栏】中的▯或按快捷键<Shift+F11>,就可运行出函数,直接返回到函数的调用处。

(4)单步执行时,若当前黄色箭头所指为某循环体代码,如果不想反复跟踪这个循环了,可将光标定位于该循环之后的语句代码上,选择菜单【调试】|【Run to Cursor】或单击

【调试工具栏】中的 ✝} 或按快捷键<Ctrl＋F10>，就可快速完成该循环，继续向下运行。

本小节主要是针对 C 编译系统无法检查的运行时错误，提供了调试程序的步骤与方法。对于初学者来讲，可能暂时还用不到这些相对较为复杂的调试方法，但随着学习的深入，所编写的程序也会越来越复杂，调试程序就显得尤为重要了。所以这部分内容有待读者在学习中反复实践，为了帮助大家更快、更好地查找出程序中存在的错误，附录 E 中列出了 C 语言中常见的编译、连接错误信息表，供大家参考查阅。

1.5 重点内容小结

重点内容小结如表 1-2 所示。

表 1-2 重点内容小结

知　识　点	说　明
C 程序的构成	函数是 C 程序构成的基本单位，C 程序由一个或若干个函数组成，但必须有且只能有一个 main 函数。 复杂 C 程序也可由多个 C 源文件构成
C 程序执行特点	无论 main 函数的位置如何，C 程序总是从 main 函数开始执行并最终在 main 函数中结束
用户自定义函数的构成	函数由函数首部和函数体两部分构成。其中， 函数首部由函数类型、函数名称和函数参数三部分构成； 函数体以左花括号"{"开始，以右花括号"}"结束。花括号内由 C 语句构成，分号是 C 语句必不可少的构成部分
C 程序的书写特点	为清晰起见，习惯上 C 程序的每行只写一条语句，而且提倡根据程序内容的从属关系，采用缩进的书写格式； C 程序中的字母区分大小写，C 程序以小写字母为主，习惯上常量名用大写字母表示
C 程序的一般执行步骤	编辑(.c)→编译(.obj)→连接(.exe)→执行

简单 C 程序的基本架构	```#include <stdio.h>```
	```int main()```
	```{```
	``` return 0;```
	```}```
	在该结构上添加处理对象——数据和功能操作，就可实现简单的 C 程序

习　题

一、单选题

1. 以下叙述中错误的是(　　)。（二级考试真题）

（A）C 语言中的每条可执行语句和非执行语句最终都将被转换成二进制的机器指令

（B）C程序经过编译、连接步骤之后才能形成一个真正的可执行的二进制机器指令文件

（C）用C语言编写的程序称为源程序,它以ASCII代码形式存放在一个文本文件中

（D）C语言源程序经编译后生成后缀为.obj的目标程序

2. 以下叙述正确的是（　　）。

（A）C语言规定必须用main作为主函数,程序总是从此开始执行,并在该函数结束

（B）可以在程序中由用户指定任意一个函数作为主函数,程序将从此开始执行

（C）C语言程序将从源程序的第一个函数开始执行

（D）main的各种大小写拼写形式都可以作为主函数名,如：Main、MAIN等

3. 下列叙述中错误的是（　　）。（二级考试真题）

（A）C程序可以由多个程序文件组成

（B）一个C语言程序只能实现一种算法

（C）C程序可以由一个或多个函数组成

（D）一个C函数可以单独作为一个C程序文件存在

4. 以下叙述中正确的是（　　）。（二级考试真题）

（A）C语句必须在一行内写完

（B）C程序中的每一行只能写一条语句

（C）C语言程序中的注释必须与语句写在同一行

（D）简单C语句必须以分号结束

5. 以下叙述中错误的是（　　）。

（A）C程序在运行过程中的所有计算都以二进制方式进行

（B）C程序在运行过程中的所有计算都以十进制方式进行

（C）所有C程序都需要编译连接无误后才能运行

（D）计算机能直接执行的程序是二进制可执行程序

二、填空题

1. 一个C程序一般由若干个函数构成,其中必须且只能有一个_____函数。

2. 一个函数由两部分构成,分别是_____和_____。

3. 一个函数体以_____开始,以_____结束。

4. C语言源程序文件的扩展名为_____,经编译后生成的二进制目标文件扩展名为_____,经过连接后生成的二进制可执行文件扩展名为_____。

5. C语言中的单行注释说明必须以_____开头,多行注释说明必须以_____开头,以_____结束。

三、程序设计题

1. 参考本章例题1-1,编写C程序,输出以下信息：

```
*   *   *   *   *   *   *   *   *   *
*       Welcome to learn C language       *
*   *   *   *   *   *   *   *   *   *
```

2. 参考本章例题1-2,编写C程序,从键盘上输入三个整数分别给a、b、c,输出三者之和。

第 2 章

C程序设计基础

【内容导读】

本章以"数据结构＋算法＝程序"为主线。首先介绍了数据类型、数据的表现形式、数据间的基本运算。其次,介绍了算法的概念、特性及描述方法。最后,给出程序的三种基本结构及结构化程序设计方法,为简单的 C 程序设计奠定了基础。

【学习目标】

(1) 掌握基本数据类型的使用;

(2) 掌握变量和符号常量的定义及使用方法;

(3) 掌握算术、赋值、自增自减、逗号等运算符的优先级、结合性和各类表达式的求值规则;

(4) 了解算术表达式中不同类型数据间的转换和运算规则;

(5) 理解算法的概念、特性及描述方法;

(6) 理解结构化程序的三种基本结构及程序设计方法。

2.1　C 数据类型概述

数据作为计算机程序处理的对象,是程序设计必不可少的构成部分。而与数据密切相关的就是类型、生存期、作用域等重要属性,下面主要讲解其中之一——数据类型,首先从总体上认识 C 语言的数据类型及设置类型的目的。

2.1.1　C 数据类型

C 语言提供了丰富的数据类型,其常见类型如图 2.1 所示。

其中:

(1) 基本类型是系统预先设定的,用户可以直接使用,分为数值形式的整型和实型及非数值形式的字符型。

(2) 构造类型是在基本类型的基础上,根据用户需要所定义的数据类型,包括数组、结构体等类型。

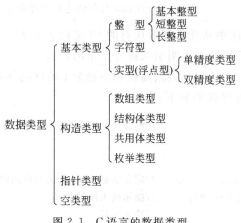

图 2.1　C 语言的数据类型

（3）指针类型是系统为增加数据处理能力而定义的一种特殊数据类型,可用于访问地址空间。

（4）空类型通常与函数结合使用。

本章主要介绍基本数据类型,其他数据类型将在后续章节一一介绍。

2.1.2　为什么设置数据类型

在计算机中,数据都是存放在存储器中的,每个数据在内存中会占用一定的存储空间,其单位为字节。数据所占用的内存字节数就称为该数据的数据长度。我们知道,内存资源是非常宝贵的,为了充分利用内存有限的空间,系统应根据数据长度的不同为其分配大小不同的存储空间。那么系统该如何预知为数据分配多少字节呢? 这就需要约定数据的类型,用户可以根据需要选择数据类型,系统则可据此为其分配存储空间。因此,C 语言规定,在使用一个数据之前,必须对数据的类型进行定义,以便为其分配相应字节的内存。

了解了 C 语言对于数据类型的约定,数据又该以怎样的形式出现在 C 程序中呢?

2.2　数据表现形式

在计算机高级语言中,数据有两种表现形式:常量和变量。

2.2.1　常量

所谓常量就是指在程序运行过程中,其值不能改变的量。一般分为字面常量和符号常量两种。

（1）字面常量:从字面上可以直接判断常量的类型及值。

如:3、79 为整型常量,−3.5、7.89 为实型常量,'a'、'b'为字符常量等。

（2）符号常量:用一个符号名称代表一个常量,此时需要利用编译预处理命令 ♯define 进行定义,其定义格式为: ♯define　符号常量名　值。

例如可以在 C 源程序的开始位置输入以下命令:

```
#define  PI  3.14                         //注意本行代码为预处理命令而非C语句,故行末没有分号
```

经上述定义后,该程序中从此行开始所有的PI都代表3.14。

下面通过一个简单的例题来说明引入符号常量的好处。

【例2-1】 求半径为r的圆的周长、面积和半径为r的球的体积。

使用字面常量的C程序代码如下:

```
#include <stdio.h>                        //编译预处理命令,将标准库函数stdio.h包含到本程序
int main()
{
    float r,circum,area,volume;           //定义实型变量,依次对应圆的半径、周长、面积和球的体积
    printf("请输入圆的半径:");            //提示输入圆的半径
    scanf("%f",&r);                       //输入半径
    circum=2 * 3.14 * r;                  //计算圆的周长
    area=3.14 * r * r;                    //计算圆的面积
    volume=4 * 3.14 * r * r * r/3;        //计算球的体积
    printf("圆的周长=%f,圆的面积=%f,球的体积=%f\n",circum,area,volume);
                                          //输出计算结果
    return 0;
}
```

使用符号常量的C程序代码如下:

```
#include <stdio.h>
#define PI 3.14                           //编译预处理命令,定义宏常量PI代表3.14
int main()
{
    float r,circum,area,volume;
    printf("请输入圆的半径:");
    scanf("%f",&r);
    circum=2 * PI * r;
    area=PI * r * r;
    volume=4 * PI * r * r * r/3;
    printf("圆的周长=%f,圆的面积=%f,球的体积=%f\n",circum,area,volume);
    return 0;
}
```

运行结果:

```
请输入圆的半径: 2
圆的周长=12.560000,圆的面积=12.560000,球的体积=33.493333
Press any key to continue
```

【程序分析】

两个程序对比,不难看出引入符号常量的好处:

(1) 含义清楚,增强程序的可读性。

(2) 便于常量的修改,尤其适用于该常量在程序中反复使用的情况。如例2-1为提高计算精度,可将圆周率由3.14改为3.1415926,前者需修改多处,而后者只需改动一处即

可,如：♯define PI 3.1415926。

2.2.2　变量

所谓变量就是在程序运行过程中,其值可以改变的量,变量必须先定义再使用。

定义格式为：

数据类型　变量名1[,变量名2,…,变量名n];

其中,方括号只是为了标识括起来的内容是可选的,它并不是定义格式的一部分。

说明：

① 变量定义是C语句,故切记不要丢掉语句末尾的分号。

② 允许一次定义一个或多个同类型变量,若为多个变量,它们之间需以逗号隔开。变量一经定义,系统将根据数据类型为其分配相应的内存空间。如：

int a,b,c;

这是一条变量定义语句,注意不要丢掉末尾的分号,其含义为同时定义三个int型变量,变量名分别为a、b、c,在VC++6.0环境中,系统为每个变量分配4字节的内存空间。

③ C语言中区分字母大小写。

如定义了变量a,在后续编写程序时,若不小心将小写字母a写成了大写字母A,此时系统将提示错误。因大、小写字母被认为是不同的字符,用户定义的是小写字母a,系统只能识别所定义的变量。

④ 习惯上,常量名用大写形式,变量名、函数名等用小写形式,以示区别。

2.2.3　C标识符

前面学习的符号常量、变量都需要用户对其命名,后面还有许多需要用户命名的地方,如数组、函数等。C语言约定,用来对常量、变量、函数、数组、类型等命名的有效字符序列,统一称为标识符。简单地说,标识符就是一个对象的名称。在C语言中,可将标识符分为以下三类。

1. 关键字

关键字是C语言中使用的具有特定含义的、不能挪作他用的标识符,也称为保留字。关键字都是用小写字母来表示的,主要用于构成语句,进行数据类型、存储类别的说明等。如例2-1中出现的int、float(用来说明数据类型)和return(函数返回语句)都是关键字。C语言中共有32个关键字,详见附录A。

2. 预定义标识符

预定义标识符也是具有特定含义的标识符,主要包括系统函数名和编译处理命令字等,如scanf、printf、include和define都是预定义标识符。

与关键字不同的是,预定义标识符允许用户对它们重新定义,只是这样做将改变它们的原有含义。如变量定义语句：int printf;,此时printf不再是用于完成输出操作的函数名,而成为一个整型变量名。为了避免破坏预定义标识符的原有含义,习惯上不将它们用于变量、函数等用户自定义标识符使用。

3. 用户自定义标识符

用户根据需要定义的标识符称为用户自定义标识符，主要用于常量、变量、函数、数组等对象的命名。用户自定义标识符需要遵循一定的命名原则：

① 不能与关键字相同，否则系统将提示错误。

② 只能是数字、字母和下划线_构成的字符序列，且必须以字母或下划线开头。

如：cd3、_2c、M_b、scanf（与预定义标识符 scanf 同名，不提倡用作用户自定义标识符）等都是合法的用户标识符，而 int、3c、a？＃等都是非法的，不能作为用户标识符。

③ 标识符中区分字母的大小写。如 int 是非法的用户标识符（因 int 是关键字），但 Int、INT 等都是合法的用户标识符。

④ 用户命名时尽量采用英文单词或拼音缩写，以使含义清晰，便于阅读理解。如例 2-1 中的常量名 PI，采用的就是圆周率 π 的谐音，使用户能见名知意。

2.3　基本数据类型

C 语言中的数据分为常量和变量，且它们都有类型区分。本节将分别从常量和变量两种数据表示形式，具体介绍基本数据类型的使用。

2.3.1　整型数据

1. 整型常量

整型常量即整数，可正可负，但不能有小数点。

（1）不同进制的整型常量

用户编写 C 程序时，通常使用最熟悉的十进制整数，实际上它们都是以二进制补码形式存储在计算机内存中的，这个转换过程是由 C 编译系统自动进行的。但二进制数据可读性差，为了方便使用者分析十进制和二进制数据间的转换，C 语言允许以八进制、十六进制表示整型常量。因此，在 C 语言中，可以使用十进制、八进制和十六进制的整型常量。不同进制的整型常量表示形式如表 2-1 所示。

表 2-1　不同进制整型常量的表示

进　制	构　　成	前缀标识	正　确　示　例	错误示例及原因
十进制	由 0~9 十个数字构成，逢十进一	无	56，−345	045（不能有前导 0）、45D（含有非十进制数码）
八进制	由 0~7 八个数字构成，逢八进一	0	0123（十进制为 83） 045（十进制为 37）	0128（含有非八进制数码） 56（无前缀 0）
十六进制	由 0~9，a~f（A~F）构成，逢十六进一	0x 或 0X	0x56（十进制为 86） 0X3C（十进制为 50）	4B（无前导 0x） 0x3CH（含有非十六进制数码）

（2）不同类型的整型常量

整型常量除了有进制上的区分，还有基本整型、长整型、无符号等类型之分，不同类型整型常量的表示如表 2-2 所示。

表 2-2　不同类型整型常量的表示

类　　型	后 缀 标 识	正 确 示 例	说　　明
基本整型常量	无	56，−345	默认情况下，整型数据均为有符号的，可正可负；在 VC++6.0 编译器下，基本整型常量和长整型常量在内存中均占 4 个字节
长整型常量	l 或 L	56L，−345l	
无符号基本整型常量	u 或 U	56u	无符号整型常量不能表示小于 0 的数，故 −345U、−345Lu 均为不合法表示
无符号长整型常量	l(L)与 u(U)的任意组合	56lu	

说明：C 程序中，可根据整型常量的前缀来区分整型常量的各种进制，而通过后缀区分整型常量的类型，前缀后缀可同时使用，如 0x45L 表示十六进制的长整型常量 45，其十进制数为 69。当整型常量无前缀时隐含按十进制数据处理，无后缀时隐含类型为基本整型。

2. 整型变量

整型变量分为基本整型、长整型和短整型。但在实际应用中，有些数据只取非负数，如年龄、体重、身高等。因此，整型变量又存在有符号(signed)和无符号(unsigned)的区分。这样，整型变量就有 6 种形式，其类型标识符、所占内存和数据的表示范围如表 2-3 所示，其中有符号整型数据的 signed 可省略。

表 2-3　对各整型数据的设定

类　　型	类型标识符	占用内存的字节数	取 值 范 围
有符号基本整型	[signed]int	4	−2 147 483 648~2 147 483 647 即 -2^{31}~$2^{31}-1$
有符号短整型	[signed]short	2	−32 768~32 767 即 -2^{15}~$2^{15}-1$
有符号长整型	[signed]long	4	−2 147 483 648~2 147 483 647 即 -2^{31}~$2^{31}-1$
无符号基本整型	unsigned int	4	0~4 294 967 295 即 0~$2^{32}-1$
无符号短整型	unsigned short	2	0~65 535 即 0~$2^{16}-1$
无符号长整型	unsigned long	4	0~4 294 967 295 即 0~$2^{32}-1$

定义整型变量，只需将 2.2.2 节所给变量定义格式中的数据类型替换为表 2-3 中的某一个具体的类型标识符即可，如：

```
int a,b;                      //定义基本整型变量 a 和 b
long c;                       //定义长整型变量 c
unsigned int d;               //定义无符号基本整型变量 d
```

说明：

① C 语言中没有具体规定各种类型数据占用内存的字节数，这是由各编译系统自行决定的。如 Turbo C 2.0 为基本整型(int)和无符号基本整型(unsigned int)分配 2 个字节，Visual C++6.0 则为其分配 4 个字节。表 2-3 中给出的各类型数据所占用内存字节数都是以 Visual C++6.0 编译系统为标准的。

② 数据占用内存资源越多,其取值范围越大。用户在使用整型变量时,可依据其取值范围进行选择,确保这些数据进行各种运算后不超出该类型的取值范围,否则会产生溢出,造成结果错误。

【例2-2】 整型数据溢出示例。

C程序代码如下:

```
#include <stdio.h>
int main()
{
    short a;
    a=32767+1;
    printf("a=%d\n",a);
    return 0;
}
```

运行结果:

```
a=-32768
Press any key to continue_
```

【程序分析】

程序中定义了一个短整型的变量a,系统为它在内存中开辟了2字节的存储空间,a中存放的数据为短整型取值范围中的最大正整数32 767与1的和。很显然,变量a中的结果超出了短整型的取值范围。因此,变量a中存放的并不是用户想要的32 768,而是−32 768,这就是溢出造成的,如图2.2所示。

由图2.2可以看出,数据 + 32 767和−32 768在内存中是以二进制补码形式存在的,数据的最高位为符号位,0表示正,1表示负。关于补码的内容读者不必深究,本例只是为了说明数据取值范围的重要性,它可作为用户选择数据类型的依据之一。

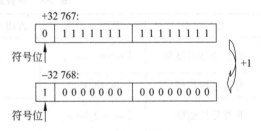

图2.2　变量a中数据溢出

本例为了避免溢出,可更改变量a的类型,以加大其取值范围。有兴趣的读者,可将变量a定义为int类型,观察其运行结果。

③ 为了方便用户了解各类型数据占用内存的情况,C语言提供了用于测量类型长度的运算符sizeof,其格式为:sizeof(类型标识符或变量名或常量)。

【例2-3】 sizeof运算符的使用。

C程序代码如下:

```
#include <stdio.h>
int main()
{
    short a;
    printf("基本整型占用内存%d个字节\n",sizeof(int));
```

```
printf("短整型占用内存%d个字节\n",sizeof(a));
printf("长整型占用内存%d个字节\n",sizeof(123L));   //123L也可写为1231
return 0;
}
```

运行结果：

```
基本整型占用内存4个字节
短整型占用内存2个字节
长整型占用内存4个字节
Press any key to continue_
```

2.3.2　实型数据

1. 实型常量

实型常量即实数。C语言中,实型常量只有十进制一种数制,但有十进制小数和指数两种表示形式,如表2-4所示。

表2-4　实型常量的两种表示

实型常量的书写形式	构　成	正确示例	说　明
十进制小数形式	正负号、整数部分、小数点、小数部分	3.5、−34.78、.56、9.	十进制小数形式中必须出现小数点,若整数部分为0或小数部分为0,可以省略
指数形式	尾数,e或E,指数。其中,尾数即十进制小数,e(E)即底数10,指数即次幂	−3.4e5(代表−3.4×10^5)5.63e−2(代表5.63×10^{-2})	指数形式中要求e(E)的前后必须都有数字,且e(E)后面必须为整数。如e5、3e4.5等都是不合法的指数表示

实型常量虽不存在有符号和无符号之分,但有单精度和双精度的类型之分,不同类型的实型常量表示如表2-5所示。

表2-5　不同类型的实型常量表示

实型常量的类型	后缀	正确示例	说　明
单精度	f或F	3.5f、−34.78F、−3.4e5f 5.63e−2F	单精度实型常量在内存中占4个字节
双精度	无	3.5、−34.78、−3.4e5、5.63e−2	实型常量隐含按双精度型处理,在内存中占8个字节

2. 实型变量

实型变量分为单精度和双精度两类。它们的类型标识符、所占内存、有效数字位数和数据的取值范围如表2-6所示。

表 2-6　对各实型数据的设定

类型	类型标识符	占用内存的字节数	有效数字位数	取 值 范 围
单精度	float	4	7 位	$-3.4\times10^{-38}\sim3.4\times10^{38}$
双精度	double	8	15 位	$-1.7\times10^{-308}\sim1.7\times10^{308}$

实型变量的定义示例如下：

```
float a,b;                          //定义单精度实型变量 a 和 b
double x,y;                         //定义双精度实型变量 x 和 y
```

说明：数据按实型存储时，一般都存在误差。由表 2-6 可知，单精度和双精度类型虽同为实型数据，但双精度型比单精度型表示的数据精度要高即误差小。

用户编写程序时可根据以上特点，进行合理选取。

【例 2-4】　不同精度的实型数据示例。

C 程序代码如下：

```
#include <stdio.h>
int main()
{
    float x;
    double y;
    x=986543.222222;
    y=986543.222222;
    printf("x=%f,y=%f\n",x,y);
    return 0;
}
```

运行结果：

```
x=986543.250000,y=986543.222222
Press any key to continue_
```

【程序分析】

程序定义了一个单精度变量 x 和一个双精度变量 y，系统为它们在内存中分别开辟了一个 4 字节和一个 8 字节的存储单元，虽然程序中为了两个变量赋予了相同的值，但由于两种类型所表示的有效数字的位数不同，故输出结果的精度不同。很显然，双精度变量 y 的存储精度远远高于单精度变量 x。

2.3.3　字符型数据

1. 字符常量

字符常量是指用单引号括起来的一个可见字符或一个转义字符，即字符常量包括可见字符常量和转义字符常量。字符常量占一个字节的内存空间，在该存储空间中存放的是该字符的 ASCII(美国标准信息交换码)值(详见附录 B)。也就是说，每个字符都有一个整型值与其对应，因此从这个意义上讲，字符型数据可以看做一个特殊的整型数据。

（1）可见字符常量：直接将一个可见字符用单引号括起来，如'a'、'8'、'$'等都是合法的字符常量。

（2）转义字符常量：所谓转义字符是以反斜杠(\)开头的字符序列，用于表示某些不可见的控制字符，具有特定的意义或控制动作，故称其为转义字符。在使用转义字符常量时也要将一个转义字符放入单引号内。如'\n'、'\t'等都是合法的转义字符常量，'\n'代表控制字符回车换行，即光标移到下一行的起始位置。'\t'代表水平制表符，光标移到下一个水平制表位，相当于按下 Tab 键的控制动作。表 2-7 列出了 C 语言中常用的转义字符。

表 2-7　C 语言中常用的转义字符

转义字符	含　　义	转义字符	含　　义
\n	回车换行，光标移至下一行行首	\\	反斜线字符
\r	回车不换行，光标移至本行行首	\'	单引号字符
\t	水平制表符，光标移至下一个水平制表位	\"	双引号字符
\b	退格，光标移至当前位置的前一字符位置	\0	空字符，通常用做字符串的串结尾标志
\v	垂直制表符，光标移至下一个垂直制表位	\ddd	ddd 为 1 到 3 位八进制数所代表的字符
\f	走纸换页，光标移至下一页的开头	\xhh	hh 为 1～2 位十六进制数所代表的字符

说明：

① 字符常量（包括可见字符常量和转义字符常量）都必须以单引号为界定符，单引号不占内存空间。

② 所有的字符常量只能代表一个字符，如'$'为可见字符常量，代表一个字符$，'\"'为转义字符常量，代表一个双引号字符。

③ 在 C 语言中，注意'8'和 8、'a'和 a 的不同。'8'代表字符常量，内存中存放的是字符 8 的 ASCII 值 56（即字符 8 的值为 56）；8 就是数字，内存中存放的就是数值 8。'a'是字符常量，内存中存放的是小写字母 a 的 ASCII 值 97（即字符 a 的值为 97）；而 a 为标识符，可以代表变量、函数等的名称。这是初学者容易混淆的一点，再次提醒用户使用字符常量时，千万不要丢掉界定符单引号。

④ 单引号括起来的大小写字母代表不同的字符常量。如'a'和'A'是不同的，前者值为97，后者值为 65。

⑤ \ddd 形式的转义字符代表一个字符。其中每一个 d 代表一位八进制数字，故反斜线后面最多可以带 3 位八进制数字，输出此 ASCII 值所对应的字符。注意此时的八进制数字不要求以数字 0 开头（与前面所讲的八进制整型常量不同），但同样不允许出现数字 8、9。如'\102'代表字符 B（八进制 102 相当于十进制 66，而该值正是大写字母 B 的 ASCII 值），但'\118'是非法的字符常量，错误原因是包含非八进制数码 8。

⑥ \xhh 形式的转义字符也代表一个字符。其中每一个 h 代表一位十六进制数字，反斜线后面最多可以带 2 位十六进制数字，并输出此 ASCII 值所对应的字符。注意此时反斜线后面必须是小写字母 x，如'\x42'代表字符 B（十六进制 42 相当于十进制 66，正是大写字母 B 的 ASCII 值）。

2. 字符串常量

字符串常量指的是用双引号括起来的零个或多个字符(包括可见字符或转义字符),如"abc"、"1223"、"\nxy＄"都是合法的字符串常量。

说明：

(1) 字符串长度。字符串常量中所包含的字符个数,称为字符串长度,如"abc"的长度为 3,"\nxy\t12\x45"的长度为 6。

(2) 注意字符串常量和字符常量的区别。

① 二者的界定符不同,但都不占存储空间。

字符串常量以双引号作为界定符,而字符常量以单引号作为界定符。

② 二者所包含的字符个数不同。

字符串常量允许包含多个字符,但也允许字符个数为零,如" "为一个空串。而字符常量的内容必须且只能是一个字符。如''为非法字符常量,但' '是合法的字符常量,因为此单引号内有一个空格,其 ASCII 值为 32。

③ 二者的存储方式不同。

因字符串长度不统一,为了便于字符串的存储和处理,C 语言会自动在字符串末尾追加一个串结尾标志\0。因此,字符串常量存储时所占内存空间为字符串长度加 1。而字符常量仅存储字符本身。如"a"和'a'不同,前者是字符串常量,占两个字节的内存空间,分别存放字符 a 和\0 的 ASCII 值;后者是字符常量,只占一个字节的内存空间,用于存放字符 a 的 ASCII 值。

3. 字符变量

字符变量用于存储字符常量,由类型标识符 char 定义,占 1 个字节的内存空间。字符变量定义示例如下：

```
char ch1,ch2;                              //定义字符变量 ch1,ch2
```

【例 2-5】 求大写字母 A 对应的小写字母。

C 程序代码如下：

```
#include <stdio.h>
int main()
{
    char ch1,ch2;
    ch1='A';                              //等价于 ch1=65;
    ch2=ch1+32;                           //由大写字母 A 得到小写字母 a
    printf("%c %c\n",ch1,ch2);
    return 0;
}
```

运行结果：

```
A a
Press any key to continue
```

【程序分析】

① 因每个字符都有一个整数值(即 ASCII 值)与之对应,故字符数据与整型数据可通用,可以相互赋值和运算。因而,程序中的语句 ch1='A';与 ch1=65;等价,但对于初学者仍提倡赋值时的类型一致性,即提倡采用语句 ch1='A';的形式。

② 大写字母向小写字母转换的算法分析。大写字母 A 的 ASCII 值为 65,而与之对应的小写字母的 ASCII 值为 97,可见二者间相差 32。故通过在大写字母 A 的基础上加 32 可转换成相应的小写字母 a。其他大写字母向对应小写字母的转换规则相同,有兴趣的读者可以修改上例中的数据进行验证。

【思考】　如何实现将小写字母 a 转换为大写字母 A 呢?

【提示】　大写字母向对应小写字母转换时,ASCII 值是增大 32。反之,自然是 ASCII 值减小 32。

2.4　C 语言的运算符与表达式

运算是对数据进行加工的过程,而运算符则是描述各种不同运算的符号。参加运算的数据称为运算对象或操作数。运算符与运算对象的组合构成了表达式,C 语言中的运算符非常丰富,能构成多种表达式。

2.4.1　概述

1. C 语言运算符:

(1) 运算符的分类

根据运算符功能的不同,可以分为以下 13 种运算符:

算术运算符:＋、－、＊、/、％、＋＋、－－等

关系运算符:＞、＜、＞＝、＜＝、＝＝、!＝

逻辑运算符:!、&&、||

赋值运算符:＝及其扩展赋值运算符

条件运算符:?:

逗号运算符:,

求字节数运算符:sizeof

强制类型转换运算符:(类型)

位运算符:＜＜、＞＞、～、&、^、|

指针运算符:＊、&

分量运算符:.、－＞

下标运算符:[]

其他运算符:如函数调用运算符等

(2) 运算符的属性

运算符有三个重要属性:

① 优先级:指运算的先后次序,共分为 15 个级别。

② 结合性：指相同优先级运算符连续出现时的计算顺序，分自左向右和自右向左两种。其中自左向右的计算顺序，称为左结合性；自右向左的计算顺序，称为右结合性。

③ 目数：指运算符要求的运算对象的个数，包括单目（只需一个运算对象的运算符）、双目（需要两个运算对象的运算符）和三目（需要三个运算对象的运算符）。一般目数越少，优先级越高。

2. C 表达式及其求值原则

所谓表达式就是由 C 语言合法运算符和运算对象按照一定的语法规则连接而成的式子，单一常量和变量属于表达式的特例。运算对象可以是函数调用，也可以再次是一个表达式（包含单一常量或变量）。

C 语言中，任何一个表达式都有一个确定的值，其值的类型与运算对象的类型有关。表达式的求值原则如下：

（1）当运算符的优先级不同时，先计算优先级别高的运算，再计算优先级别低的运算；

（2）当运算符的优先级相同时，则考虑运算符的结合性。如果为左结合性，则自左向右依次计算；如果为右结合性，则自右向左依次计算。

附录 C 中列出了所有运算符的优先级和结合性。

本节主要介绍算术运算符、赋值运算符、强制类型转换、位运算和逗号运算符，其他运算符将陆续在后续章节中进行介绍。

2.4.2　算术运算符及其表达式

1. 算术运算符

C 语言中的算术运算符如表 2-8 所示。

表 2-8　算术运算符

运算符	含　义	类型	对应的数学运算	优先级	结合性	用法举例	结　果
＋	正号运算	单目	＋	高	自右向左	＋5、＋3.5	5、3.5
－	负号运算		－			－5、－（－3.5）	－5、3.5
＊	乘法运算	双目	×	较高	自左向右	3＊5	15
/	除法运算		÷			5/2、5.0/2	2、2.5
％	取余运算					5％2	1
＋	加法运算	双目	＋	低	自左向右	5＋3	8
－	减法运算		－			5－3	2

说明：

① C 语言中，乘法运算符不能省略。如 x＊y 与 xy 不等价，前者是算术表达式，用于计算 x 值与 y 值的乘积，后者则是一个标识符。

② 参与除法运算的运算对象可以为任意数值类型，但随运算对象类型的不同，除法运算的含义有所不同：一是整除运算符，要求两个运算对象必须都为整型，其结果也为整型，即只取商的整数部分。如表 2-8 中 5/2 的结果为 2；二是普通的除法运算符，要求至少有一个运算对象为实型，其运算结果也为实型，这种情况与数学中的除法运算相同。如表 2-8 中

5.0/2 的结果为 2.5。初学者要注意理解除法运算的两种含义,以便正确运用。

③ 取余运算的功能是求两个运算对象相除后的余数,余数的符号与被除数的符号一致。如 5%2 的结果为 1,−5%2 的结果为−1。取余运算与除法运算不同,它要求两个运算对象必须都为整型。如 5.0%2 是非法运算,C 编译系统将提示错误。

④ C 语言中没有次幂运算符,若想实现类似 a^3 运算,可以通过 $a*a*a$ 的方式实现,也可以利用系统函数 pow(a,3) 实现。该函数由 C 语言数学函数库提供,其有关说明信息包含在 math.h 头文件中,在使用时必须在 C 源程序的最开始位置添加编译预处理命令:

```
#include <math.h>
```

或

```
#include "math.h"
```

附录 D 中列出了常用的 C 语言库函数,可供读者查阅参考。

2. 算术表达式

由算术运算符和运算对象连接而构成的式子称为算术表达式。如 $a*b\%y$,$20−m*n+$'B'。在算术表达式中,运算对象可以为各种类型(包括整型、实型或字符型)的常量、变量和函数调用。算术表达式的值也有类型,与运算对象类型有关。

算术表达式的求值规则:算术运算符的优先级和结合性如表 2-8 所示。

首先,考虑算术运算符的优先级。正、负号运算符的优先级别最高,$*$、$/$、% 运算次之,最后是加减运算。而正、负号运算符的优先级相同,$*$、$/$、% 的优先级相同,加减运算符的优先级相同。

其次,当优先级相同的算术运算符进行混合运算时,需要考虑运算符的结合性。除正、负号运算符为右结合性(即自右向左计算),其余的算术运算符都为左结合性(即自左向右计算)。例 2-6 为算术运算符的混合运算示例。

【例 2-6】 计算算术表达式−3.6 * 2−5+'0'的值。

【分析】

区分算术表达式中的两个"−"。第一个"−"是单目的负号运算符,而第二个"−"是双目的减法运算符。因此在这个表达式中,负号运算符的优先级是最高的,乘法运算次之,最后是加减,其运算顺序如图 2.3 所示。

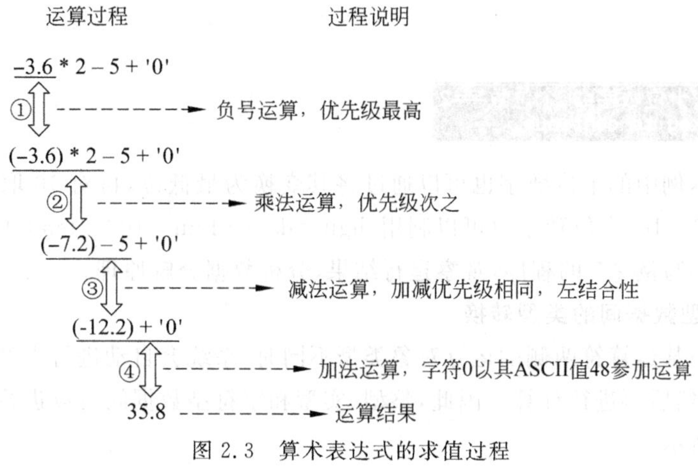

图 2.3 算术表达式的求值过程

对初学者来说,强行记忆各运算符的优先级还是存在一定困难的,所以自己在书写表达式时可以考虑使用圆括号来控制运算的先后顺序,这样既可使运算层次清晰,又可避免计算错误。

【结果】 35.8

【例2-7】 输出一个三位整数的百位、十位和个位上的数字。

【设计思路】 定义整型变量 data、hun、ten 和 digit,分别表示三位整数及其百位、十位和个位上的数字。要将一个三位整数的各位数字依次进行输出,必须将该整数打散,即从这个三位整数中分离出百位、十位和个位上的数字,通过合理运用整数除法和取余运算特点可以巧妙地解决这个问题。

假设现在有一个三位整数 532,其对应的百位、十位和个位数字应该分别是 5、3、2,如何通过运算求得这三个数字呢? 首先,求百位数字。百位数字 5 说明该整数中包含 5 个 100,恰好可利用 C 语言中整除运算的特点求得(当除号两侧运算对象都为整型时,结果只取商的整数部分),即 532/100=5。因此,通过 532 对 100 整除的方法即可求得百位上的数字 5。其次,求十位数字。可采用类似求百位数字的方法。通过将 532 中的十位数字变换成最高位后,再对 10 整除便可得到十位数字 3,即(532-5*100)/10=32/10=3 或 532%100/10=32/10=3。最后,求个位数字。个位数字 2 刚好是 532 对 10 取余的余数,即 532%10=2。因此,可用对 10 取余的方法求得个位数字 2。

根据上述分析,可编写 C 程序如下:

```
#include <stdio.h>
int main()
{
    int data=532,hun,ten,digit;        //定义用于存放三位整数及百位、十位和个位数字的变量
    hun=data/100;                      //计算百位数字
    ten=(data-hun*100)/10;             //计算十位数字
    digit=data%10;                     //计算个位数字
    printf("百位数字=%d,十位数字=%d,个位数字=%d\n",hun,ten,digit);
    return 0;
}
```

运行结果:

```
百位数字=5,十位数字=3,个位数字=2
Press any key to continue_
```

【思考】 本例中的十位数字也可以通过将其变换为最低位,再对 10 取余的方法求得,即 ten=data/10%10;个位数字也可以利用 digit=data-hun*100-ten*10 求得。有兴趣的读者可重新编写例 2-7 的程序,观察运行结果,分析数据分解原理。

3. 不同类型数据间的类型转换

当表达式中某运算符两侧的运算对象类型不同时,系统会自动进行类型转换,使二者具有相同的类型,然后再进行计算。因此,整型、实型和字符型数据间可以进行混合运算,转换规则如图 2.4 所示。

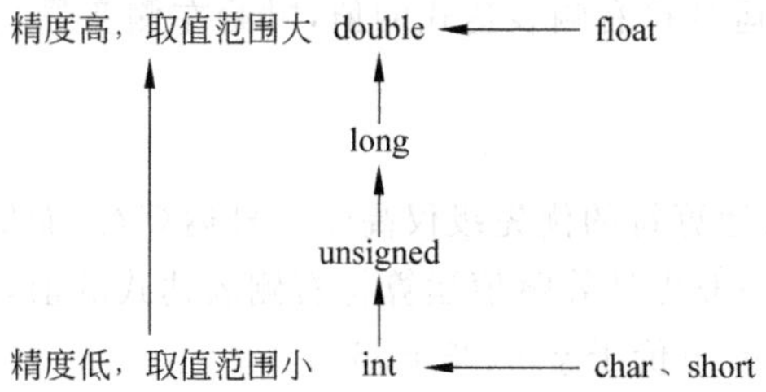

精度高，取值范围大　double ← float

long

↑

unsigned

精度低，取值范围小　int ← char、short

图 2.4　不同类型数据间的自动转换

说明：

① 图中水平方向的类型转换是系统必须进行的，即：只要表达式中出现 float 型的运算对象，系统必先将其转换为 double 类型，然后再计算，运算结果为 double 型。即使运算对象同为 float 类型，如假设 x、y 都为 float 类型，表达式 x+y 的结果类型却为 double 型。同理，只要表达式中出现 char 或 short 型，系统也必先将其转换为 int 类型，然后再计算，运算结果为 int 型。注意 char 型数据是以其 ASCII 值参与运算的。如表达式'E'−'A'的结果值为整型 4。

② 图中垂直方向给出了当运算对象类型不一致时的转换方向。如 int 型和 double 型数据进行运算时，系统先把 int 型数据转换为 double 型，然后进行计算，运算结果为 double 型。

以上这些转换过程是编译系统自动进行，读者只需了解，不必深究。

根据上述不同数据间的类型转换原则，分析例 2-6 中表达式−3.6 * 2−5+'0'结果的类型。表达式运算结果类型与运算对象的类型有关，因运算过程中一直有实型数据参与，且 C 语言约定，实型常量隐含为 double 类型，故最终该表达式值的类型为 double 型。

2.4.3　赋值运算符及其表达式

1. 赋值运算符

赋值运算符可以分为基本赋值运算符和复合赋值运算符两种。

（1）基本赋值运算符：=

（2）复合的赋值运算符

复合的赋值运算符是由算术运算符或位运算符中的双目运算符与基本赋值运算符组合而成的运算符。C 语言的复合赋值运算符有如下几种：

$$+=、-=、*=、/=、\%=、<<=、>>=、\&=、^=、|=$$

注意：在双目运算符与"="之间不能有空格。

2. 赋值表达式

由赋值运算符及其两侧的运算对象连接而构成的式子称为赋值表达式。

（1）格式：

<变量><赋值运算符><表达式>

其中，尖括号<>并不是赋值表达式的构成内容，仅作为各组成部分的分界符。

（2）作用：计算赋值运算符右侧表达式的值，赋给左侧变量，并将这个结果作为整个赋值表达式的值。

说明：

① 在 C 语言中，赋值运算符的优先级仅高于逗号运算符，而低于其他所有运算符，故在求解赋值表达式的值时，一般先计算赋值运算符右侧表达式的值，再将其赋给左侧变量。例如：赋值表达式 y＝23＋56 等价于 y＝(23＋56)。

注意：赋值操作是有破坏性的，当一个变量被赋予新值后，其原值就不复存在了。

② 赋值表达式中，赋值运算符的左侧必须为变量，右侧可以为任意合法类型的表达式（包含单一常量或变量）。如：

x＝x＋20 是合法的赋值表达式，但 x＋y＝20 就是非法的。

可以这样理解，赋值运算符的右侧是用于提供数据的（即读数据），而左侧是用于接收并存储数据的（即写数据）。由 2.2 节可知，变量的值可以发生改变，说明其可用于接收新的数据，且变量在内存中占用一定的存储空间，说明其具有存储能力。故而，赋值运算符左侧必须为变量。

事实上，在以后的学习中读者会发现，凡是用于接收数据的一方都应以变量的形式存在。

③ 基本赋值运算符与数学中的等号虽然形式一样，但它们的含义却不同。

数学中的＝是一种相等、等价关系，如数学中的 a＝b 和 b＝a 的含义是完全相同的，都表示 a 与 b 的值相等；而在 C 语言中，＝表示一种赋值关系，此时 a＝b 和 b＝a 的含义是不同的，前者表示将 b 的值赋给 a，后者表示将 a 的值赋给 b。

再如，数学中无意义的等式 a＝a＋1，在 C 语言中却是合法的赋值表达式，其含义是先取出 a 的值再加 1 后赋值给 a。

④ 复合的赋值运算符书写形式更为简洁，且执行效率也更高，但在分析其结果时需转换为基本赋值运算符的形式。下面以 x/＝y＋8 为例说明复合的赋值运算过程。

第 1 步：x /＝(y＋8)　　　　先将＝号右侧表达式用圆括号括起来

第 2 步：x /＝　(y＋8)　　　再将＝号左侧内容 x/移到＝号右侧，(y＋8)的左侧

第 3 步：x＝x/(y＋8)　　　　最后在＝号左侧补上原左侧变量名 x

由上述运算过程可见，x /＝ y＋8 等价与 x＝x/(y＋8)。

⑤ 所有赋值运算符的优先级都是相同的，且为右结合性。允许赋值运算符右侧表达式再次为赋值表达式。因此 a＝b＝c＝8 是一个合法的赋值表达式，它等价于 a＝(b＝(c＝8))，这是一个自右向左的计算过程，变量 a、b、c 的值都是 8，赋值表达式的值也为 8。

再如，设 a 初值为 6，a＋＝a＊＝a－＝3 也是一合法的赋值表达式，它等价于 a＋＝(a＊＝(a－＝3))，因赋值运算符为右结合型，故必须从右向左一层层计算，过程如图 2.5 所示。

3. 赋值过程中的类型转换

在一个赋值表达式中，如果赋值号＝两边的运算对象数据类型不一致，但都是算术类型，则赋值时系统会自动进行类型转换。

类型转换规则是：将赋值号右侧表达式的值转换成左侧变量的类型后，再赋值给左侧

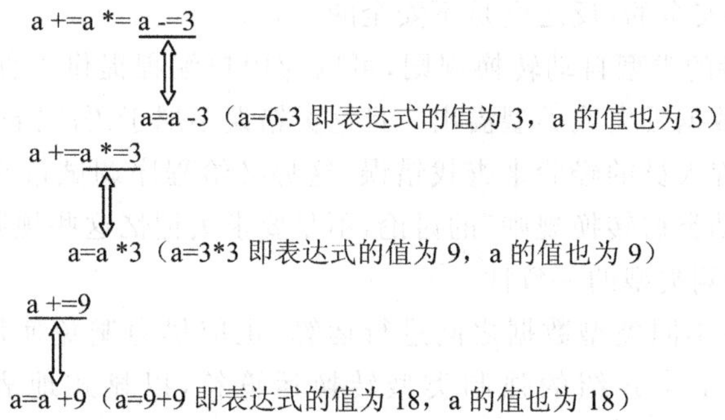

$$a\ +=a\ *=\ \underline{a\ -=3}$$
$$\Updownarrow$$

a=a -3（a=6-3 即表达式的值为 3，a 的值也为 3）

$$a\ +=\underline{a\ *=3}$$
$$\Updownarrow$$

a=a *3（a=3*3 即表达式的值为 9，a 的值也为 9）

$$\underline{a\ +=9}$$
$$\Updownarrow$$

a=a +9（a=9+9 即表达式的值为 18，a 的值也为 18）

图 2.5 复合赋值运算符多重赋值表达式的求解过程示意图

变量。赋值时常见的自动类型转换如表 2-9 所示。

表 2-9 赋值时常见的自动类型转换

类 型		实 例	类型转换过程	说 明
左侧变量	右侧表达式			

整型	实型	int a;
		float x=3.89;
		a=x; //a 值为 3
			先对实型数据进行截尾取整，即舍弃小数部分，然后赋给整型变量	数据精度降低

实型	整型	float x;
		int a=45;
		x=a; //x 值为 45.0
			先将整数转换成实型，如 45 转换为 45.0，然后赋给实型变量	数值不变

float	double	float x,f;
		double y=7.56,
		z=123.456789e100;
		x=y; //x 值为 7.56
		f=z; //f 值为 1. #INF00
			先将双精度数据转换为单精度，仅取 7 位有效数字，在内存中以 4 个字节存储，再赋值给单精度变量	数据精度降低或双精度数据大小超出单精度型变量的取值范围，造成溢出错误

double	float	double x;
		float y=7.56;
		x=y; //x 值为 7.56
			先将单精度数据转换为双精度，在内存中以 8 个字节存储，有效位扩展到 15 位，再赋值给双精度变量	数值不变

short/char	int/long	int a=125,b=280;
		char c1,c2;
		c1=a; //c1 值为 125
		c2=b; //c2 值为 24
			int/long 型数据占 4 个字节，而 short 和 char 型变量分别占 2 个和 1 个字节，故仅将 int/long 型数据次低和最低 2 字节赋值给 short 型变量，最低字节赋值给 char 型变量	数值不变或 int/long 数据大小超出 short/char 型变量的取值范围，int/long 高位字节数据丢失，造成数据错误

int/long	short/char	int a;
		char c1=24;
		a=c1; //a 值为 24
			将 short/char 数据进行符号扩展到 4 字节后，再赋值给 int/long 型变量	数值不变

说明：

① 由表 2-9 总结可得出自动类型转换的一般规律：通常，将取值范围小的类型转换为

取值范围大的类型是安全的,反之则是不安全的。

② C语言所支持的类型自动转换规则,可以为用户编程提供方便,但也可能给程序带来错误隐患,如造成数据丢失或类型溢出。且这类错误不属于语法错误,C编译系统并不提示出错,要完全靠编程人员的经验来查找错误,这势必给程序调试带来很大的困扰。因此,关于"赋值过程中自动类型转换规则"的讨论,不是要求去记忆这些规则,而是提醒用户在赋值时尽量保证左右两侧类型的一致性。

如果确实需要在不同类型数据之间进行运算,也应尽力避免使用这种隐式的自动类型转换,建议使用2.4.4介绍的强制类型转换运算符,以显式地表明编程人员的设计意图。

2.4.4　强制类型转换运算符

强制类型转换运算符可以将一个表达式值的类型,强制转换成用户指定的数据类型。其一般形式为:(类型名)表达式。

说明:

① 强制类型转换运算符是单目运算符,其优先级同算术运算符中的正负号。它的运算对象是紧跟其后的操作数。如果要对表达式的值进行强制类型转换,必须用圆括号将表达式括起来。例如:

```
(float)(5/2)        表达式的值是 2.0。
(float)5/2          表达式的值是 2.5。
```

计算过程分析:前者强制转换的运算对象是(5/2),即先计算5/2得值2,再将值2强制转换为float类型,故表达式结果为2.0;后者强制转换的运算对象是5,即先将5强制转换为float类型的5.0,再进行/运算,故表达式结果为2.5。

② 进行强制类型转换时,类型名一定要用圆括号括起来,否则为非法表示形式。

例如,下面的表达式是合法的强制类型转换。

```
z=(double)x+y      先将 x 强制转换为 double 类型,再与 y 相加,最后将和值赋值给 z
(int)('a'+5.38)%3  先计算'a'+5.38,再将其值强制转换为 int 类型,最后进行%运算
```

下面的表达式是非法的:

```
b=double(a*6)      强制转换的类型名没有用圆括号括起来。
```

【思考】 表达式('a'+5.38)%3 合法吗?

【提示】 考虑取余的运算特点。

2.4.5　自增自减运算符及其表达式

1. 自增自减运算符

很多情况下都会用到对变量的加1或减1操作,为此,C语言专门提供了执行这种功能的运算符,即自增和自减运算符,见表2-10。

表 2-10 自增自减运算符

运 算 符	含 义	类型	优先级	结合性
自增运算符++	使变量值增1	单目	同正负号	自右向左
自减运算符−−	使变量值减1			

说明：

① 自增运算符由两个加号"++"构成，自减运算符由两个减号"−−"构成，两个加号或减号之间不允许出现空格。

② 自增自减都是单目运算符，即只有一个运算对象，而且运算对象必须是变量，不能是常量，更不能是表达式。例如：

```
x++、y−−            自增自减运算符的合法使用
3++、5−−、(x+y)−−   自增自减运算符的非法使用
```

③ 自增（或自减）运算符的含义：使变量值增1（或减1）。具体来讲，如a++等价于a＝a+1，即读取a变量的值并加1后，再赋值给变量a，从而达到变量a值增1的目的。同理，a−−等价于a＝a−1，即读取a变量的值并减1后，再赋值给变量a，从而达到变量a值减1的目的。

可见，自增（或自减）运算符不但具有使变量值加1（或减1）的计算功能，还具有将加1（或减1）后的值回存到变量中的赋值功能。正因其具有赋值功能，故自增自减运算符只能用于变量。

2. 自增自减表达式

自增自减运算符与一个运算对象（必须是变量）连接就构成了自增自减表达式。

自增自减运算符与一般单目运算符不同的是，C语言没有严格限制其与运算对象间的位置关系，也就是说既允许其出现在运算对象的左侧，也可以出现在运算对象的右侧，这样就形成了自增自减表达式的两种形式。

(1) 前缀形式：自增（或自减）运算符出现在运算对象的左侧，如++a、−−a。

(2) 后缀形式：自增（或自减）运算符出现在运算对象的右侧，如a++、a−−。

(3) 前缀与后缀两种表示形式的区别。

当自增自减运算未与其他运算或操作同时出现在一个表达式中，即单独使用方式，其前缀与后缀表示没有任何区别。反之为混合使用方式，二者的运算特点如下：

① 前缀形式++a或−−a：先使a变量的值增1或减1，然后在表达式中使用a变量的新值完成除自增或自减外的其他运算，简称为"先变再用"。

② 后缀形式a++或a−−：先在表达式中使用a的原值进行除自增或自减外的其他运算并得到表达式结果，再使a变量的值增1或减1，简称"先用再变"。

下面分别通过例2-8和例2-9说明自增表达式前缀与后缀形式的使用。

【例2-8】 自增运算单独使用。

C程序代码如下：

```
#include <stdio.h>
int main()
```

```
{
    int i,j,m,n;
    i=j=3;                          //赋值操作,使 i,j 变量初值为 3
    ++i;                            //该语句中仅有自增运算,故为单独使用方式
    j++;                            //同上,也为自增运算的单独使用
    m=i;
    n=j;
    printf("自增变量:i=%d,其他变量:m=%d\n",i,m);
    printf("自增变量:j=%d,其他变量:n=%d\n",j,n);
    return 0;
}
```

运行结果:

```
自增变量: i=4,其他变量: m=4
自增变量: j=4,其他变量: n=4
Press any key to continue
```

【程序分析】

本例中使用了两组初值相同的变量进行相同操作。一组是 i 和 m 变量,实现变量 i 自增 1,并将其值赋给 m 变量,然后输出;另一组是 j 和 n 变量。同样,也是实现变量 j 自增 1,并将其值赋给 n 变量,然后输出。

两组操作中,唯一的区别就是在进行自增操作时,变量 i 使用的是前缀形式,变量 j 使用的是后缀形式。但二者的自增运算都未与其他运算或操作混合,而是通过加分号,各自形成了一条独立的语句,故属于自增运算的单独使用。

通过运行结果对比可知,两组操作结果完全相同,说明自增自减运算的前后缀形式单独使用时没有任何区别。

【例 2-9】 自增运算混合使用。

C 程序代码如下:

```
#include <stdio.h>
int main()
{
    int i,j,m,n;
    i=j=3;                          //赋值操作,使 i,j 变量初值为 3
    m=++i;                          //自增运算与赋值运算同时出现在一条语句中,为混合使用方式
    n=j++;                          //同上,为自增运算的混合使用
    printf("自增变量:i=%d,其他变量:m=%d\n",i,m);
    printf("自增变量:j=%d,其他变量:n=%d\n",j,n);
    return 0;
}
```

运行结果:

```
自增变量: i=4,其他变量: m=4
自增变量: j=4,其他变量: n=3
Press any key to continue
```

【程序分析】

本例的程序代码与例2-8大致相似,依然是实现变量i自增并赋值给变量m,变量j自增并赋值给变量n。只是将例2-8中的自增与赋值运算合并为一条语句。但由运行结果可以看出,用于自增的变量i和j的值没有变化,但参与赋值的变量m和n的值却发生了改变。

现对语句m=++i;和n=j++;的运算过程进行分析,由于这两条语句中都存在赋值"="和自增"++"两个运算符,因此,

① 考虑运算符的优先级。因"++"的优先级高于"=",故应先计算"++"再计算"="。

② 考虑"++"前缀与后缀形式的运算特点。

表达式m=++i中使用了"++"的前缀形式,其运算特点为"先变再用",即先使i值增1,再将i的新值赋给变量m(也就是先完成i的自增运算,再使用i的新值进行表达式中除自增外的其他运算);

表达式n=j++中使用了"++"的后缀形式,其运算特点为"先用再变",即先将j的原值赋给变量n,再使j值增1(也就是先使用j的原值完成表达式中除自增外的其他运算并得到表达式的值,再进行j的自增运算)。

③ 得到输出结果。

```
i=4,m=4
j=4,n=3
```

具体运算过程如图2.6所示。

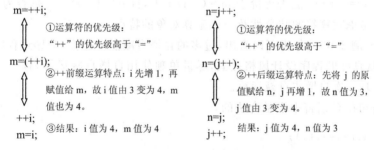

图2.6 自增与赋值运算混合使用的计算过程分析示意图

通过上述分析可知,当自增自减运算符混合使用时,无论是前缀还是后缀形式,对自增自减变量本身(即本例中的i和j)而言,是没有区别的,其值最终一定会改变。但对于和自增自减运算混合在一起的其他运算变量(即本例中的m和n)或操作却会产生不同结果。

再如,自增运算与输出操作的混合使用。

假设变量i的初值为3,分别执行下面两条语句,分析各自的输出结果是多少?

```
printf("%d\n",++i);
printf("%d\n",i++);
```

虽然变量i的值都进行了自增操作,但二者打印的结果却是不同的,前者打印的是自增操作之后的i值4,后者打印的是自增操作之前的i值3。

例2-8和例2-9重点分析了自增自减运算的使用,下面再通过一个稍显复杂的例子来

进一步加深理解,同时应注意自增自减运算符的结合性问题。

【例 2-10】 假设变量 i 的初值依然为 3,则执行语句 m=−i++;后,m 和 i 的值分别是多少?

【分析】 在语句 m=−i++;中包含了赋值"="、负号"−"和自增"++"三个运算符。其中"−"和"++"均为单目运算符,优先级相同且都高于"=",此时需要根据"−"和"++"的结合性来确定运算顺序。因单目运算符都为右结合性,即自右向左计算,故语句

```
m=-i++;
```

等价于

```
m=-(i++);
```

其次,考虑自增运算后缀形式的运算特点"先用再变",即先使用变量 i 的原值,取其相反数,再赋值给 m,最后再使 i 值增 1。故语句

```
m=-(i++);
```

等价于

```
m=-i
i++;
```

经上述分析可知,执行 m=−i++;后,m 的值为−3,i 值为 4。

也不难发现,最后的两条等价语句要比原语句 m=−i++;更易理解。

【思考】 m=−i++能否等价于 m=(−i)++,且 m=(−i)++是否为合法表达式?

【提示】 考虑运算符的结合性及++运算对象的特点。

由例 2-8~例 2-10 的分析可以看出,过多的自增自减混合运算,会导致程序的可读性变差。因此,通常良好的程序设计风格提倡,尽量单独使用自增自减运算,且一行语句中一个变量最多只出现一次自增或自减运算。

如下列语句在 C 语言中也是合法的,

```
m=(i++)+(i++)+(i++);
printf("%d,%d\n",i++,++i);
```

但这两条语句不仅晦涩难懂,而且在不同的编译环境下会产生不同的结果,这也是在一行语句中对同一个变量多次进行自增自减运算所带来的"副作用"。

事实上,这样的语句在实际应用中也很少使用。因此,不必过于深究这类问题,且尽量不要使用,以免造成错误的理解或得到错误的运算结果。

2.4.6 逗号运算符及其表达式

1. 逗号运算符

逗号运算符","是 C 语言提供的一种特殊运算符,它是所有运算符中优先级最低的,且具有左结合性。

2. 逗号表达式

用逗号运算符将各种类型的 C 合法表达式连接而成的式子称为逗号表达式。例如:

3+5,8 * 9
a=3 * 5,a * 4,a+5

（1）逗号表达式的一般形式：

表达式 1,表达式 2,…,表达式 *n*

（2）求解过程：

从左向右,顺序计算表达式 1,表达式 2,…,表达式 *n* 的值,并将表达式 *n* 作为整个逗号表达式的值。因此,逗号表达式也称为顺序求值表达式。

说明：

① 因逗号运算符的优先级最低,若没有圆括号括起来,它总是最后计算。

例如,假设 a 的初始值为 5,计算变量 a 及表达式的值。

a=3 * 5,a * 4,a+5　　　　　表达式值为 20,a 值为 15

此时逗号运算符优先级最低,根据逗号表达式的求解过程,自左向右依次计算三个表达式的值：a＝3 * 5 的值为 15,即 a 值为 15;a * 4 的值为 60;a＋5 的值为 20,逗号表达式的值为最后一个表达式的值即 20。

再如,假设 a 的初始值依然为 5,计算下面表达式的值。

a=(3 * 5,a * 4,a+5)　　　　　表达式值为 10,a 值为 10

此时因圆括号的作用,先计算括号内的逗号表达式(3 * 5,a * 4,a＋5),依次求得三个表达式的值,分别是：15、20、10,逗号表达式的值为 10;再将逗号表达式的值赋给变量 a,赋值表达式的值为 10,即 a 值为 10。

两例的区别就在于圆括号改变了逗号与赋值运算符的运算次序。

② 逗号“,”在 C 程序中既可以作为逗号运算符使用,也可以作为分隔符使用,比如变量定义语句中的逗号,用于分隔各个变量;函数参数表中的逗号,用于分隔各个参数。在使用时应注意区分。

例如,分析下列两条语句中逗号的作用。

```
printf("%d,%d\n",a,b);      a 前面及 a、b 之间的逗号是 printf 函数中各参数间的分隔符
printf("%d,%d\n",(a,b),c);  a 和 c 前面的逗号是 printf 函数中各参数间的分隔符,但 a、b
                           之间的逗号是逗号运算符。
```

【小技巧】 一般情况下,逗号的两重作用可以通过逗号外侧是否有圆括号的方式来进行判断。以上例中的(a,b)来进行说明。顾名思义,分隔符的作用是为了将各对象隔开,而圆括号的作用是为了使其成为一个整体。若此处的逗号为分隔符,势必与圆括号的作用相矛盾,故该逗号应为运算符。初学者可以慢慢体会。

③ 由逗号表达式的求解过程,读者会发现一个有趣的现象,就是计算的表达式多,但作为逗号表达式结果的却只有一个。事实上,许多情况下,使用逗号表达式的目的并非要得到和使用这个逗号表达式的值,而是利用其求解过程得到各个表达式的值,主要用在 for 语句中,用于实现为多个变量赋初值或每次循环后同时修改多个变量值的情况。这一点在学习 for 语句时会深有体会。

2.4.7 位运算符及其表达式

1. 位运算符

C语言兼具高级语言和低级语言的特点,如支持位运算就是具体体现。大家都知道,计算机中的所有数据都是以二进制形式表示的,C语言利用位运算可以对二进制数据位进行清0、置1、测试、抽取和移位等操作,从而实现了汇编语言的大部分功能。

C语言提供了如表2-11所示的6种位运算符。其中,只有按位取反运算符"~"为单目运算符,优先级同正负号。其余运算都为双目运算符,优先级低于算术运算符而高于赋值运算符。

表 2-11 位运算符

位运算符	含　　义	类型	优先级	结合性
~	按位取反	单目	高 ↓ 低	右
<<、>>	左移位、右移位	双目		左
&	按位与	双目		左
^	按位异或	双目		左
|	按位或	双目		左

说明:

① C语言中,位运算的运算对象只能是整型或字符型数据,不能为实型数据,且无论运算对象是正数还是负数,都一律按二进制补码形式进行运算,位运算结果也为一个整型数据。

② 位运算符根据功能的不同可以分为位逻辑运算符和移位运算符。其中,~、&、^和|属于位逻辑运算符,<<、>>属于移位运算符。

③ 位运算符中的5个双目运算符均能够与基本赋值运算符结合组成复合的赋值运算符,分别为 &=、^=、|=、<<=、>>=。例如:

a&=b+5　　　　　等价于　a=a&(b+5)
a<<=2　　　　　　等价于　a=a<<2

2. 位逻辑运算表达式

(1) 位逻辑运算

由位逻辑运算符与运算对象连接而成的式子称为位逻辑表达式,其一般格式为:

<表达式><位逻辑运算符><表达式>

表2-12列出了4种位逻辑运算符的运算规则,假设a和b均是一个二进制位(即值为0或1)。

表 2-12　位逻辑运算符的运算规则

运 算 对 象		位逻辑运算结果			
a	b	a&b	a^b	a|b	～a
0	0	0	0	0	1
0	1	0	1	1	1
1	0	0	1	1	0
1	1	1	0	1	0

下面通过例 2-11 说明位逻辑运算表达式的运算过程。

【例 2-11】　设有变量定义语句如下,计算表达式 a&b、a|b、a^b 和～a 的值。

```
char a=10,b=011;
```

【分析】　本例中变量 a 的初值为十进制数据 10,变量 b 的初值为八进制数据 11,对应十进制数据 9。进行位运算时,均要转换为二进制数据,分别是 0000 1010 和 0000 1001。然后按照表 2-12 所示规则,将 a 和 b 中的每一位分别对应进行位逻辑运算即可。运算过程与运算结果如图 2.7 所示。

```
    0000 1010        0000 1010        0000 1010
 &  0000 1001     |  0000 1001     ^  0000 1001     ~  0000 1010
    0000 1000        0000 1011        0000 0011        1111 0101
运算结果: a&b 的值为 8    a|b 的值为 11    a^b 的值为 3    ~a 的值为-11
```

图 2.7　位逻辑运算表达式的运算过程与运算结果

（2）位逻辑运算特点

① 在进行"按位与"运算时,任何一位二进制数,只要和 0 做"与"运算,该位就被清零（也称屏蔽）；和 1 做"与"运算,该位保持原值不变。利用这一特性,可以很方便地使一个数的某些位清零,而其他位保持原值不变。

例如,使字符型变量 a 低 4 位保持不变,高 4 位清零,可用 a & = 0x0f 来实现。

② 在进行"按位或"运算时,任何一位二进制数,只要和 1 做"或"运算,该位就被置1；和 0 做"或"运算,该位保持原值不变。利用这一特性,可以很方便地使一个数的某些位置1,而其他位保持原值不变。

例如,使字符型变量 a 低 4 位保持不变,高 4 位置1,可用 a | = 0xf0 来实现。

③ 在进行"按位异或"运算时,任何一位二进制数,只要和 1 做"异或"运算,该位就取反（即 0 变 1,1 变 0）；和 0 做"异或"运算,该位保持原值不变。利用这一特性,可以很方便地使一个数的某些位取反,而其他位保持原值不变。此外,一个数与自身做"异或"运算,可以得到 0 值。

例如,使字符型变量 a 低 4 位保持不变,高 4 位取反,可用 a^= 0xf0 来实现。

再如,假设 a 为整型或字符型变量,表达式 a^=a(等价于 a=a^a),使 a 值变为 0。

3. 移位运算表达式

由移位运算符与运算对象连接而构成的式子,称为移位运算表达式,其一般格式为:

<x><移位运算符><n>

其中,x、n均为整型或字符型表达式。x代表移位对象,n代表移动的位数。运算结果为一个整型数据。

（1）左移位运算

x<<n的运算过程:计算表达式x和n的值,将x值的二进制形式数据的每一位向左平移n位,右边空位补0。

（2）右移位运算

x>>n的运算过程:计算表达式x和n的值,将x值的二进制形式数据的每一位向右平移n位。当x值为有符号数时,左边空位补符号位上的值(正数补0,负数补1),称为算术右移;当x值为无符号时,左边空位补0,称为逻辑右移。

【例2-12】 计算字符型数据52左移和右移1位、2位、3位后的值。

【分析】 移位运算前,将十进制数据52转换为二进制数据00110100,根据左移位及右移位的运算规则,得到的运算结果如表2-13所示。

表2-13 有符号字符型数据52移位运算结果

移位操作	二进制数据	对应十进制数据	运算说明
移位前	00110100	52	
52<<1	01101000	104	左侧移丢数据0,右侧补0,相当于 $52 * 2^1$
52<<2	11010000	208	左侧移丢数据00,右侧补00,相当于 $52 * 2^2$
52<<3	10100000	-96	左侧移丢数据001,右侧补000,数据溢出错误
52>>1	00011010	26	右侧移丢数据0,左侧补0,相当于 $52/2^1$
52>>2	00001101	13	右侧移丢数据00,左侧补00,相当于 $52/2^2$
52>>3	00000110	6	右侧移丢数据100,左侧补000,数据精度降低

（3）移位运算的特点

通常,对表达式 x 的值左移 n 位,就相当于该值乘以 2^n;对表达式 x 的值右移 n 位,就相当于该值除以 2^n。因此,利用移位运算可以快速高效地实现乘除运算。

但也应该注意,移位操作不要超出数据的表示范围,以免造成数据溢出错误。

2.5 算法概念及其描述

著名的计算机学者,PASCAL之父沃思(Nikiklaus Wirth)提出一个公式:

算法＋数据结构＝程序

直到今天,这个公式对于面向过程的程序设计语言(如C语言)依然是有效的。从这个公式可以看出,数据结构和算法是构成程序的两个重要组成部分。数据结构主要用于描述数据及数据间的相互关系,算法则用于描述特定的操作或行为。通过前面几节的学习,已经对C语言的基本数据有所了解,本节介绍构成程序的第二大要素——算法。

2.5.1　算法及其特性

所谓算法就是为解决一个特定问题而采取的方法和步骤。在现实生活中,做任何事情都需要遵循一定的方法和步骤即算法。比如到医院挂号看病,一般都需要经过问诊、检查、治疗等过程,这就可理解为是治病的算法。但对于同一种疾病,不同的医生有可能给出不同治疗方案。比如病毒性感冒,有的医生是抓药治病,有的医生则可能是输液治病,但最终都可以达到治病救人的目的。即同一个问题可以存在多种解决算法。

当然,在程序设计课程中所提到的算法主要是指计算机算法,即计算机所能进行的操作,计算机程序中的操作语句就是算法的具体体现。当用计算机解决某个问题时,也同样可以采用多种算法。比如,本章中的例2-7就采用了多种方法求解三位整数各个位上的数字。但无论是什么问题,无论采用何种算法加以解决,其根本必须保证算法的正确性。为了达到这一目标,算法至少应具备下列特性:

(1) 有穷性。算法必须由有限个操作步骤组成,且每个步骤都应在合理的时间内完成,否则也不能称其为有效算法。

(2) 确定性。算法中的每个操作步骤都应有确切的含义,不能存在歧义。例如"如果 $x \geqslant 0$,则输出 1;如果 $x \leqslant 0$,则输出 -1"就存在歧义,即当 $x = 0$ 时,既可能输出 1,也可能输出 -1,造成结果的不确定性。

(3) 有效性。算法中的每个操作步骤都应有效的执行,并得到确定的结果。例如除以 0 的操作就是无效的。

(4) 有零个或多个输入。所谓输入是指算法执行过程中需要用户从键盘提供数据。有些算法的数据在程序中已经指定,无需输入,如例2-5。而有些算法则需要输入数据,如例2-1中求圆的周长、面积时,其半径 r 是未知的,执行时需要从键盘输入 r 值后再进行计算。

(5) 必须有一个或多个输出。算法的目的在于求解,即得到输出结果,没有任何输出的算法是没有意义的。

2.5.2　算法的常用描述方法

常用的算法描述方法有以下四种。

1. 自然语言描述

自然语言就是人们日常使用的语言,可以是汉语、英语或其他语言等。因此,用自然语言描述算法时,最符合人类的思维习惯,且内容通俗易懂,但文字冗长,容易产生歧义,故一般适用于简单算法的描述。

2. 传统的流程图描述

传统的流程图是最常用的一种算法描述工具,它主要由表2-14中所示的符号组成,由美国国家标准化协会(American National Standard Institute, ANSI)规定,且已成为世界各国程序工作者普遍采用的流程图符号。这种描述方法的优点是各种操作一目了然,不会产生歧义,且易于向程序转化,但也存在所占篇幅较大,流程转换灵活,有可能造成阅读和理解上的困难等缺陷。

表 2-14 传统的流程图符号

名 称	符 号	含 义	示 例
起止框	⬭	表示程序的开始或结束	开始
输入输出框	▱	表示输入数据或输出数据	输入x
处理框	▭	表示基本操作处理	x=x+5
判断框	◇	表示对某个条件进行判断	真 x>2? 假
流程线	↓	表示程序的执行流向	↓ →
连接符	○	用于连接到另一页	A A

3. N-S 流程图描述

1973 年,美国学者 I. Nassi 和 B. Shneideman 提出了一种新的流程图形式,并以两位学者名字的第一个英文字母命名,称为 N-S 流程图(简称 N-S 图)。利用 N-S 流程图进行算法描述,最大的优点就是完全去掉了流程线,算法的每一步都用一个矩形框来描述,从而避免了算法流程任意转向的缺点。

4. 伪代码描述

伪代码是用介于自然语言和计算机语言之间的文字、符号来描述算法。它并不固定严格的语法规则,只要把意思表达清楚,便于书写和阅读即可。优点是书写方便,易于理解,且容易转换为计算机程序。

2.5.3 节将结合三种基本结构说明算法描述工具的具体使用。

2.5.3 结构化程序设计

1. 结构化程序的三种基本结构

1966 年 Bohm 和 Jacopini 证明:在结构化程序设计方法中,顺序、选择和循环三种基本结构可以组成任何结构的算法,解决任何问题。C 语言作为结构化程序设计语言的一种,所编写的 C 程序也包含三种基本结构。图 2.8～图 2.10 是三种基本结构的框图表示,每种结构都给出了传统的流程图描述和 N-S 图描述。当用程序设计语言实现算法时,图中的 A、B 均代表一条或多条语句,即一个程序段,每个程序段内可以是任意结构(三种基本结构或其派生结构)。

(1)顺序结构

顺序结构程序是按语句的书写顺序执行的,即语句的执行顺序与书写顺序一致。其算法描述如图 2.8 所示,即执行完 A 操作后,再接着执行 B 操作。顺序结构是三种基本结构中最为简单的。

(2)选择结构

选择结构又称分支结构,根据判断条件选择执行路径或分支,无论执行了哪条分支,最

终都会汇集到同一个出口。其算法描述如图 2.9 所示,即判断条件是否成立,若成立则执行
A 操作,否则执行 B 操作。但无论执行 A 还是执行 B,都会汇集到选择结构后面的语句去
执行。

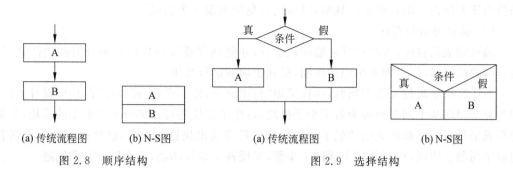

(a) 传统流程图　　　(b) N-S图　　　　　(a) 传统流程图　　　　(b) N-S图

图 2.8　顺序结构　　　　　　　　　图 2.9　选择结构

（3）循环结构

循环结构是根据循环条件判断并控制某段语句序列(循环体语句)的反复执行与否。按
照循环条件判断和语句序列循环执行次序的不同,可分为当型循环结构和直到型循环结构。

① 当型循环结构,其特点是先判断循环条件再执行循环体语句。其算法描述如图 2.10(a)
所示,即先判断循环条件,若条件成立则反复执行循环体语句 A,否则循环结束,执行循环结
构后面的语句。

② 直到型循环结构,其特点是先执行循环体语句再判断循环条件。其算法描述如
图 2.10(b)所示,即先执行一次循环体语句 A,再判断循环条件,若条件成立则反复执行循
环体语句 A,否则循环结束,执行循环结构后面的语句。

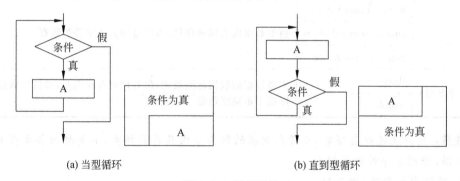

(a) 当型循环　　　　　　　　　　　(b) 直到型循环

图 2.10　循环结构

2. 结构化程序设计方法

上面介绍了程序构成的两大要素:数据结构和算法,接下来讨论结构化程序设计方法。
当计算机处理较为简单问题时,程序设计过程通常可分为以下四个步骤:

（1）分析问题

分析问题就是从所处理问题入手,分析与该问题相关的数据、类型、已知条件(入口参
数)、待求结果(出口参数)及已知与未知之间的关系等信息,从而确定解决问题的方案。

（2）设计算法

设计算法就是在确定方案的基础上提出具体的实施步骤,并选取合适的算法描述工具

进行表示,且应尽量具体详实,以利于向程序转换。

（3）编写程序

编写程序就是用具体的程序设计语言实现算法的过程。在该过程中,应确保所编写代码符合该程序设计语言的语法规则,以尽量避免出现编译类错误。

（4）调试并运行程序

编写完成的程序,需经过反复地调试运行,才能确保排除程序所有编译时的语法错误、运行时的逻辑错误,进而满足用户预期,得到正确的运行结果。

当计算机处理较复杂问题时,往往采用"自顶向下,逐步求精,模块化"的程序设计方法,即把复杂问题从上到下分解为若干个子模块,每个子模块还可以再分解为更小的模块,分解原则就是尽量使终端模块的功能单一。当分解到终端模块这一级时,已经把复杂问题转化为简单问题。因此,可再利用上述四个步骤,实现各子模块功能,从而解决复杂问题。

2.6　重点内容小结

1. 基本数据类型（表 2-15）

表 2-15　基本数据类型

基本数据类型	类型名	说　明
字符型	char	因字符型数据均有一整数（ASCII 码）与之对应,故可将其看作特殊的整型数据,只是字符型数据仅占一个字节的存储空间,取值范围最小。字符型数据为精确存储
整型	int/unsigned int	整型数据也为精确存储,取值范围大于字符型数据
	short/unsigned short	
	long/unsigned long	
实型（浮点型）	float	实型数据的取值范围最大,但存储时存在误差,双精度数据的精度高于单精度数据
	double	

注意:用户在选择类型时,可考虑数据的取值范围及存储精度,不要超出各类型允许的取值范围,否则会导致结果错误。

2. 数据表示形式（表 2-16）

表 2-16　数据表示形式

数据表示形式	使 用 特 点	示　例	说　明
常量	字面常量:直接使用	3.25＋'6'	无需定义
	符号常量:先定义再使用 定义形式: ＃define 符号常量名 值	＃define PI 3.14	符号常量定义是预编译处理命令,而非语句,故末尾无分号
变量	先定义再使用 定义形式: 类型名 变量名 1,…,变量名 n;	floatx,y;	① 变量定义是语句,故不要丢掉末尾的分号 ② 类型名可根据用户需要选取基本数据类型中的任意一个

3. 标识符（对象名称）（表 2-17）

表 2-17　标识符分类

标识符分类	含　义	特　点	书写形式
关键字	C 语言系统定义的标识符，包含类型标识符、语句的命令字等，如 int，if	具有特定含义，不允许另做他用	必须为小写字母
预定义标识符	C 语言系统定义的标识符，包含系统函数名、编译预处理命令字等，如 printf，define	具有特定含义，允许重新定义，但原有含义将丢失，故建议用户不要使用预定义标识符命名	必须为小写字母
用户标识符	用户为变量、宏常量、数组等操作对象命名	不能与关键字重名，并遵循一定的命名原则：由字母、数字和下划线构成；且以字母或下划线开头。 用户命名时尽量采用英文单词或拼音缩写，以使含义清晰	习惯上，宏常量名采用大写字母，变量名、数组名等采用小写字母

4. 运算符及表达式（表 2-18）

表 2-18　运算符及表达式

分　类	运　算　符	说　明
算术运算	＋(加)、－(减)、＊(乘)、/(除)、%(取余)	① 乘法运算时，乘号 ＊ 不能省略； ② 整数除法/：两侧运算对象都为整型时，除法运算结果也为整型，只取商的整数部分； 实数除法/：至少有一侧的运算对象为实型时，除法运算结果也为实型； ③ 取余运算(%)要求两侧的运算对象必须为整型，结果也为整数，为两数相除的余数
赋值运算	＝(基本赋值运算符)、复合赋值运算符，如 ＋＝、－＝、＊＝、/＝、%＝	① 用于为变量赋值，将赋值号右侧表达式的值赋给左侧变量； ② 赋值运算符的左侧只能是变量； ③ 当赋值号两侧运算对象类型不一致时，系统会自动将赋值号右侧表达式的值转换成左侧变量的类型后，再赋值给左侧变量
计算字节数运算	sizeof(类型/表达式)	用于计算数据类型或表达式所占内存字节数
强制类型转换	(类型名)(表达式)	将表达式的值强制转换为目标类型
自增自减运算	＋＋(自增)、－－(自减)	① 前缀形式的运算特点："先变再用"，即变量的值先增或减 1，再使用变量的值，形如：＋＋i，－－i； ② 后缀形式的运算特点："先用再变"，即先使用变量的值，再使变量增或减 1，形如：i＋＋，i－－
逗号运算	,	① 可一次计算多个表达式的值，常用于 for 语句中； ② 要注意与逗号分隔符相区别

续表

分　类	运　算　符	说　明
位运算	～(位反)、&(位与)、|(位或)、≪(左移)、≫(右移)	运算对象需转换为二进制数据后,按二进制位进行处理

注意:表达式的计算顺序:

① 取决于运算符的优先级,先计算优先级高的,再计算优先级低的;

② 当运算符优先级相同时,则由运算符的结合性决定运算的先后顺序。

读者在学习时不必强行记忆运算符的优先级,只需大概知道各运算符的优先次序,单目运算符优先级较高,其次是算术运算符、关系运算符、逻辑运算符、位运算符、条件运算符、赋值运算符和逗号运算符;而且除了单目运算符、条件运算符和赋值运算符是右结合性之外,其余运算符都是左结合性的。

读者在实际使用中可以通过圆括号来控制运算的先后次序,这样可使逻辑更清晰,也有利于避免因记不清运算次序而导致的计算错误。

习　　题

一、单选题

1. C 源程序中不能表示的数值是(　　)。(二级考试真题)

　　(A) 十六进制　　　　(B) 八进制　　　　(C) 十进制　　　　(D) 二进制

2. 设有以下语句:(二级考试真题)

```
int a=1,b=2,c;
c=a^(b<<2);
```

执行后,c 的值为(　　)。

　　(A) 7　　　　　　　(B) 9　　　　　　　(C) 8　　　　　　　(D) 6

3. 以下叙述中错误的是(　　)。(二级考试真题)

　　(A) 使用三种基本结构构成的程序只能解决简单问题

　　(B) 结构化程序由顺序、分支、循环三种基本结构组成

　　(C) C 语言是一种结构化程序设计语言

　　(D) 结构化程序设计提倡模块化的设计方法

*4. 以下选项中,值为 1 的表达式是(　　)。(二级考试真题)

　　(A) 1−'0'　　　　　(B) 1−'\0'　　　　(C) '1'−0　　　　　(D) '\0'−'0'

5. 以下选项关于程序模块化的叙述错误的是(　　)。(二级考试真题)

　　(A) 可采用自底向上、逐步细化的设计方法把若干独立模块组装成所要求的程序

　　(B) 把程序分成若干相对独立、功能单一的模块,可便于重复使用这些模块

　　(C) 把程序分成若干相对独立的模块,可便于编程和调试

　　(D) 可采用自顶向下、逐步细化的设计方法把若干独立模块组装成所要求的程序

6. 以下叙述中错误的是( )。(二级考试真题)

(A) 算法正确的程序可以有零个输入

(B) 算法正确的程序最终一定会结束

(C) 算法正确的程序可以有零个输出

(D) 算法正确的程序对于相同的输入一定有相同的结果

*7. 若有定义语句：int x=2;则以下表达式中值不为 6 的是( )。(二级考试真题)

(A) 2*x,x+=2　　(B) x++,2*x　　(C) x*=(1+x)　　(D) x*=x+1

8. 设有定义：int k=0;以下选项的 4 个表达式中与其他 3 个表达式的值不同的是
( )。

(A) ++k　　　　(B) k+=1　　　　(C) k++　　　　(D) k+1

*9. 已知大写字母 A 的 ASCII 码值是 65，小写字母 a 的 ASCII 码值是 97。下列不能将变量 c 中的大写字母转换为对应小写字母的语句是( )。(二级考试真题)

(A) c=('A'+c)%26-'a'　　　　　　(B) c=c+32

(C) c=c-'A'+'a'　　　　　　　　(D) c=(c-'A')%26+'a'

10. 有以下程序：

```c
#include <stdio.h>
int main()
{
    int m,n,k,a=5;
    double x=16;
    m=sizeof(a);
    n=sizeof(x);
    k=sizeof(float);
    printf("%d,%d,%d\n",m,n,k);
    return 0;
}
```

在 VC6.0 平台上编译运行，程序运行后的输出结果是( )。

(A) 5,16,4　　(B) 4,8,4　　(C) 2,4,4　　(D) 4,4,4

11. 在下列定义语句中，编译时会出现编译错误的是( )。

(A) char a='\x2d';　　　　　　　(B) char a='\n';

(C) char a='a';　　　　　　　　(D) char a='\018';

12. 若有定义 int a;char ch;float x;则表达式 a*b-c 的类型是( )。

(A) float　　　　(B) int　　　　(C) char　　　　(D) double

13. 设变量 x 为 float 型且已赋值，则以下语句中能将 x 中的数值保留到小数点后两位，并将第三位四舍五入的是( )。

(A) x=x*100+0.5/100.0;　　　　(B) x=(x*100+0.5)/100.0;

(C) x=(int)(x*100+0.5)/100.0;　　(D) x=(x/100+0.5)/100.0;

*14. 有以下程序：

```c
main()
```

```
{
    int m=12,n=34;
    printf("%d%d",m++,++n);
    printf("%d%d\n",n++,++m);
}
```

程序运行后的输出结果是(　　)。

  (A) 12353514　　　(B) 12353513　　　(C) 12343514　　　(D) 12343513

*15. 有以下程序

```
main()
{
    int m=3,n=4,x;
    x=-m++;
    x=x+8/++n;
    printf("%d\n",x);
}
```

程序运行后的输出结果是(　　)。

  (A) 3　　　　　　(B) 5　　　　　　(C) −1　　　　　　(D) −2

二、填空题

1. 若有定义语句：int x＝10;则表达式 x−＝x＋x 的值为_____,表达式 x＝x＋＝x−＝x＊＝x 的值为_____。

2. 表达式 3.6−(float)(5/2)＋1.2＋5％2 的值为_____。

3. 设变量 a、b 均为整型,则表达式 a＝6＊4,b＝a＋＋,b/5 的值为_____,变量 a 和 b 的值分别为_____。

4. 表达式 0xf0|0x12−012 的值为_____。

5. 设 a 为整型变量,其初值为一个五位整数,则取该整数后三位数据的 C 语言表达式为_____。

6. 在 C 语言中,字符串常量"XY\t\x78ab\n\\\023?"的长度是_____,它在内存中存储时需要占用_____个字节的存储空间。

三、问答题

1. 指出下列标识符中的合法用户标识符及关键字。

&a	FOR	print	#int	e	8_8
void	unsigned	a−b	AaBc	do	2d
_0_	x＊y	_1	Char	m n	scanf

2. 指出下列常量中的合法常量,并指明其类型。

1,200	1.5E2.0	\'	"\007"	0.1e+6	'cd'
"\a"	\011'	011	0xabcd	123	\123'
0L	0u	0118	.1e0	e9	9.12e
"x＝%f\n"	\"'	−0xf	.177	+4.56f	0Xa23

第 3 章

顺序结构程序设计

【内容导读】

本章首先从顺序结构定义出发,介绍 C 语句,进而结合顺序结构程序示例,介绍 C 程序中最常用的键盘输入与屏幕输出操作,包括字符数据的输入输出函数和数据的格式化输入输出函数,均通过调用系统标准函数库 stdio. h 中的输入输出函数实现。

【学习目标】

(1) 掌握赋值语句的使用及变量的初始化操作;

(2) 熟练掌握不同类型数据的输入与输出操作;

(3) 熟练掌握顺序结构程序设计方法。

通过第 2 章的学习,我们对 C 语言中的数据、算法及程序结构已经有了初步认识,本章主要学习最简单的顺序结构程序的编写。顺序结构就是围绕一个问题,将语句一条一条按照自上而下的顺序排列,该顺序也是程序的执行顺序。可见,程序的构成离不开语句。

3.1 C 语句概述

C 语言中的语句大致可以分为以下两大类:说明语句和执行语句。

3.1.1 说明语句

说明语句就是对程序中使用的变量、数组、函数等操作对象进行定义或声明的语句,它只是为了说明程序中所用操作对象的名称、类型、所带参数个数及参数类型等信息,并不产生可执行的二进制指令代码。

例如,前面介绍过的变量定义语句就属于说明语句。如变量定义语句:

```
int a,b;
```

说明程序中定义了两个变量,名称为 a 和 b,二者类型均为 int 型,系统会根据定义分别为它们分配 4 个字节的存储空间。

3.1.2 执行语句

执行语句就是对程序中使用的变量、数组、函数等操作对象进行赋值、输入输出、运算等各种操作的语句,产生可执行的二进制指令代码。

执行语句根据其构成方式的不同,又可分为表达式语句、函数调用语句、空语句、控制语句和复合语句。

1. 表达式语句

C语言中,各种类型的C合法表达式后面加一个分号,就构成表达式语句。例如,下列语句都为合法的表达式语句:

```
3+5*2;
n=3;
a=9,a+5;
```

最常用的表达式语句就是赋值语句,即赋值表达式后面加分号,如上例中的 n=3;。

赋值语句通常实现对变量的赋值及各操作对象运算结果的保存。如例2-5中的赋值语句:

```
ch1='A';              //用于变量赋值
ch2=ch1+32;           //用于保存计算结果
```

说明:

① 关于变量赋值可以通过赋值语句实现,也允许在定义变量的同时赋以初值(称为变量的初始化),这样可以使程序更简练。如:

```
int a=3;              //定义变量 a 为整型,同时为其赋初值 3
float x=3.14;         //定义变量 x 为实型,同时为其赋初值 3.14
```

也可以只为被定义变量的一部分赋初值。如:

```
int a,b=3,c=3;        //定义变量 a,b,c 为整型,但只对变量 b 赋初值 3,变量 c 赋初值 3
```

但应注意,以下语句是不合法的:

```
int b=c=3;
```

变量必须先定义再赋初值,此时系统将给出编译错误:未定义的标识符 c(error C2065:'c' : undeclared identifier)。

② 注意表达式与表达式语句的区别就在于是否以分号结尾,若有分号则为表达式语句,否则为表达式。仍以赋值操作为例,如:

```
a=b=c                 //赋值表达式
a=b=c;                //赋值语句
```

2. 函数调用语句

函数调用后面加一个分号构成函数调用语句。如:

```
scanf("%d,%d",&a,&b);
```

```
printf("a=%d,b=%d\n",a,b);
```

这是两条用于完成数据输入输出的函数调用语句,其中"scanf("％d,％d",&a,&b)"和"printf("a＝%d,b＝%d\n",a,b)"分别是数据输入与数据输出的函数调用,后加分号就成为函数调用语句。

由此也可以看出,C语言中的数据输入与输出操作,均是通过函数实现的。

3. 空语句

由前面各类语句的构成不难看出,分号是C语句必不可少的构成部分。因此,C语言允许出现空语句:

```
;
```

该语句中只有一个分号,它的特点是什么都不做,那它有什么用呢? 主要用于程序的延时操作,即将空语句作为循环语句的循环体,该循环虽什么都不做,但可以耗费机器时间,从而达到延时的目的。

4. 控制语句

控制语句用于完成一定的控制功能。C语言中,只有9种控制语句,可以实现不同的程序结构,它们的形式如下:

(1) 用于实现选择结构的控制语句

```
if(    )...else...            (条件语句)
switch(   ){...}              (多分支选择语句)
```

(2) 用于实现循环结构的控制语句

```
for(  ){...}                  (for循环语句)
while(    )...                (while循环语句)
do...while(    )              (do-while循环语句)
```

(3) 其他控制语句

```
break                         (中止switch或循环语句的执行)
continue                      (结束本次循环语句)
return                        (函数值返回语句)
goto                          (无条件跳转语句,尽量不使用)
```

5. 复合语句

用一对花括号"{}"括起来的若干条语句称为一条复合语句。花括号中的语句可以是任意合法的说明语句、执行语句,也可以再次为复合语句。复合语句中如果有说明语句,应放在执行语句的前面。例如:

```
{
    float r,s;                //变量定义语句
    r=5;                      //赋值语句
    s=3.14*r*r;               //赋值语句
    printf("s=%f\n",s);       //函数调用语句,用于计算结果的输出
}
```

这是一条复合语句,由四条 C 语句构成,其中第一条语句为说明语句,其余三条均为执行语句。

【思考】 若该复合语句改成下列形式,则它由几条 C 语句构成?

```
{
    float r,s;                          //变量定义语句
    {
        r=5;                            //赋值语句
        s=3.14*r*r;                     //赋值语句
        printf("s=%f\n",s);             //函数调用语句,用于计算结果的输出
    }
}
```

【提示】 复合语句的特点:可使若干条 C 语句成为一条 C 语句(即构成一条复合语句)。

说明:

① 由于复合语句具有"多条变一条"的特点,故其常用在这样的位置:C 语法规则要求该位置只能出现一条语句,但为实现算法功能此处又需要使用多条语句。这时,就可将这若干条语句用花括号括起来成为一条复合语句,如 if 语句的内嵌语句或循环语句的循环体语句。

② 由于复合语句可以嵌套使用,所以编程时一定要注意花括号的配对使用,否则会引起编译错误。事实上,C 程序中会用到很多标点符号,如小括号、方括号、花括号、单引号、双引号等,它们都应配对使用。这也是初学者常犯错误之一。

由算法特性可知,一个正确的算法可以没有输入但不能没有输出,然而没有输入的算法是缺乏灵活性的。因为程序在多次运行时,用到的数据可能是不同的。如例 2-5 的程序功能为求大写字母 A 对应的小写字母。但若为了验证大写字母向对应小写字母转换算法的正确性,用户希望程序每次运行时,提供不同的大写字母,如果都能得到相应的小写字母,则证明算法正确。然而,例 2-5 若想满足上述需求,只能在每次运行程序前,先修改用于存放大写字母的变量初值。这不仅增加了用户调试程序的负担,而且对于没有学过 C 语言编程的普通用户而言,也是不现实的。那么如何在不修改程序的情况下,就可使之适用于任何大写字母呢? 就是通过键盘输入的方法来提供数据。这样每次运行程序时,用户可从键盘上输入任意所需数据(如 A 或 B 或 C 等大写字母),屏幕输出则可跟随输入数据的改变而改变(如 a 或 b 或 c 等小写字母)。可见,引入键盘输入操作后,可以提高程序的通用性和灵活性。

综上,键盘输入与屏幕输出也是编写 C 程序时最常用、最重要的操作。不过要特别提醒读者注意的是,C 语言中没有提供专门用于输入输出操作的语句,而是利用系统标准输入输出函数库 stdio.h 中的输入输出函数来实现的。因此,在使用输入输出函数时,一般先在程序的开始位置写一条编译预处理命令:

```
#include <stdio.h>
```

C 语言中提供了多种输入输出函数,但本章只讨论使用最广泛的两组输入输出函数:

字符数据的输入输出函数和数据的格式化输入与输出函数。

3.2　字符数据的输入输出函数

3.2.1　字符输出函数 putchar

1. putchar 函数调用的一般形式

putchar(c)

其中,putchar 是函数名,c 是函数参数,可以是字符型或整型表达式(含单一常量或变量)。

2. 功能

在标准输出设备(即显示器屏幕)上输出一个字符。

3. putchar 函数使用形式

构成一条独立的函数调用语句。

在 C 程序中,该函数调用一般以语句的形式出现,即在函数调用格式后加分号。如下面两条 putchar 函数调用语句:

```
putchar('A');                        //在屏幕上输出一个大写字母 A
putchar(97);                         //在屏幕上输出一个小写字母 a
```

当 putchar 函数的参数为整型数据时,该函数输出的并不是整数本身,而是与它对应的 ASCII 值字符,故此处的整型数据应在 0~127 范围内。

```
putchar('\n');        //在屏幕上输出一个回车换行符,使光标由当前位置移到下一行的行首位置
```

当 putchar 函数的参数为转义字符时,输出的不是转义字符本身,而是其含义。

如上例,在屏幕上看到的并不是转义字符\n 本身,而是该转义字符的含义"回车换行",即光标由当前位置移到下一行的行首位置。

【思考】　分析下列 putchar 函数调用语句的输出结果。

```
putchar(97-32);
putchar('\x20');
putchar('\040');
```

【例 3-1】　利用 putchar 函数改写例 2-5,求大写字母 A 对应的小写字母 a。
C 程序代码如下:

```
#include <stdio.h>
int main()
{
    char ch1,ch2;
    ch1='A';
    ch2=ch1+32;
    putchar(ch1);          //输出大写字母 A
    putchar(ch2);          //输出小写字母 a
    putchar('\n');         //输出一个换行字符,使光标由当前位置移到下一行的行首位置
```

```
    return 0;
}
```

运行结果：

```
Aa
Press any key to continue_
```

【程序分析】

本例与例 2-5 的运行结果一致，都输出了三个字符 A、a 和回车换行。但本例中三个字符的输出是通过三条 putchar 函数调用语句实现的。

可见，一个 putchar 函数只能输出一个字符。切记不能以 putchar(ch1,ch2,'\n') 的形式输出多个字符，这与 putchar 函数调用格式中只能出现一个参数相违背，会出现编译错误。

3.2.2　字符输入函数 getchar

1. getchar 函数调用的一般形式

```
getchar()
```

其中，getchar 为函数名，没有参数，但函数名后面的小括号不能省略。

2. 功能

在标准输入设备（即键盘）上输入一个字符，以回车键确认，并将该字符作为函数的返回值。

3. getchar 函数使用形式

在 C 程序中，getchar 函数有以下三种使用形式。

（1）函数调用出现在赋值语句中，如：

```
ch=getchar();
```

其含义是：getchar 函数读入键盘上输入的字符，并将该字符赋值给字符型或整型变量 ch 后，继续执行后续程序。

（2）函数调用出现在其他语句中，如：

```
putchar(getchar());
```

其含义是：getchar 函数读入键盘输入的字符，并将该字符进行输出后，继续执行后续程序。

这两种使用形式一般适用于 getchar 函数所读入字符需要进行后续处理的情况。

（3）构成一条独立的函数调用语句，如：

```
getchar();
```

其含义是：getchar 函数读入键盘输入的字符后，继续执行后续程序。

这种使用形式可用于实现程序的暂停或读入输入数据缓冲区中的无用字符。

其中，第一种使用形式是最为常用的，对于其他两种使用形式，读者可在后续的学习应用中慢慢体会，不必在此处过分深究。

4. 数据输入方法

对于输入函数而言，掌握函数调用格式和函数使用形式固然重要，但若不能掌握正确的数据输入方法,也可能会导致程序运行结果的错误。因此,下面分两种情况讨论如何正确地为 getchar 函数输入数据。

(1) 程序中只有一个 getchar 函数,如:

```
char ch;
ch=getchar();
```

若希望 getchar 函数接收到字符 5,则正确的数据输入形式为:

5↙(↙代表回车)

注意:此处的 5 并非是数值 5,而是字符 5,其 ASCII 值为 53。因 getchar 函数只能读入字符型数据,故在输入数据时是不需要输入界定符单引号的,此时系统默认输入的所有信息都是字符型的。一旦输入界定符单引号,也会将其看作字符型数据进行读入。如输入数据格式如下:

'5'↙

则 getchar 函数读入的数据为单引号"'",而不再是字符 5。多余的数据将驻留在输入数据缓冲区,等待被其他输入函数接收。

(2) 程序中连续使用多个 getchar 函数,如:

```
char ch1,ch2,ch3;
ch1=getchar();
ch2=getchar();
ch3=getchar();
```

若希望三个 getchar 函数依次接收到字符 A、字符 B 和字符 C,则正确的数据输入形式为:ABC↙

而不能采用下列方式输入:

A↙
B↙
C↙(事实上,在执行程序时,这组数据是来不及输入的)

此时,第一个 getchar 函数接收字符 A,第二个 getchar 函数接收字符回车换行,第三个 getchar 函数接收字符 B,很显然与用户期望数据不符。

数据 C↙之所以没有机会输入,是因为输入到字符 B 时,所有的 getchar 函数都已得到数据,程序将解除暂停继续向下执行。

注意:从键盘输入信息时,并不是在键盘上输入一个数据,该数据就被立即送到计算机中,而是先暂存到输入数据缓冲区,只有按 Enter 键后才把这些数据一起送入到计算机中,然后按先后顺序依次赋给相应变量。

【例 3-2】 改写例 3-1,使之适用于任意大写字母。从键盘输入一个大写字母,在屏幕上显示对应的小写字母。

C 程序代码如下:

```
#include <stdio.h>
```

```
int main()
{
    char ch1,ch2;
    ch1=getchar();
                    //从键盘输入一个大写字母,按 Enter 键确认结束输入,将该字符赋值给变量 ch1
    ch2=ch1+32;
    putchar(ch1);
    putchar(ch2);
    putchar('\n');
    return 0;
}
```

运行结果:

第一次运行

```
A
Aa
Press any key to continue_
```

第二次运行

```
B
Bb
Press any key to continue_
```

【程序分析】

① getchar 函数的使用形式:本例采用了 getchar 使用形式的第一种,即函数调用出现在赋值语句中(如:ch1=getchar();)。原因很简单,getchar 函数读入大写字母后,还需利用该大写字母参与运算,以得到它对应的小写字母。所以,需要通过赋值的方式,将 getchar 函数读入的字符保存起来。以后自己编程遇到类似情况时,也可以考虑采用 getchar 函数的这种使用形式。

② 程序执行过程:当程序执行到输入函数 getchar 所在的赋值语句时,程序会停下来等待用户从键盘输入数据,直到用户输入一个字符并按 Enter 键结束输入后,程序才继续向下执行。可见,一个 getchar 函数只能接收一个字符,且具有暂停程序执行的作用。

③ 程序中引入输入函数的好处:由程序的两次运行结果可以看出,通过在程序中使用字符输入函数 getchar 为变量 ch1 提供数据,用户可在不修改程序的情况下,根据自己的需要从键盘输入任意一个大写字母,经计算后,程序输出与其对应的小写字母。与例 2-5 和例 3-1 中通过赋值语句为变量 ch1 提供数据相比(只要不修改赋值语句中 ch1 的初值,程序多次的运行结果都是一样的),大大提高了程序的灵活性。因此,提倡在程序中使用输入函数。

④ 运行结果分析:由程序运行结果截图发现,每次运行,图中都有两个大写字母(如A),而只有一个小写字母(如a)。以第一次运行结果为例,其中第一行的A,是用户从键盘上输入的A,以便为 getchar 函数提供数据,而第二行出现的 Aa 才是程序真正的输出结果,即由程序中的输出函数 putchar 实现。对于初学者而言,不能正确区分输入与输出信息是很正常的,只要多多练习就很容易掌握。

不过为了更好地符合人们的认知习惯,可以利用输入数据回显的特点,而去掉变量 ch1
的输出语句 putchar(ch1);,则运行结果如下:

3.3　数据的格式化输入输出函数

格式化输入输出函数与上组函数相比,格式上稍显复杂,但功能更全面,可用于多种类
型数据的输入与输出,且一次使用可实现多个数据的读入与输出,故使用频率非常高。希望
读者在学习过程中认真体会、总结,以掌握其正确的使用方法。

3.3.1　数据的格式化输出函数 printf

1. printf 函数调用的一般形式

```
printf(格式控制字符串[,输出项列表])
```

其中,printf 是函数名,函数名后小括号内的“格式控制字符串”与“输出项列表”是 printf 函
数的两个参数,二者以逗号隔开,方括号括起来部分表示可选。

2. 功能

按格式控制字符串所指定格式,在标准输出设备上输出各个输出项的值。

3. printf 函数使用形式

构成一条独立的函数调用语句。

在 C 程序中,该函数调用一般以语句的形式出现,即在函数调用格式后加分号。如
printf 函数调用语句:

```
printf("%d %d\n",3,5+7);
```

执行后,输出结果为:3 12

4. printf 函数的参数解释

(1) 输出项列表。

输出项列表由零个或多个输出项构成,各个输出项间以逗号分隔,每个输出项可以是任
意类型的 C 合法表达式(含单一常量或变量)。形如:

```
表达式 1,表达式 2,…,表达式 n
```

(2) 格式控制字符串是用双引号引起来的字符串,也称为转换控制字符串。一般情况
下,它包含三部分内容:

① 格式说明:以％开头,后跟格式字符,二者间不能有空格,用于约定各个输出项的输
出格式。C 语言规定每个输出项必须用一个格式说明指定其输出格式(即输出项与格式说
明一一对应),且输出项的类型应与格式说明相匹配。当没有输出项时,格式控制字符串中
不再需要格式说明。执行 printf 函数时,各格式说明将被各输出项按序替代。

格式说明及其含义和所指定的输出项类型见表 3-1 所示。

表 3-1　printf 函数中使用的格式说明

格式字符	格式说明	含　　义	指定输出项类型
d 或 i	%d 或 %i	以有符号十进制形式输出整数,正数的符号省略	整型或字符型
o 或 O	%o 或 %O	以无符号八进制形式输出整数(不输出前导字符 0)	
x 或 X	%x 或 %X	以无符号十六进制形式(小写的 a-f 或大写的 A-F)输出整数(不输出前导字符 0x)	
u	%u	以无符号十进制形式输出整型数	
c	%c	输出一个字符	
f	%f	以十进制小数形式输出单精度、双精度实数,隐含输出 6 位小数。	实型
e 或 E	%e 或 %E	以指数形式(小写 e 或大写 E)输出单精度、双精度实数	
g 或 G	%g 或 %G	自动选取 f 或 e 格式中输出宽度较小的一种使用,且不输出无意义的 0	
s	%s	输出一个字符串(不输出字符串结尾标志\0)	字符数组或指针
%	%%	输出一个 %	其他

例如,设有变量定义语句如下:

```
int a=73;
float x=6.78;
char ch='A';
```

则实现各变量正确输出的 printf 函数调用语句为:

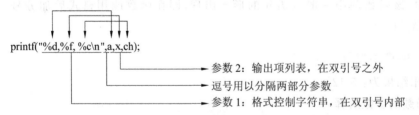

参数 2:输出项列表,在双引号之外
逗号用以分隔两部分参数
参数 1:格式控制字符串,在双引号内部

本例的输出项列表中有三个输出项,分别是变量 a、x 和 ch。按 C 语言语法规则,在格式控制字符串中也需有三个格式说明与之按序对应,且应确保格式说明与输出项类型匹配。如整型变量 a 对应输出整数的格式说明%d,变量 x 对应输出实数的格式说明%f,变量 ch 对应输出字符的格式说明%c,故该 printf 函数调用语句能实现各数据的正确输出。若整型变量 a 对应格式说明%f,则会出现如图 3.1 所示的运行时错误。

【思考】　printf 函数调用语句若改为如下格式,是否正确?若正确,各输出项的输出形式如何?

```
printf("%c,%e, %d\n",a,x,ch);
```

本例 printf 函数的格式控制字符串中,除了三个格式说明,还存在如"\n"","等信息,这就是构成格式控制字符串的另外两部分内容。

图 3.1　整型变量对应格式说明％f 的运行时错误提示

② 转义字符：以反斜线"\"开头，后跟字符序列，二者间不能有空格。执行 printf 函数时，转义字符不是输出该字符本身，而是输出其含义。

③ 普通字符：格式控制字符串中除格式说明和转义字符之外的所有字符，可以是英文、数字、标点符号、汉字等。执行 printf 函数时，普通字符应按序原样输出。

至此，printf 函数参数的含义已基本清楚。执行上例中的 printf 函数调用语句：
printf("％d,％f,％c\n",a,x,ch);　输出：

```
73,6.780000,A
Press any key to continue_
```

【分析】

格式控制字符串决定 printf 函数输出结果的形式，故输出结果的分析应从格式控制字符串入手。

第 1 个格式说明％d 与第 1 个输出项变量 a 对应，约定变量 a 的值以有符号十进制整数形式输出。输出时，变量 a 的值 73 将取代与之对应的格式说明％d。同理，％f 约定变量 x 值的输出形式为小数形式（隐含 6 位小数），故 6.780000 替代％f 进行输出；％c 约定变量 ch 值的输出形式为字符形式，故 A 替代％c 进行输出。

因三个格式说明之间是逗号，作为普通字符（既不以％开头，也不以\开头的信息），必须按序原样输出，故所输出的三个数据间出现逗号。

格式控制字符串中的转义字符\n，其含义是回车换行，故在输出结果中看到光标位置移至下一行。

再如，各变量的定义如上例，有 printf 函数调用语句：

```
printf("a=%d,x=%f,ch=%c\n",a,x,ch);
```

执行后输出：

```
a=73,x=6.780000,ch=A
Press any key to continue_
```

这两个 printf 函数调用语句，都能输出变量 a、x 和 ch 的值。但后者的格式控制字符串中添加了一些普通字符，如"a＝""x＝"和"ch＝"，使得二者的输出形式并不相同。显然，后者的输出形式要优于前者。

可见，通过在格式控制字符串中适当加入转义字符和普通字符，能够为输出的数据添加必要的说明信息,使输出信息的含义更加明确,也可增加程序的可读性。

【例3-3】 利用 printf 函数修改例 3-2,使其更具交互性和可读性。

C 程序代码如下:

```c
#include <stdio.h>
int main()
{
    char ch1,ch2;
    printf("请输入一个大写字母:");          //提示用户输入大写字母
    ch1=getchar();
                      //从键盘输入一个大写字母,按 Enter 键确认结束输入,将该字符赋值给变量 ch1
    ch2=ch1+32;
    printf("大写字母:%c\t 小写字母:%c\n",ch1,ch2);
    return 0;
}
```

运行结果:

```
请输入一个大写字母: A
大写字母: A    小写字母: a
Press any key to continue_
```

【程序分析】

① 使用无"输出项列表"参数的 printf 函数,可增强程序的交互性。

本例中的第一条 printf 函数调用语句,没有"输出项列表"参数,故在格式控制字符串中,不需要格式说明,而仅有普通字符。利用普通字符按序原样输出的特点,会在程序运行窗口中输出提示信息"请输入一个大写字母:",表明程序正等待用户从键盘输入数据。这更像是计算机与用户正在一问一答,与例 3-2 运行时黑色窗口中仅有一个光标闪烁的情形相比,使程序更具交互性,可避免用户运行程序时的不知所措。

因此,当用户编写的程序中含有输入函数时,提倡在输入函数之前增加一条无"输出项列表"参数的 printf 函数调用语句,可以对数据的输入操作进行提示,增强程序的交互性。

② printf 函数可以完全替代 putchar 函数,且可使输出含义明确,增强程序的可读性。

本例中的第二条 printf 函数调用语句,替代了例 3-2 中的三条 putchar 函数调用语句,实现了程序结果的输出。一方面说明 printf 函数具有一次输出多个数据的特点,且通过在格式控制字符串中增加普通字符(如大写字母:、小写字母:),可以使输出数据的含义更明确,增强程序的可读性;另一方面也充分说明 printf 函数可以完全替代 putchar 函数。如:

```
printf("%c",ch1);        等价于        putchar(ch1);
printf("\n");            等价于        putchar('\n');
```

【例3-4】 各类型格式说明在 printf 函数中的应用。

C 程序代码如下:

```c
#include <stdio.h>
int main()
{
```

```
int a=-12;
float x=1023.456;
char ch='0';
printf("%d,%u,%o,%x\n",a,a,a,a);
printf("%f,%e,%g\n",x,x,x);
printf("%c,%d\n",ch,ch);
return 0;
}
```

运行结果：

```
-12, 4294967284, 37777777764, fffffff4
1023.455994, 1.023456e+003, 1023.456
0, 48
Press any key to continue_
```

【程序分析】

程序中定义了三个变量 a、x 和 ch，并进行了初始化，它们均以二进制补码形式存于系统为变量分配的内存空间中，系统根据数据类型分别为变量 a、x、ch 分配 4 字节、4 字节和 1 字节的内存空间。

① 第一条 printf 函数调用语句，分别以%d(有符号十进制整数)、%u(无符号十进制整数)、%o(无符号八进制整数)、%x(无符号十六进制整数)的格式输出变量 a 的值−12，−12 的存储情况为：

	高位			低位
变量 a	1111 1111	1111 1111	1111 1111	1111 0100

其中，只有以%d 格式输出时，数据的最高位才作为符号位，其他格式说明都将最高位看作数值位。因此，当以%u、%x 和%o 输出时都不会出现负数。

② 第二条 printf 函数调用语句，分别以%f、%e、%g 的格式输出变量 x 的值 1023.456。

以%f 格式输出小数形式的实数时，整数部分全部输出，隐含 6 位小数部分。

以%e 格式输出指数形式的实数时，输出的尾数为 1 位非零整数，6 位小数；4 位指数(含符号位)；二者间为基数 e。

以%g 的格式输出实数时，系统自动选择%f 和%e 格式中输出数据宽度最小的，且不输出无意义的数据，如小数部分最末尾的 0 或超出有效数字位数的数据。

注意：输出实数时，并非所有数字都是有效数字，单精度的有效数字一般为 7 位，双精度的有效数字一般为 15 位，超出部分就不准确了。

③ 第二条 printf 函数调用语句，分别以%c、%d 的格式输出变量 ch 的值。进一步说明字符型数据既可以字符形式输出，也可以整数形式输出，此时输出的整数正是该字符的 ASCII 值。用户可利用这种方式查询各字符的 ASCII 值。

(3) 附加格式说明符。

C 语言允许在格式说明的%和格式字符之间增加如表 3-2 所示的附加格式说明符，可以进一步约定数据的输出形式，如设定数据的输出宽度、对齐方式等。

表 3-2　printf 函数中使用的附加格式说明符

符　号	含　义	说　　　明
l 或 h	长度修正	l 修饰格式字符 d、o、x、u 时,用于输出长整型数据 h 修饰格式字符 d、o、x、u 时,用于输出短整型数据 l 修饰格式字符 f、e、g 时,用于输出双精度数据
m	域宽	m 为一个正整数,代表数据输出时所占列数,即域宽。 当输出数据的位数小于 m 时,在数据左侧补空格,以满足域宽 m 的要求,即数据在域内是右对齐的。 当输出数据的位数大于 m 时,数据忽略域宽 m 的要求,以数据的实际位数输出
.n	显示精度	n 为一个正整数。 对于实型数据,用于指定输出的浮点数的小数位数。 对于字符串,用于指定从输出字符串的左侧开始截取的子串字符个数
-	左对齐	使输出数据在域内左对齐,即在数据右侧补空格

完整的格式说明格式为：%-m. nl 或 h 格式字符。

具体应用时,可以使用零个或多个附加格式说明符。

【例 3-5】 附加格式说明符的使用。

C 程序代码如下：

```c
#include <stdio.h>
int main()
{
    int a=12386;
    float x=1234.56799,y=111.11111,z;
    char c='A';
    z=x+y;
    printf("a=%d,a=%8d,a=%-8d,a=%3d,a=%c\n",a,a,a,a,a);
    printf("z=%f,z=%15f,z=%.2f,z=%4.2f\n",z,z,z,z);
    printf("c=%c,c=%-5c,c=%d\n",c,c,c);
    return 0;
}
```

运行结果：

```
a=12386, a=   12386, a=12386   , a=12386, a=b
z=1345.679077, z=     1345.679077, z=1345.68, z=1345.68
c=A, c=A    , c=65
Press any key to continue_
```

【程序分析】

① 第一条 printf 函数调用语句中,第一个格式说明%d,未使用任何附加格式说明符,以有符号十进制整数形式,按实际位数输出变量 a 值;第二个格式说明%8d,按域宽 8 位输出变量 a 值,此时的域宽 8 超出了变量 a 值的实际位数(5 位),故输出时在数据左侧需补3 个空格,以满足域宽 8 的要求;第三个格式说明%-8d,域宽不变,但为左对齐输出,即在数据右侧补 3 个空格;第四个格式说明%3d 的域宽 3 小于变量 a 值的位数,则按数据的实

际位数输出;第五个格式说明%c,将变量 a 值与 256 相除后的余数(12386%256 得 98)作为
ASCII 值,以字符形式输出该 ASCII 值对应的字符 b。进一步说明整型数据既可以整数形
式输出,也可以字符形式输出。

② 第二条 printf 函数调用语句中,第一个格式说明符%f,未使用任何附加格式说明
符,以小数形式(默认 6 位小数),按实际位数输出变量 z 值。因单精度实型数据的有效数
字为 7 位,故输出数据 1345.679077 第 7 位以后的数字(077)是不准确的;第二个格式说
明%15f,按域宽 15 位,默认 6 位小数输出变量 z 值,此时的域宽 15 超出了变量 z 值
1345.679077 的位数(11 位,小数点也占一位列宽),故输出时需在数据左侧补 4 个空格,
以满足域宽 15 位的要求;第三个格式说明%.2f,要求以两位小数(第三位小数四舍五
入),实际位数输出变量 z 值;第四个格式说明%4.2f,按域宽 4 位,两位小数输出,此时的
域宽 4 小于变量 z 值 1345.68 的位数(7 位,小数点也占一位列宽),则按数据的实际位数
输出。

③ 第三条 printf 函数调用语句中,第一个格式说明符%c,未使用任何附加格式说明
符,以字符形式实际位数(1 位)输出变量 c 值;第二个格式说明%-5c,以字符形式,按域宽 5
位左对齐输出变量 c 值,此时的域宽 5 超出了变量 c 值的位数(1 位),故输出时需在数据右
侧补 4 个空格,以满足域宽 5 位的要求;第三个格式说明%d,以有符号十进制整数形式,按
实际位数输出变量 c 值所对应的 ASCII 值 65。进一步说明字符型数据既可以字符形式输
出,也可以整数形式输出。

3.3.2 数据的格式化输入函数 scanf

1. scanf 函数调用的一般形式

scanf(格式控制字符串,输入项列表)

其中,scanf 是函数名,函数名后小括号内的"格式控制字符串"与"输入项列表"是函数 scanf
的两个参数,二者以逗号隔开。

2. 功能

按格式控制字符串所指定格式,在标准输入设备上输入数据,并依次送到各输入项所指
定的变量中。

3. scanf 函数使用形式

构成一条独立的函数调用语句。

在 C 程序中,该函数调用一般以语句的形式出现,即在函数调用格式后加分号。

例如,设有如下变量定义 int a,b;则正确的 scanf 函数调用语句为:

scanf("%d%d",&a,&b);

这条语句表示从键盘输入两个十进制整数,分别存放在整型变量 a 和 b 中。其中 &a
代表变量 a 的地址,&b 代表变量 b 的地址。

4. scanf 函数的参数解释

(1) 输入项列表。

输入项列表由一个或多个输入项构成,各输入项以逗号分隔,每个输入项均为一个地

址。形如：

地址1,地址2,…,地址n

就目前所学,每个地址是用"& 变量名"表示的,其中 & 为取地址运算符。如 &a 表示取变量a的地址,&b 表示取变量b的地址。

(2) 格式控制字符串与 printf 函数的相似,都是用双引号引起来的字符串,但也有不同之处,它一般不包含转义字符,即只包含格式说明和普通字符两部分。

① 普通字符：格式控制字符串中除格式说明以外的字符,可以为英文、标点符号、汉字等。执行 scanf 函数时,普通字符应按序原样输入。

② 格式说明：以％开头,后跟格式字符,也允许在％和格式字符之间插入附加格式说明符,各字符间不允许有空格,其完整格式如下：

%*ml 或 h 格式字符

其中 *、m、l 或 h 为附加格式说明符,具体含义见表3-3。格式说明用于约定输入数据的类型、宽度等。一般情况下,格式说明和输入项之间也是一一对应的,且二者类型应匹配。在执行 scanf 函数时,格式说明由键盘输入的数据所替代。表3-4 中列出了 scanf 函数中使用的格式说明及其含义和输入类型等。

表 3-3 scanf 函数中使用的附加格式说明符

符 号	含 义	说 明
l 或 h	长度修正	l 修饰格式字符 d、o、x、u 时,用于输入长整型数据 h 修饰格式字符 d、o、x、u 时,用于输入短整型数据 l 修改格式字符 f、e 时,用于输入双精度数据
m	域宽	用于指定输入数据的域宽
*	忽略读入	忽略读入的数据,即不将读入的数据赋给相应的变量

注意：与 printf 函数中使用的附加格式说明符相比,输入数据时不能指定数据的精度,即不能使用附加格式说明符.n。

表 3-4 scanf 函数中使用的格式说明

格式字符	格式说明	含 义	输入类型
d	%d	输入十进制整数	整型
o	%o	输入八进制整数	
x	%x	输入十六进制整数	
f、e	%f(%e)	输入实型数据,以小数或指数形式输入都可以	实型
c	%c	输入一个字符	字符型
s	%s	输入一个字符串(不输入字符串结尾标志\0)	字符串

5. scanf 函数的数据输入形式

scanf 函数可用于多种类型数据的输入,而正确的数据输入形式取决于 scanf 函数的

"格式控制字符串"参数,常见的数据输入形式如表 3-5 所示,表中所用变量的定义及假设初值如下:

```
int a,b,c;
float x;
char ch1,ch2,ch3;
```

假设要求变量 a、b、c 的值分别为 12、345 和 67,变量 x 的值为 89.23,变量 ch1、ch2、ch3 的值分别为字符 A、字符 B 和字符 C,则用户该如何输入数据?

表 3-5 执行 scanf 函数时数据的输入形式

格式控制字符串		scanf 函数调用语句举例	数据输入形式
无普通字符	① 多个数值型格式说明(%d、%o、%u、%x、%f、%e)连用	scanf("%d%d%d",&a,&b,&c);	数据间以空白字符分隔,如: 12␣345␣67↙(␣代表空格)
	② 多个字符型格式说明(%c)连用	scanf("%c%c%c",&ch1,&ch2,&ch3);	ABC↙
	③ 数值、字符型的格式说明混合使用	scanf("%d%c%f",&a,&ch1,&x);	12A89.23↙
	④ 使用附加格式说明符"域宽"	scanf("%2d%3d%2d",&a,&b,&c); scanf("%3c%3c%3c",&ch1,&ch2,&ch3);	1234567↙ AXYBXYCXY↙
	⑤ 使用附加格式说明符 *	scanf("%d%*d%d",&a,&b); scanf("%2d%*2d%3d",&a,&b);	12␣87␣345↙ 1287345↙
有普通字符	⑥ 格式说明间使用普通字符逗号	scanf("%d,%d,%d",&a,&b,&c);	12,345,67↙
		scanf("%c,%c,%c",&ch1,&ch2,&ch3);	A,B,C↙
		scanf("%d,%c,%f",&a,&ch1,&x);	12,A,89.23↙
	⑦ 格式说明间使用普通字符空格	scanf("%d %d %d",&a,&b,&c);	12␣345␣67↙
		scanf("%c %c %c",&ch1,&ch2,&ch3);	A␣B␣C↙
		scanf("%d %c %f",&a,&ch1,&x);	12␣A␣89.23↙
	⑧ 格式说明间使用更多的普通字符	scanf("a=%d,b=%d,c=%d",&a,&b,&c);	a=12,b=345,c=67↙

【分析】

① scanf 函数调用语句:scanf("%d%d%d",&a,&b,&c);

格式控制字符串"%d%d%d"表示,要求用户从键盘输入 3 个十进制整数,而 &a、&b、&c 分别代表变量 a、b、c 的地址,表示 3 个整数分别存放在变量 a、b、c 中。

由于格式控制字符串中没有普通字符,输入的 3 个整数之间要用空白字符(空格、水平制表符 Tab 或回车符 Enter)进行分隔,最后按 Enter 键确认输入结束。因此,正确的数据输入形式为:

12␣345␣67↙ (其中␣代表空格)

或

12<Tab>345<Tab>67↙ (其中<Tab>代表按下 Tab 键)

或

12↙
345↙
67↙

数据读入过程为：第一个输入项对应格式说明%d，要求输入十进制整数，当读到数值 12 后遇到空白字符，表明当前数据读入结束，将 12 赋给变量 a。其余两个变量读入数据的过程相同。

可见，在输入数值型数据时，遇到空白字符，当前数据读入结束。

② scanf 函数调用语句：scanf("%c%c%c",&ch1,&ch2,&ch3);

这条语句与①相似，只是输入数据的类型由数值型变为了字符型。但应注意此时输入数据的形式与①不同，正确的数据输入形式为：

ABC↙

此时，如果数据输入形式为：

A␣B␣C↙

或

A↙
B↙
C↙ (事实上，这组数据没有机会输入)

则变量 ch1 的值为字符 A，但变量 ch2 的值不是字符 B，而是空格符或回车符，变量 ch3 的值也不是字符 C，而是字符 B。因使用%c 格式说明输入字符时，空格和转义字符都被作为有效字符读入。所以使用%c 时特别要注意这一点。

③ scanf 函数调用语句：scanf("%d%c%f",&a,&ch1,&x);

正确的数据输入形式为：

12A89.23↙

语句中的第一个输入项 &a 对应格式说明%d，要求输入十进制整数，读入 12 后遇到字符 A（字符 A 对于格式说明%d 而言，是不合法的，故认为该数据读入结束），因此认为 12 之后没有数字了，第一个数据到此结束，将 12 赋给变量 a。字符 A 符合%c 的要求，故将字符 A 赋给变量 ch1。因%c 只要求读入一个字符，所以认为字符 A 后面的数值 89.23 应送给变量 x。

可见，在输入数值型数据时，遇到"非法字符"，当前数据读入结束。所谓"非法"是相对的，比如字符 A 相对格式说明%d 非法，但相对格式说明%c 就是合法的。

④ scanf 函数调用语句：scanf("%2d%3d%2d",&a,&b,&c);

因格式说明中使用了附加格式说明符"域宽"，可指定数据所占列数，系统将自动按"域

宽"截取所需数据,故正确的数据输入形式为:

<u>1234567</u>↙

系统自动将 12 赋给变量 a,345 赋给变量 b,67 送给变量 c。

附加格式说明符域宽也可用于字符型格式说明,如表 3-5 中的 scanf 函数调用语句:

```
scanf("%3c%3c%3c",&ch1,&ch2,&ch3);
```
若从键盘输入数据<u>AXYBXYCXY</u>↙

则系统自动读入三个字符中的第一个字符,其余两个字符只是为了凑足域宽 3 的要求,可为任意字符,并不被读入。因此,将字符 A 赋给变量 ch1,字符 B 赋给变量 ch2,字符 C 赋给变量 ch3。

可见,输入数据时,当前数据遇宽度结束。

⑤ scanf 函数调用语句:scanf("%d%*d%d",&a,&b);

因格式控制字符串中没有普通字符,且三个格式说明都为数值型,故输入的数据间应以空白字符隔开,如:<u>12␣87␣345</u>↙

格式说明中使用的附加格式说明符"*",用来表示对应的数据读入后被忽略,不赋给相应的变量,故将 12 赋给变量 a,87 被跳过不赋给任何变量,345 赋给变量 b。

而函数调用语句 scanf("%2d%*2d%3d",&a,&b);中使用了附加格式说明符"域宽",故正确的数据输入形式为:

<u>1287345</u>↙

系统自动按域宽截取所需数据,将 12 赋给变量 a,跳过 87,345 赋给变量 b。

⑥ 在格式说明间使用普通字符逗号,如 scanf 函数调用语句:

```
scanf("%d,%d,%d",&a,&b,&c);
scanf("%c,%c,%c",&ch1,&ch2,&ch3);
scanf("%d,%c,%f",&a,&ch1,&x);
```

无论使用何种类型的格式说明,逗号作为普通字符都需按序原样输入,故在输入的三个数据间需要加入逗号,正确的数据输入形式为:

<u>12,345,67</u>↙
<u>A,B,C</u>↙
<u>12,A,89.23</u>↙

⑦ 在格式说明间使用普通字符空格,如 scanf 函数调用语句:

```
scanf("%d %d %d",&a,&b,&c);
scanf("%c %c %c",&ch1,&ch2,&ch3);
scanf("%d %c %f",&a,&ch1,&x);
```

因空格也是普通字符,故输入数据时需按序原样输入,但空格符的个数可以是一至多个。正确的数据输入形式为:

<u>12␣345␣67</u>↙
<u>A␣B␣C</u>↙
<u>12␣A␣89.23</u>↙

⑧ 在格式说明间使用更多的普通字符,如 scanf 函数调用语句:

```
scanf("a=%d,b=%d,c=%d",&a,&b,&c);
```

因格式控制字符串中"a="",","b=""c="都是普通字符,故输入数据时需按序原样输入,正确的数据输入形式为:

```
a=12,b=345,c=67↙
```

说明:

(1) 当执行 scanf 函数调用语句时,程序会暂停等待用户输入数据,且输入数据的个数和类型必须与格式说明一一对应,以按 Enter 键作为全部数据输入的结束。输入数据时,遇到以下情况认为当前数据输入结束。

① 遇到空白字符(空格、水平制表符 Tab 或回车符 Enter)结束,如表 3-5 中的①。

② 遇宽度结束,如表 3-5 中的④。

③ 遇非法字符结束,如表 3-5 中的③。

(2) 由表 3-5 中列出的数据输入形式可知,在 scanf 函数的格式控制字符串中适当使用普通字符,如逗号或空格符(如⑥⑦),可以使数据的输入形式简洁清晰,不易出错。但使用的普通字符过多,又会使数据的输入形式变复杂(如⑧)。因此,为了减少不必要的输入量,在 scanf 函数的格式控制字符串中,提倡使用普通字符逗号或空格符,但其他普通字符尽量不要使用。

(3) scanf 函数中的输入项列表参数必须是"& 变量名"的地址形式,不能直接用变量名。直接使用变量名虽能顺利通过编译、连接,但会发生运行时错误,造成程序的异常中止,如图 3.2 所示。这也是初学者常犯的一个错误,使用该函数时要特别注意。

如错误示例: scanf("%d,%d",a,b);

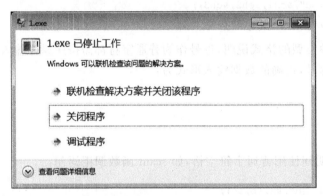

图 3.2　程序异常中止时弹出的对话框

(4) 输入实型数据时不能指定其精度,即不能使用附加格式说明符.n。如:

```
scanf("%5.2f",&x);
```

是不合法的,不能企图通过使用附加格式说明符.n,约定从键盘上输入实数的小数位数。此时,编译系统虽不报错,但变量 x 不能正确读入数据。

如从键盘上输入数据34.56↙

但变量 x 的值并不是 34.56,而是一个不确定的值。

(5) double 型数据输入时,必须用格式说明%lf 或%le。

(6) 格式说明%c 用于读入一个字符,因此 scanf 函数可以完全替代 getchar 函数,如:

```
scanf("%c",&ch1);     等价于     ch1=getchar();
```

(7) 进一步理解字符型数据的输入问题。

表 3-5 主要是针对一条 scanf 函数调用语句,讨论了其数据的输入形式。在实际编程中,会用到大量数据且类型多样,一般习惯将同类型的数据放在一条 scanf 调用语句中输入。因此,一个程序中经常会用到多条 scanf 函数调用语句,可能连续,也可能不连续使用。例 3-6 和例 3-7 演示了这种情况下,字符型数据的输入问题。

【例 3-6】　多条 scanf 函数调用语句连续使用。

C 程序代码如下:

```c
#include<stdio.h>
int main()
{
    int a,b;
    double x,y;
    char ch;
    printf("请输入数据:\n");
    scanf("%d,%d",&a,&b);
    scanf("%lf,%lf",&x,&y);
    scanf("%c",&ch);
    printf("输出:\n");
    printf("a=%d,b=%d\n",a,b);
    printf("x=%f,y=%f\n",x,y);
    printf("ch=%c \n",ch);
    return 0;
}
```

要求变量 a 和 b 的值分别为 1 和 2,变量 x 和 y 的值分别为 3.14 和 6.28,变量 ch 的值为字符 A。

运行结果:

```
请输入数据:
1,2
3.14,6.28
输出:
a=1,b=2
x=3.140000,y=6.280000
ch=

Press any key to continue_
```

【程序分析】

很显然,各变量所得到的值与预期值不一致,是什么原因造成这样的结果呢?

错误原因就在于数据的输入形式不对,导致数据没有被正确读入。数据的输入形式与

格式控制字符串密切相关。因此,

① 先理清连续使用的三条 scanf 函数中各格式控制字符串间的关系

三条 scanf 函数调用语句连续执行,要求一次性为 5 个变量输入数据,其中两个数据为整型,两个数据为实型,一个数据为字符型。由前面所学已知,一条 scanf 函数就可实现多个不同类型数据的输入,因此,这三条语句等价于下面这一条 scanf 函数调用语句:

```
scanf("%d,%d%f,%f%c",&a,&b,&x,&y,&ch);
```

这样就能清晰地看出原本分别处在三个 scanf 函数中的格式控制字符串间的关系。

② 再分析数据的输入形式

从键盘输入数据如下:

1,2↙

3.14,6.28↙

A↙(事实上,这个数据没有机会输入)

输入的整数 1 被 scanf 函数的第一个%d 正确读入并赋给变量 a,原样输入普通字符逗号,输入的整数 2 被第二个%d 正确读入并赋给变量 b,输入回车符(因%d 和%f 间没有普通字符时,需以空白字符分隔),输入的实数 3.14 被第一个%f 正确读入并赋给变量 x,原样输入普通字符逗号,输入的实数 6.28 被第二个%f 正确读入并赋给变量 y。然而,紧接着输入的回车符被%c 读入并赋给变量 ch,导致字符 A 根本没有机会输入。

由本例及表 3-5 中的②③可以看出,不管是否在同一个 scanf 函数调用语句中,只要%c 之前没有普通字符,输入时就不得在字符数据前输入任何字符(包括空格符、转义字符),否则它们均会被当作有效字符读入并赋给字符变量。因此,本例正确的数据输入形式及输出结果为:

```
请输入数据:
1,2
3.14,6.28A
输出:
a=1,b=2
x=3.140000,y=6.280000
ch=A
Press any key to continue_
```

【例 3-7】 多条 scanf 函数调用语句不连续使用。

C 程序代码如下:

```c
#include<stdio.h>
int main()
{
    int a,b;
    char ch;
    printf("输入两个十进制整数,以逗号隔开:");
    scanf("%d,%d",&a,&b);
    printf("a=%d,b=%d\n",a,b);
    printf("输入一个字符:");
```

```
    scanf("%c",&ch);
    printf("ch=%c\n",ch);
    return 0;
}
```

要求变量 a 和 b 的值分别为 1 和 2,变量 ch 的值为字符 A。

运行结果:

```
输入两个十进制整数, 以逗号隔开: 1,2
a=1,b=2
输入一个字符: ch=

Press any key to continue_
```

【程序分析】

本例的输出结果与预期结果也不一致,与例 3-6 一样,问题也是出在了格式说明%c 上,在输入数据 2 之后的回车符被当作有效字符读入并赋给了变量 ch。所不同的是,因两条 scanf 函数调用语句不是连续使用,因此,当第一条 scanf 函数调用语句的所有数据输入完毕后必须按 Enter 结束输入,此时数据 1 和 2 被读入,但回车符并没有被读走,仍驻留在输入缓冲区中,恰好下一条 scanf 函数调用语句所需的数据为字符型,于是该回车符作为有效的字符数据被读走了。

若不想读入回车符给字符型变量,可以有以下两种解决方法:

方法一:在第二条 scanf 函数调用语句之前加一条字符输入函数调用语句 getchar(),用以读入前面数据输入时存于输入缓冲区的回车符,从而避免被后面的字符型变量当作有效字符读入。

C 程序代码修改如下:

```
#include<stdio.h>
int main()
{
    int a,b;
    char ch;
    printf("输入两个十进制整数,以逗号隔开:");
    scanf("%d,%d",&a,&b);
    printf("a=%d,b=%d\n",a,b);
    getchar();              //由于此时读入的回车符是没有意义的,故无需将该值赋给字符变量
    printf("输入一个字符:");
    scanf("%c",&ch);
    printf("ch=%c\n",ch);
    return 0;
}
```

方法二:在第二条 scanf 函数调用语句的格式控制字符串的%c 之前加一个或多个空格,用以忽略前面数据输入时存于输入缓冲区的回车符,从而避免被后面的字符型变量当作有效字符读入。

C程序代码修改如下:

```c
#include<stdio.h>
int main()
{
    int a,b;
    char ch;
    printf("输入两个十进制整数,以逗号隔开:");
    scanf("%d,%d",&a,&b);
    printf("a=%d,b=%d\n",a,b);
    printf("输入一个字符:");
    scanf("  %c",&ch);
    printf("ch=%c\n",ch);
    return 0;
}
```

采用上述解决方法后,程序的运行结果如下:

```
输入两个十进制整数, 以逗号隔开: 1,2
a=1,b=2
输入一个字符: A
ch=A
Press any key to continue_
```

注意:例 3-6 也可以采用上述方法来解决%c的数据输入问题,有兴趣的读者可以自行修改例 3-6 程序,进行结果验证。

总之,无论是连续还是不连续使用 scanf 函数调用语句,只要处于后面的 scanf 函数调用语句中使用了%c,都可采用上述两种方法之一,读入或忽略前面数据输入时存于输入缓冲区的回车符,以避免该回车符作为有效字符读入并赋给字符变量。

3.4 顺序结构应用举例

顺序结构程序设计最为简单,其一般设计流程如图 3.3 所示。

其中变量赋值可以通过三种方式:变量初始化、赋值语句和输入函数。前两种方法只能赋予变量唯一确定的值,而第三种方法可以在运行程序时根据用户需要交互的输入数据并赋给变量,提高了程序的灵活性。但具体采用哪种方法,用户可根据实际需要来确定。

定义变量
变量赋值
数据处理
结果输出

图 3.3 顺序程序设计流程

顺序结构程序的数据处理以赋值语句为主。

【例 3-8】 输入三角形的三条边,求三角形面积,并以两位小数进行输出。

【设计思路】 由数学知识可知,已知三角形三边,根据海伦公式可计算三角形面积。

$$area = \sqrt{s(s-a)(s-b)(s-c)}, \quad s = \frac{1}{2}(a+b+c)$$

其中,a、b、c 为三角形的三条边,s 为三边之和的一半,area 为三角形的面积。

由公式可知,C 程序中首先应该定义 5 个变量,其中 a、b 和 c 定义为整型,s 和 area 定义为实型。其次,应将计算三角形面积的数学公式写成合法的 C 语言表达式:

```
area=sqrt(s * (s-a) * (s-b) * (s-c))
```

注意：在 C 语言中，乘号是不能省略的，且开根方操作是通过数学函数库 math.h 中的 sqrt 函数实现的。因此，在编写 C 程序时，应在程序的开始位置写一条编译预处理命令：

```
#include <math.h>
```

由于变量 a、b、c 定义为整型，因此应将数学公式 $s = \dfrac{1}{2}(a+b+c)$ 写成如下合法的 C 语言表达式：

```
s=(a+b+c)/2.0
```

或

```
s=(float)(a+b+c)/2
```

或

```
s=1.0/2 * (a+b+c)
```

而不能写成如下形式：

```
s=1/2 * (a+b+c)
```

考虑除法的运算特点：当除号两侧的运算对象均为整型时为整除运算，即计算结果只取两数相除商的整数部分。所以，如果采用 s＝1/2＊(a＋b＋c) 的表示形式，其结果将为 0。为了避免这一问题，至少确保除号一侧的运算对象为实型。

设计流程如图 3.4 所示。

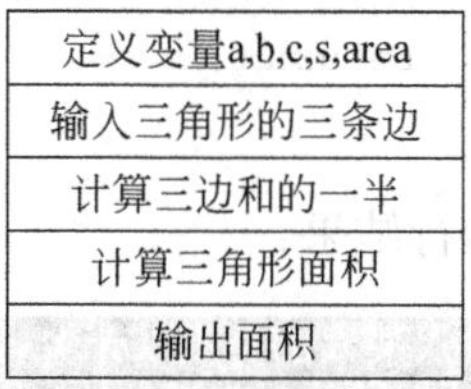

C 程序代码如下：

定义变量a,b,c,s,area
输入三角形的三条边
计算三边和的一半
计算三角形面积
输出面积

图 3.4 三角形面积的求解流程

```
#include <stdio.h>
#include <math.h>
int main()
{
    int a,b,c;              //用于存放三角形三条边
    float s,area;           //用于存放三边和的一半及三角形面积
    printf("请输入三角形的三条边长 a,b,c:\n");
    scanf("%d,%d,%d",&a,&b,&c);
    s=1/2.0 * (a+b+c);
    area=sqrt(s * (s-a) * (s-b) * (s-c));
    printf("三角形面积为:%.2f\n",area);
    return 0;
}
```

运行结果：

```
请输入三角形的三条边长a,b,c:
3,4,5
三角形面积为:6.00
Press any key to continue
```

【例 3-9】 输入某人的身高和体重，编程计算其身体质量指数 BMI（俗称为肥胖指数）

并以两位小数输出。

【设计思路】 人的身体质量指数 BMI(英文为 Body Mass Index,BMI),是目前国际上常用的衡量人体胖瘦程度以及是否健康的一个标准。其计算公式如下:

$$BMI = \frac{w}{h^2}, \quad 其中,w:体重,单位为 kg;h:身高,单位为 m。$$

C 程序中用到的三个变量 w、h 和 BMI 都应为实型。

设计流程如图 3.5 所示。

| 定义变量h,w,BMI |
| 输入身高和体重 |
| 计算身体质量指数BMI |
| 输出BMI |

图 3.5 身体质量指数 BMI 的求解流程

C 程序代码如下:

```c
#include <stdio.h>
int main()
{
    float h,w,BMI;          //用于存放身高、体重和身体质量指数
    printf("输入某人的身高(米),体重(公斤):\n");
    scanf("%f,%f",&h,&w);
    BMI=w/(h*h);
    printf("该人的肥胖指数为:%.2f\n",BMI);
    return 0;
}
```

运行结果:

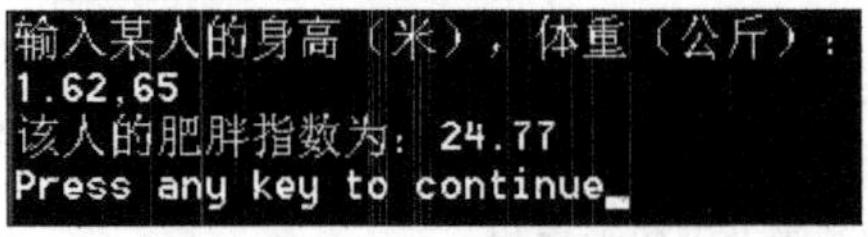

```
输入某人的身高(米),体重(公斤):
1.62,65
该人的肥胖指数为: 24.77
Press any key to continue_
```

3.5 重点内容小结

重点内容小结如表 3-6 所示。

表 3-6 重点内容小结

	知识点	示 例	描 述	说 明
变量赋值方法	赋值语句	int a; a=5;	赋值语句也可用于完成一些运算,保存中间或最终的运算结果,如 a=a/100;	适用于数据已知、固定不变的情况
	变量初始化	int a=5;	相比较于赋值语句,形式更为简洁	
	数据输入	int a; scanf("%d",&a);	可根据用户的需求交互地输入数据,程序更为灵活	适用于数据变化的情况

续表

	知识点	示 例	描 述	说 明
输入函数	字符输入函数	char ch; ch=getchar();	一次调用只能读入一个字符,输入字符型数据时无需给出单引号。 特别注意:空格、转义字符也作为有效字符进行读入	具有程序暂停的作用,接收到数据后程序才继续向下运行
	格式输入函数	int a; float b; char ch; scanf("%d,%f,%c", &a,&x,&ch);	一次调用可以读入任意类型的任意多个数据。 由于格式控制字符串中出现的普通字符需按序原样输入,为了使数据输入形式清晰,又不至于太过繁琐,建议在格式说明间使用普通字符逗号或空格	
输出函数	字符输出函数	putchar(97); putchar('a');	只能以字符形式输出数据,且一次只能输出一个字符	适用于输出字符型数据且数量不多的情况
	格式输出函数	printf (" a =% d, x=%5.2f\n",a,x);	根据格式控制字符串的约定,以多种形式输出任意类型的数据,且通过在格式字符串中增加普通字符,可使数据的输出含义更加明确	适用于多类型数据输出的情况
顺序程序设计方法		按照语句自上而下的排列顺序依次执行,具体设计流程见图3.3		只能解决简单的顺序结构问题

习 题

一、单选题

1. 若有定义:

```
double a=22;
int i=0,k=18;
```

则不符合 C 语言规定的赋值语句是( )。(二级考试真题)

    (A) i=(a+k)<=(i+k);   (B) i=a%11;

    (C) a=a++,i++;   (D) i=! a;

2. 以下选项中正确的定义语句是( )。(二级考试真题)

    (A) double,a,b;   (B) double a=b=7;

    (C) double a;b;   (D) double a=7,b=7;

3. 若变量已正确定义并赋值,以下合法的 C 语言赋值语句是( )。(二级考试真题)

    (A) x=y==5;   (B) x=n%2.5;   (C) x+n=i;   (D) x=5=4+1;

4. 已知字符 A 的 ASCII 值是 65,字符变量 c1 的值是'A',c2 的值是'D',则执行语句 printf("%d,%d",c1,c2-2);的输出结果是( )。(二级考试真题)

    (A) 65,68   (B) A,68   (C) A,B   (D) 65,66

*5. 以下程序的输出结果是(   )。

```c
#include <stdio.h>
int main()
{
    int k=23;
    printf("%d,%o,%x\n",k,k,k);
    return 0;
}
```

    (A) 23,23,23　　　　(B) 23,027,0x17　　(C) 23,27,17　　　　(D) 23,0x17,027

6. 有如下程序段：(二级考试真题)

```c
int x=12;
double y=3.141593;
printf("%d%8.6f",x,y);
```

其输出结果是(   )。

    (A) 123.141593　　(B) 12 3.141593　(C) 12,3.141593　(D) 123.1415930

*7. 有以下程序：(二级考试真题)

```c
#include <stdio.h>
main()
{
    char a,b,c,d;
    scanf("%c%c",&a,&b);
    c=getchar();
    d=getchar();
    printf("%c%c%c%c\n",a,b,c,d);
}
```

当执行程序时,按下列方式输入数据(从第 1 列开始,<CR>代表回车,注意：回车也是一个字符)：

12<CR>
34<CR>

则输出结果是(   )。

    (A) 12　　　　　　(B) 12　　　　　　(C) 1234　　　　　(D) 12
       34　　　　　　　　　　　　　　　　　　　　　　　　　　　　3

8. 有以下程序：

```c
main()
{
    char a,b,c,d;
    scanf("%c,%c,%d,%d",&a,&b,&c,&d);
    printf("%c,%c,%c,%c\n",a,b,c,d);
}
```

若运行时从键盘上输入：6,5,65,66↙,则输出结果是(　　)。

  (A) 6,5,A,B (B) 6,5,65,66 (C) 6,5,6,5 (D) 6,5,6,6

*9. 设有如下程序段：

```
int x=2002,y=2003;
printf("%d\n",(x,y));
```

则以下叙述中正确的是(　　)。

  (A) 输出语句中格式说明符的个数少于输出项的个数,不能正确输出

  (B) 运行时产生出错信息

  (C) 输出值为 2002

  (D) 输出值为 2003

10. 有以下程序：

```
#include <stdio.h>
main()
{
    char a='a',b;
    printf("%c,",++a);
    printf("%c\n",b=a++);
}
```

程序运行后的输出结果是(　　)。

  (A) b,b (B) b,c (C) a,b (D) a,c

二、填空题

1. 设 i 是 int 型变量,f 是 float 型变量,若采用 i=100,f=765.12 的格式为这两个变量输入数据,使得 i 值为 100 和 f 值为 765.12,则正确的 scanf 函数调用格式为_____。

2. 设有定义 char c1,c2,c3;执行函数调用语句 scanf("%c%c%c",&c1,&c2,&c3);从键盘输入数据为：_____,使 c1 的值为'x',c2 的值为'y',c3 的值为'z'。

3. 已知程序的输出结果为：x=⌴⌴13.06%(⌴是空格符),将程序补充完整。

```
#include <stdio.h>
main()
{
    float x=78.34;
    x/=(int)x%8;
    printf("_____",x);
}
```

*4. 以下程序的输出结果是_____。

```
#include <stdio.h>
main()
{
    int i=010,j=10,k=0x10;
    printf("%5d,%5d,%5u\n",i,j,k);
}
```

5. 有以下程序：

```c
#include <stdio.h>
main()
{
int a,b;float c;
scanf("%2d%3d%4f",&a,&b,&c);
printf("a=%d,b=%d,c=%f\n",a,b,c);
}
```

程序运行时，输入 1234567.890，然后回车。则运行结果为_____。

* 6. 有以下程序：

```c
#include <stdio.h>
main()
{
    char ch1,ch2;
    int n1,n2;
    ch1=getchar();
    ch2=getchar();
    n1=ch1-'0';
    n2=n1*10+(ch2-'0');
    printf("%d\n",n2);
}
```

程序运行时输入12↙,执行后输出结果为_____。

7. 已知字符 A 的 ASCII 值为 65，以下程序运行时，若从键盘输入B⌴33↙(⌴为空格符)，则输出结果是_____。

```c
#include <stdio.h>
main()
{
    char a,b;
    a=getchar();
    scanf("%d",&b);
    a=a-'A'+'0';
    b=b*2;
    printf("%3c%3c\n",a,b);
}
```

8. 以下程序运行后的输出结果是_____。

```c
#include <stdio.h>
main()
{
    char c;
    int n=100;
    float f=6.23;
```

```
    double x;
    x=f * =n/=(c=50);
    printf("%3d%3c%5.1f%5.1f\n",n,c,f,x);
}
```

9. 函数调用语句 scanf("%c%.2f%d",a,x,ch);功能为：通过键盘为整型变量 a、实型变量 x 和字符型变量 ch 输入数据，但该语句有错，应改为：_____。

10. 执行输出语句 printf("%d,%d\n",(a＝3＊5,a＊4),a＋5);后,a 的值是_____。

三、程序设计题

1. 从键盘上输入一个三位整数,编程计算该三位整数各位数字的立方和并输出。

2. 已知 1 港元兑换人民币 0.8334 元,1 美元兑换人民币 6.4655 元,编程实现：从键盘输入美元数,输出其兑换的人民币数及港币数。要求程序中使用宏常量。

如 500 美元兑换人民币 3232.75 元,兑换 3878.99 港元。

3. 从键盘上输入一元二次方程的系数 a、b、c,求解方程的根。

要求：运行程序输入 a,b,c 值时,分别使判别式 b^2-4ac 的值大于、小于或等于 0,观察运行结果。

4. 编写程序,利用 sizeof()求所有基本数据类型的长度。

5. 编写程序,从键盘上输入四个任意英文字母(英文字母 A 或 a、Z 或 z 除外),分别输出这四个字母所对应的前驱字母和后继字母。

6. 从键盘上输入一个梯形的上底、下底和高,编程计算梯形面积并输出。(要求输出结果保留两位小数,并有文字说明。)

第4章

选择结构程序设计

【内容导读】

本章围绕大写字母转换为小写字母这一具体实例,采用层层设问的方式,逐步分析了选择结构中条件的描述、结果的表示和如何利用 if、switch 语句实现选择结构及设计中的注意事项等问题。

【学习目标】

(1) 理解 C 语言中关于逻辑量值的约定;

(2) 熟练掌握关系与逻辑运算的特点并加以运用;

(3) 熟练掌握 if 和 switch 语句的使用方法,并能进行简单选择结构程序的设计。

4.1 选择结构与条件判断

第 3 章讨论了顺序结构程序设计,程序中各语句按自上而下的顺序依次执行,无需进行任何条件的判断,但仅能实现逻辑关系相对简单的问题。实际上,很多情况下需要根据条件的不同进行选择处理。比如例 3-2 输入大写字母,求其对应的小写字母。严格意义上讲,输入字符型数据后应先判断它是否为大写字母,如果是才进行对应的转换,否则不能转换。求三角形面积也存在同样的问题,只有在确保输入的三边能构成三角形的情况下,才能进行面积计算等。很显然,对于上述问题,顺序结构已经无能为力了,这就是选择结构要解决的问题了。图 4.1 给出了关于大写字母转换为对应小写字母的完整算法描述。

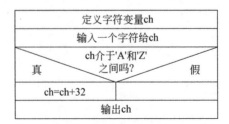

图 4.1 大写字母转换为小写字母的算法描述

由图 4.1 可见,是否需要进行向小写字母的转换,关键在于条件的判断,围绕该条件又需要解决两个问题:

(1) 判断的结果如何表示?

(2) 判断的条件如何描述?

首先分析第一个问题,从图 4.1 中不难看出,判断的结果只有两种可能性:成立或不成立,也称之为真或假。一般在计算机语言中,将仅有"真"或"假"两种取值的数据称为逻辑值,因 C 语言中没有设置逻辑类型,故而为了解决这个问题,C 语言专门对这类特殊的数据(逻辑值)做了约定。

4.1.1 逻辑值的约定

C 语言中,对于逻辑值的约定大致分为两种情况:

(1) 对于表示结果的逻辑值:1 代表真,0 代表假。

(2) 对于参与运算的逻辑值:非零值代表真,0 代表假。

【思考】 为什么结果的逻辑真值用 1 表示,而参与运算的逻辑真值则用任一非零值表示?

【提示】 结果必须具有唯一性。

如图 4.1 的流程中,如果 ch 介于大写字母'A'与'Z'之间,则表示该条件成立,结果为真,即其值为 1;反之表示该条件不成立,结果为假,即其值为 0。

解决了判断结果的表示问题,接下来继续分析如何用 C 语言来描述图 4.1 中的条件,这就需要引入新的运算符——关系运算符和逻辑运算符。

4.1.2 关系运算符及其表达式

1. 关系运算符

所谓关系运算符,主要用于比较两个运算对象间的大小关系。C 语言中提供了 6 种关系运算符,如表 4-1 所示。

表 4-1 关系运算符

运算符	含 义	对应的数学运算符	优先级	类型	结合性
>	大于	>	高	双目	自左向右
>=	大于等于	≥			
<	小于	<			
<=	小于等于	≤			
==	等于	=	低		
!=	不等于	≠			

2. 关系表达式

用关系运算符将任意两个合法的 C 语言表达式连接起来形成的式子即为关系表达式,格式如下:

　　<表达式><关系运算符><表达式>

　　功能：先计算关系运算符两侧表达式的值，然后进行两个值的比较，表达式结果不是 1 就是 0。结果为 1 表示该表达式值为真或该表达式所描述的判断条件成立；结果为 0 表示该表达式值为假或该表达式所描述的判断条件不成立。

　　说明：

　　① 关系运算符中＞、＞＝、＜、＜＝的优先级相同，＝＝、!＝的优先级相同，前者的优先级高于后者。就目前所学的运算符中，关系运算符的优先级低于算术运算符，高于位运算符、赋值运算符、逗号运算符。

　　例如，有定义 int a＝8,b＝3,c;

则：a%2＝＝0　　　等价于(a%2)＝＝0　　　表达式值为 1

　　　c＝a＜＝b　　　等价于 c＝(a＜＝b)　　　表达式值为 0，变量 c 值也为 0

　　② 注意不要将关系运算符＝＝误写为赋值运算符＝，前者表示两个运算对象进行相等关系的判定，而后者则是将右侧运算对象的值赋给左侧变量。因编译系统并不清楚用户的编程意图，所以对于这种误写，编译系统一般不会提示错误，但有可能影响条件真假值的判断，进而导致运行时错误，如程序运行结果不正确等情况。

　　例如，有定义 int x＝0;

则：x＝＝0　　表达式值为 1，代表该表达式所表示的判断条件成立

　　　x＝0　　　表达式值为 0，代表该表达式所描述的判断条件不成立

　　③ C 语言中，判别实型数据是否相等，通常采用以下方式：

　　假设 x 和 y 均为存有实型数据的变量，则判别它们是否相等的表达式为 fabs(x－y)＜1e－6，其含义是利用它们差的绝对值与一个非常小的数(如 1e－6)相比，若小于该数，则认为二者相等，否则不等。

　　之所以采用上述方式，是因为实型数据在内存中存放时存在一定的误差，所以很难利用精确判等的关系运算符＝＝或!＝来描述实型数据的相等或不等关系。

　　④ 允许一个关系表达式中含有多个关系运算符，因关系运算符均为左结合性，故按从左至右的顺序依次计算，但要特别注意其与数学式的区别。例如：

　　数学式　　　3＜x＜9　　　表示 x 的值介于 3～9 之间

　　关系表达式　3＜x＜9　　　等价于((3＜x)＜9)，即先进行 3 与 x 的比较，得到的比较结果(不是 0 就是 1)再与 9 比较

　　假设 x 值为 12，分析关系表达式 3＜x＜9 的求解过程：

　　因该表达式中仅有关系运算符＜，优先级相同且为左结合性，故先执行"3＜x"(3＜12)结果为"真"，即值为 1；再用得到的结果 1 执行关系运算"1＜9"，结果依然为"真"，即表达式值为 1，表明当 x 值为 12 时，关系表达式 3＜x＜9 成立。

　　很显然，这与数学式的含义是不同的，说明在数学上能正确表示的式子，在 C 语言中的关系表示却不一定总正确，那么这种相对复杂的逻辑关系在 C 语言中该如何表示呢？这就要用到逻辑运算符。

　　如 C 语言中，若要表示 x 在 3～9 之间，应该使用逻辑表达式 x＞3&&x＜9。

4.1.3 逻辑运算符及其表达式

1. 逻辑运算符

C 语言提供 3 种逻辑运算符，如表 4-2 所示。

表 4-2 逻辑运算符

运算符	含义	类型	优先级	结合性
!	逻辑非	单目	高	自右向左
&&	逻辑与	双目	较高	自左向右
||	逻辑或	双目	低	自左向右

2. 逻辑表达式

用逻辑运算符将任意两个合法的 C 语言表达式连接起来形成的式子即为逻辑表达式，格式如下：

<表达式><逻辑运算符><表达式>

逻辑表达式的结果也是 1 或 0，结果为 1 表示该表达式值为真或该表达式所描述的判断条件成立；结果为 0 表示该表达式值为假或该表达式所描述的判断条件不成立。

表 4-3 列出了 3 种逻辑运算符的运算规则，其中 a 和 b 表示参与逻辑运算的表达式，非零表示逻辑真，0 表示逻辑假。

表 4-3 逻辑运算符的运算规则

a	b	!a	!b	a&&b	a||b
非零	非零	0	0	1	1
非零	0	0	1	0	1
0	非零	1	0	0	1
0	0	1	1	0	0

说明：

① 三个逻辑运算符中，! 运算符的优先级最高，其次是 && 运算，最后是 || 运算。! 是单目运算符，其优先级高于算术运算符，&& 和 || 是双目运算符，低于关系运算符。

例如：有定义 int a＝3，b＝5，c＝7；
则表达式 ！a＋3＞b&&b＞c 等价于 (((！a)＋3)＞b)&&(b＞c) 表达式值为 0

② 逻辑运算有别于前面所讲的位逻辑运算。前者是对整个运算对象的值进行的操作，其结果不是 0 就是 1。后者是针对运算对象的每一位进行的操作，其结果是一个整型数据；但若仅从一位二进制数位看，位逻辑运算的结果只能是 0 或 1，与逻辑运算结果非常相似。因此，一定要注意二者的区别，掌握正确的运算规则和方法，这样才能得到正确的运算结果。

例如：逻辑表达式 3&&7 表达式值为 1
位逻辑表达式 3&7 表达式值为 3

③ 在逻辑表达式的求解中，并不是所有的逻辑运算都被执行，一旦逻辑运算符左侧的值足以确定整个逻辑表达式的值，则其右侧的表达式就不再计算了，这就是逻辑运算中的

"短路"问题,初学者在进行逻辑运算时一定要尤其注意。

具体地说,进行"逻辑或"运算时,若其左侧运算对象的值为非零量,则不再计算其右侧运算对象的值,"逻辑或"运算的结果就是1;进行"逻辑与"运算时,若其左侧运算对象的值为0,则不再计算其右侧运算对象的值,"逻辑与"运算结果就是0。

例如,当变量 x=3,y=5,z=0,w=-2 时,分析下列表达式及各变量的值。

x++||y++   表达式值为1,x值为4,y值仍为5

z++&&w++   表达式值为0,z值为1,w值仍为-2

引入逻辑运算符后,图4.1中关于 ch 介于大写字母'A'和'Z'之间的判定条件就可以正确描述为:ch>='A'&&ch<='Z'。

如何实现程序的选择结构呢?这就需要利用 if 和 switch 语句进行选择结构的程序设计。

4.2   if 语句的基本格式

4.2.1   if 语句的单分支结构

(1)格式:

```
if(表达式)
    内嵌语句
```

其中,if 是关键字;表达式用于描述判断条件;内嵌语句的含义是指其不是独立的语句,而是作为 if 语句的构成部分,其能否执行完全依赖于 if 语句中条件的真假,为了表明这种从属关系,习惯上内嵌语句采用缩进的书写形式。

(2)功能:首先计算表达式值,若为非零值表示判断条件成立(真),则执行内嵌语句,然后继续执行 if 语句后面的语句;若为 0 表示判断条件不成立(假),则直接执行 if 语句后面的语句。其执行流程如图 4.2 所示。

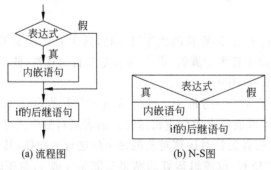

(a)流程图   (b)N-S图

图 4.2   单分支 if 语句的执行流程

由图 4.2 的执行流程可见,if 语句的单分支结构中,仅给出了表达式为真这一条分支的具体操作(内嵌语句),而未在格式中给出表达式为假时的操作,故称这种格式为单分支结构。如:if(a%2==0)

```
printf("%d 是偶数!\n",a);
```

【例 4-1】　输入一个字符,若是大写字母,则将其转换为小写字母输出,否则直接输出。

【设计思路】　判断输入字符是否在大写字母'A'到大写字母'Z'的范围,若是则将其转换为小写字母,否则不转换。设计流程如图 4.1 所示。

C 程序代码如下:

```
#include <stdio.h>
int main()
{
    char ch;
    printf("请输入一个字符:");
    ch=getchar();
    if(ch>='A'&&ch<='Z')
        ch=ch+32;
    putchar(ch);
    return 0;
}
```

运行结果:

第一次运行,输入大写字母 A

```
请输入一个字符: A
aPress any key to continue
```

第二次运行,输入非大写字母 $

```
请输入一个字符: $
$Press any key to continue
```

4.2.2　if 语句的双分支结构

(1) 格式:

```
if(表达式)
    内嵌语句 1
else
    内嵌语句 2
```

其中,if 和 else 均为关键字,且 else 子句不能独立存在,内嵌语句的含义同 if 语句的单分支结构。

(2) 功能:首先计算表达式值,若为非零值表示判断条件成立(真),则执行内嵌语句 1;若为 0 表示判断条件不成立(假),则执行内嵌语句 2。无论是执行内嵌语句 1,还是执行内嵌语句 2,最后都将汇集到 if 语句后面的语句继续执行。其执行流程如图 4.3 所示。

由图 4.3 不难看出,双分支 if 语句在执行时,内嵌语句 1 和内嵌语句 2 只可能是二选一。

【例 4-2】　改进例 3-8,输入三角形的三条边,在能构成三角形的情况下利用海伦定理

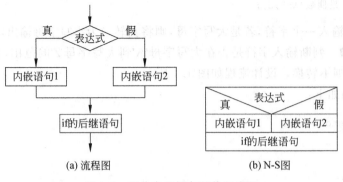

(a) 流程图   (b) N-S图

图 4.3　双分支 if 语句的执行流程

计算三角形面积并以两位小数进行输出,否则输出信息"不能构成三角形"。

【设计思路】 定义整型变量 a,b,c 表示三角形的三条边,定义实型变量 s 和 area 表示三边和的一半及三角形面积。首先利用数学中的三角形构成定理:任意两边之和大于第三边或任意两边之差小于第三边,对输入的三边进行判别,C 语言描述如下:

```
a+b>c&&a+c>b&&b+c>a
```

其次,根据判别结果分情况处理,或计算三角形面积或输出"不能构成三角形"的信息。算法流程如图 4.4 所示。

C 程序代码如下:

```c
#include <stdio.h>
#include <math.h>
int main()
{
    int a,b,c;
    float s, area;
    printf("请输入三角形的三条边 a,b,c:");
    scanf("%d,%d,%d",&a,&b,&c);
    if(a+b>c&&a+c>b&&b+c>a)
    {
        s=1.0/2 * (a+b+c);
        area=sqrt(s * (s-a) * (s-b) * (s-c));
        printf("三角形面积为:%.2f\n",area);
    }
    else
        printf("不能构成三角形!\n");
    return 0;
}
```

图 4.4　计算三角形面积的设计流程

运行结果:

第一次运行,输入的三边能构成三角形

```
请输入三角形的三条边a,b,c: 3,4,5
三角形面积为: 6.00
Press any key to continue
```

第二次运行，输入的三边不能构成三角形

```
请输入三角形的三条边a,b,c: 3,4,7
不能构成三角形！
Press any key to continue
```

4.2.3　if语句的多分支结构

（1）格式：

```
if(表达式1)
    内嵌语句1
else if(表达式2)
    内嵌语句2
else if(表达式3)
    内嵌语句3
        ⋮
else if(表达式n)
    内嵌语句n
[else
    内嵌语句n+1]
```

注意：if语句的多分支结构本质上是if语句的一种嵌套形式，在else部分又嵌套了多层的if语句。

（2）功能：先计算表达式1的值，若结果为非零值表示表达式1所描述的条件成立，则执行内嵌语句1，若结果为0表示表达式1所描述的条件不成立，跳过内嵌语句1，依次计算其他表达式的值，如果某个表达式结果为非零值，则执行其后的内嵌语句，若所有表达式的结果均为0，则执行内嵌语句$n+1$，无论执行了哪条分支的内嵌语句，最后都转到if语句后面的语句继续执行。其执行流程如图4.5所示。

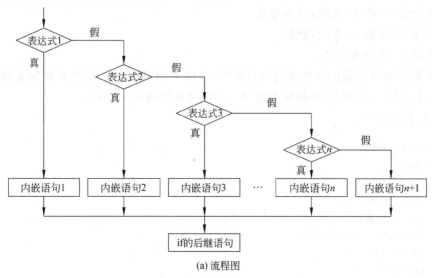

(a) 流程图

图4.5　多分支if语句的执行流程

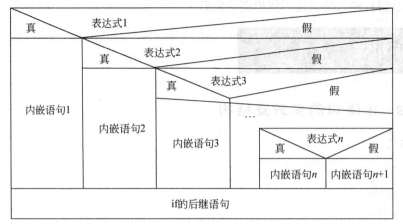

(b) N-S图

图 4.5 （续）

由图 4.5 可以看出,多分支 if 语句在执行时,内嵌语句也是多选一的关系。因此,if 语句中各表达式所描述的判断条件应是非此即彼的,即处于后面的表达式应出现在上一个表达式的 else 子句部分。

【例 4-3】 在例 3-9 的基础上,根据身体质量指数 BMI,编程输出某人的体态状况。

【设计思路】 身体质量指数 BMI,作为评估个人体态和健康状况的多项标准之一,人们希望通过计算 BMI 值清楚自己的体态状况,从而进一步了解自身的健康程度。医务工作者经过广泛的调查分析,给出了以下按"身体质量指数"BMI 进行体态状况(肥胖程度)科学划分的方法:

$$BMI = \frac{w}{h^2}, \quad 其中,w:体重,单位为 kg;h:身高,单位为 m$$

BMI 低于 18.5,体重过轻

BMI 介于 18.5 和 25 之间,体重正常

BMI 介于 25 和 28 之间,体重超重

BMI 介于 28 和 32 之间,肥胖

BMI 高于 32,非常肥胖

因涉及对 BMI 取值的多情况判断且互斥,故应考虑采用多分支的 if 语句实现,程序中用到的三个变量 w,h 和 BMI 都应为实型。设计流程如图 4.6 所示。

C 程序代码如下:

```c
#include<stdio.h>
int main()
{
    float w,h,BMI;
    printf("请输入身高(米)和体重(公斤):");
    scanf("%f,%f",&h,&w);
    BMI=w/(h*h);
    if(BMI<18.5)
        printf("您的体重偏轻.\n");
```

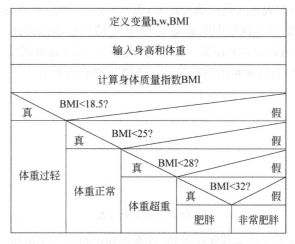

图 4.6 根据 BMI 输出人的体态状况设计流程

```
else if(BMI<25)
    printf("您的体重正常.\n");
else if(BMI<28)
    printf("您有些超重.\n");
else if(BMI<32)
    printf("您已经处于肥胖等级了.\n");
else
    printf("您已是超级肥胖了.\n");
return 0;
}
```

运行结果：

```
请输入身高（米）和体重（公斤）:1.62,65
您的体重正常.
Press any key to continue
```

4.2.4 if 语句的使用说明

（1）if 语句格式中的表达式，一般用于描述判断条件，通常是关系或逻辑表达式，但从 C 语言语法角度来看，它可以为任意合法的 C 语言表达式。只要表达式结果为非零值，就按条件为"真"处理；表达式结果为 0，就按条件为"假"处理。

如：

```
if(8)
    printf("非零值!");
if(a=0)
    printf("零值!");
```

这两条 if 语句都是合法的单分支结构，第一条 if 语句中的表达式是常量 8，为非零值，即判定条件为真，执行内嵌语句 printf("非零值!")，故该 if 语句的执行结果为：非零值！

第二条 if 语句中的表达式是赋值表达式,将 0 送给 a 变量,赋值表达式和变量 a 的值都为 0,即判定条件为假,故不执行内嵌语句 printf("零值!");,而是执行 if 语句后面的语句。

(2) if、else 后的内嵌语句只能是一条语句,若多于一条,必须用"{}"将多条语句括起来从而成为一条复合语句,以满足内嵌语句是一条语句的语法要求。

如:

```
if(x>y)
{                                      //复合语句的开始标志
    t=x;
    x=y;
    y=t;
}                                      //复合语句的结束标志
```

该 if 语句的内嵌语句是一条复合语句,复合语句中包含三条语句。

若变量 x 值为 5,变量 y 值为 3,则因 if 语句的判定条件"x>y"成立,执行其内嵌语句,从而实现两变量值的交换,x 值变为 3,y 值变为 5;

若 x 值为 3,y 值为 5,则因 if 语句的判定条件"x>y"不成立,不执行内嵌语句,使变量 x 和 y 值保持不变。

【思考】 在 x 和 y 值不变的情况下,如果将上例的 if 语句写成如下形式,会发生什么情况?为什么?

```
if(x>y)
    t=x;
    x=y;
    y=t;
```

【提示】 if 语句的内嵌语句必须是一条,要正确区分 if 语句的内嵌语句和后继语句。

(3) 在 if 语句的定义格式中,必须有关键字 if,但可以没有 else,即 else 子句是不能独立存在的,且应注意关键字 if(表达式)的后面没有分号,这也是初学者经常犯的错误之一。

如:

```
if(a>b);
    max=a;
else
    max=b;
```

这个例子的陷阱就在于 if(a>b)后面的分号! 分析如下:

① 不要忽视分号的重要性!

按照 if 语句格式的语法要求,if(表达式)后应该是内嵌语句,然而本例在内嵌语句的位置出现了分号,特别提醒分号也是合法 C 语句——空语句。因此,分号成为了该 if 语句的内嵌语句。

② else 必须有与之配对的 if!

因 if 语句的内嵌语句只能是一条,故 max=a;成为了 if 语句的后继语句,else 自然也成为了 if 的后继语句,但 else 子句是不能独立存在的。因此,该段代码在执行时,C 编译系统会发出错误提醒。

4.2.5 if 语句间的关系

当 C 程序中出现多条 if 语句时,它们之间大致存在两种关系:并列关系和嵌套关系。

1. 并列关系

所谓 if 语句间的并列关系,实际上就是顺序关系,即各 if 语句按自上而下的顺序依次排列,并且也按此顺序执行,前一条 if 语句的执行情况,对后一条 if 语句的执行没有任何影响。

当各 if 语句中表达式所描述的判断条件之间不存在依赖关系时,一般采用 if 语句的并列关系进行设计。

【例 4-4】 预测儿童身高。

据有关生理卫生知识与数理统计分析,影响儿童成人后身高的因素有遗传、饮食习惯与是否喜爱体育锻炼等。

设 faheight 为父亲身高,moheight 为母亲身高,则身高预测公式为

男性成人时身高=(faheight+moheight) * 0.54(cm)

女性成人时身高=(faheight * 0.923+moheight)/2(cm)

此外,若喜爱体育锻炼,则可增加身高 2%;若有良好的卫生饮食习惯,则可增加身高1.5%。

【设计思路】 由题目可知,需编程输入父母身高、儿童性别、是否有良好的卫生饮食习惯和是否喜爱体育锻炼等信息,然后利用给定公式对儿童身高进行预测。

程序中涉及的相关变量分析,由预测身高的计算公式可知,身高单位为 cm,故可将父母身高定义为整型变量 faheight 和 moheight,用于接收从键盘输入的父亲和母亲身高;儿童性别可定义为字符型变量 sex,输入字符 F 表示女孩,输入字符 M 表示男孩;是否有良好的卫生习惯,也可用字符型变量 diet 存储,输入字符 Y 表示有良好的饮食习惯,输入字符 N 表示没有;是否喜爱锻炼也是用字符变量 sports 存储,输入字符 Y 表示喜爱运动,否则不爱运动,定义实型变量 myheight 存储儿童自己成人后的身高。设计流程如图 4.7 所示。

C 程序代码如下:

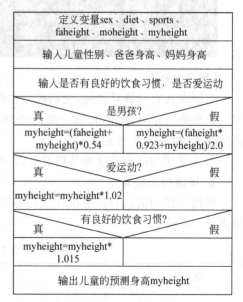

图 4.7 预测儿童身高的设计流程

```c
#include <stdio.h>
int main()
{
    char sex,sports,diet;
    int faheight,moheight;
    float myheight;
    printf("输入你的性别,F/f 为女性,M/m 为男性:");
```

```
scanf("%c",&sex);
printf("输入爸爸身高(cm):");
scanf("%d",&faheight);
printf("输入妈妈身高(cm):");
scanf("%d",&moheight);
printf("是否喜爱体育锻炼,Y/y为喜欢,N/n为不喜欢:");
scanf(" %c",&sports);
printf("是否有良好的饮食习惯,Y/y为有,N/n为没有:");
scanf(" %c",&diet);
if(sex=='M'|| sex=='m')
    myheight=(faheight+moheight)*0.54;
else
    myheight=(faheight*0.923+moheight)/2.0;
if(sports=='Y'|| sports=='y')
    myheight=myheight*1.02;
if(diet=='Y'|| diet=='y')
    myheight=myheight*1.015;
printf("您预测的身高是%.0fcm\n",myheight);
return 0;
}
```

运行结果：

```
输入你的性别，F/f为女性，M/m为男性: f
输入爸爸身高（cm）: 180
输入妈妈身高（cm）: 160
是否喜爱体育锻炼，Y/y为喜欢，N/n为不喜欢: n
是否有良好的饮食习惯，Y/y为有，N/n为没有: y
您预测的身高是166cm
Press any key to continue_
```

【程序分析】

本例中共有三条 if 语句，它们按照在程序中的排列顺序依次执行，即顺次执行第一条、第二条和第三条 if 语句，且第一条 if 语句的判定条件成立与否，对其后 if 语句的执行没有任何影响，故属于并列关系。

多条 if 语句间除了这种并列关系，还存在一种相互制约的关系——if 语句的嵌套。

2. if 语句的嵌套

所谓 if 语句的嵌套是指在 if 语句中又包含一个或多个 if 语句的结构，其基本嵌套形式如表 4-4 所示。

表 4-4　if 语句的基本嵌套形式示意

嵌　套　形　式	示　　　例

单分支嵌套单分支	if(表达式1)　　　　　　　　　　　　　　　　外层单分支
	　　if(表达式2)——内层单分支if语句　　　if语句
	　　　　内嵌语句——外层if语句的内嵌语句

嵌套形式	示　例

单分支嵌套双分支	if(表达式1)　——————————————————————┐
	　　if(表达式2)　——————————┐
	　　　内嵌语句2_1　　　　　　　│内层双分支if语句
	　　else　　　　　　　　　　　外层if语句的内嵌语句
	　　　内嵌语句2_2　——————————┘
	外层单分支if语句

双分支嵌套单分支	if(表达式1)　——————————————————————┐
	　　{
	　　　if(表达式2)　————————┐
	　　　　内嵌语句　　　　　　　│内层单分支if语句
	　　}　　　　　　　　　　　　外层if语句的内嵌语句1_1
	　else
	　　　内嵌语句1_2
	外层双分支if语句

双分支嵌套双分支	内层双分支嵌套在外层双分支的 if 子句	if(表达式1)　——————————————————————┐
		　　if(表达式2)　——————————┐
		　　　内嵌语句2_1　　　　　　　│内层双分支if语句
		　　else　　　　　　　　　　　外层if语句的内嵌语句1_1
		　　　内嵌语句2_2　——————————┘
		　else
		　　　内嵌语句1_2
		外层双分支if语句

	内层双分支嵌套在外层双分支的 else 子句	if(表达式1)
		　　内嵌语句1_1
		　else
		　　if(表达式2)　——————————┐
		　　　内嵌语句2_1　　　　　　　│内层双分支if语句
		　　else　　　　　　　　　　　外层if语句的内嵌语句1_2
		　　　内嵌语句2_2　——————————┘
		外层双分支if语句

	内层双分支嵌套在外层双分支的 if 和 else 子句	if(表达式1)　——————————————————————┐
		　　if(表达式2)　——————————┐
		　　　内嵌语句2_1　　　　　　　│内层双分支if语句
		　　else　　　　　　　　　　　外层if语句的内嵌语句1_1
		　　　内嵌语句2_2　——————————┘
		　else
		　　if(表达式3)　——————————┐
		　　　内嵌语句3_1　　　　　　　│内层双分支if语句
		　　else　　　　　　　　　　　外层if语句的内嵌语句1_2
		　　　内嵌语句3_2　——————————┘
		外层双分支if语句

说明：

　　在嵌套的 if 语句中，往往会出现多个 if 和 else，当 if 与 else 的数目不一致时，应注意 if 与 else 的配对关系。

　　① C 语言约定，else 总是与其上面距离最近且尚未配对的 if 配对。

　　如表 4-4 中单分支嵌套双分支的情况，有两个 if 和一个 else，且两个 if 都没有与之配对的 else。因此，系统认定该 else 应与其距离最近且未配对的内层 if 配对，从而构成了单分支嵌套双分支的形式。

② 为了实现编程人员的设计意图,也可通过加花括号"{}"的方式来确定 if、else 的配对关系。

如表 4-4 中双分支嵌套单分支的情况,也是有两个 if 和一个 else,此时在内层 if 的外面加了花括号,实际上就是单分支结构的 if 语句自身构成了一条复合语句,表明该 if 无需 else 与之配对。因此,处于外层的 if 就成为了距离 else 最近且尚未配对的 if,从而构成了双分支嵌套单分支的形式。

【例 4-5】 编程实现如下分段函数:

$$y=\begin{cases} 1 & (x>0) \\ 0 & (x=0) \\ -1 & (x<0) \end{cases}$$

从键盘输入 x 值,输出对应的 y 值。

本例题采用了多种实现方法,以使读者进一步理解 if 语句。

【设计思路】 y 值随 x 的取值范围变化而变化,且 y 的取值多于两个,因此仅采用一条单分支或双分支的 if 语句是无法实现的,必须通过多条 if 语句实现,根据 if 语句间存在并列和嵌套两种关系,对应的可以采用两种方法实现。

方法一:采用三条并列关系的 if 语句实现。算法描述如图 4.8(a)。

C 程序代码如下:

```
#include <stdio.h>
int main()
{
    int x,y;
    printf("输入 x 值:");
    scanf("%d",&x);
    if(x>0)
        y=1;
    if(x==0)                //注意:不要将该表达式写为赋值表达式 x=0
        y=0;
    if(x<0)
        y=-1;
    printf("y=%d\n",y);
    return 0;
}
```

方法二:采用嵌套的 if 语句实现。

(1) 双分支嵌套双分支的 if 语句,内层 if 语句嵌套 else 子句部分。算法描述如图 4.8(b)所示。

C 程序代码如下:

```
#include <stdio.h>
int main()
{
```

```
    int x,y;
    printf("输入 x 值:");
    scanf("%d",&x);
    if(x>0)
        y=1;
    else
        if(x==0)                //注意:不要将该表达式写为赋值表达式 x=0
            y=0;
        else
            y=-1;
    printf("y=%d\n",y);
    return 0;
}
```

运行结果:

第一次运行,输入 x 值大于 0

```
输入x值: 5
y=1
Press any key to continue
```

第二次运行,输入 x 值小于 0

```
输入x值: -5
y=-1
Press any key to continue
```

第三次运行,输入 x 值等于 0

```
输入x值: 0
y=0
Press any key to continue
```

（2）先将 x 取值的任意两种情况放在一起判断,再进一步确定其中一种 x 的取值,也构成了双分支嵌套双分支的 if 语句,只是嵌套位置发生在 if 子句部分。算法描述如图 4.8(c) 所示。

C 程序代码如下:

```
#include <stdio.h>
int main()
{
    int x,y;
    printf("输入 x 值:");
    scanf("%d",&x);
    if(x>=0)
        if(x>0)
            y=1;
        else
```

```
        y=0;
    else
        y=-1;
    printf("y=%d\n",y);
    return 0;
}
```

（3）可针对 x 的某种取值，先赋给 y 一个初始值，再将 x 的另外两种取值情况放在一起判断，故还需通过 if 语句进一步确定 x 的取值情况，从而构成 if 语句的单分支嵌套双分支形式，算法描述如图 4.8(d)所示。

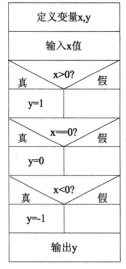

(a) 并列的if语句

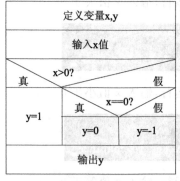

(b) 双分支嵌套双分支的if语句形式1

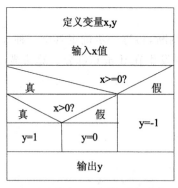

(c) 双分支嵌套双分支的if语句形式2

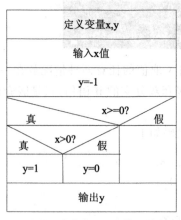

(d) 单分支嵌套双分支的if语句

图 4.8　分段函数的设计流程

C 程序代码如下：

```
#include <stdio.h>
int main()
```

```
{
    int x,y;
    printf("输入 x 值:");
    scanf("%d",&x);
    y=-1;
    if(x>=0)
        if(x>0)
            y=1;
        else
            y=0;
    printf("y=%d\n",y);
    return 0;
}
```

将上面的程序改写如下:

```
#include <stdio.h>
int main()
{
    int x,y;
    printf("输入 x 值:");
    scanf("%d",&x);
    y=0;
    if(x>=0)
    {
        if(x>0)
            y=1;
    }
    else
        y=-1;
    printf("y=%d\n",y);
    return 0;
}
```

【思考】 该程序能否实现程序功能？如果去掉 if 语句中的花括号呢？为什么？

【提示】 当 if 与 else 数目不一致时，可通过加花括号的方式确定 if 与 else 的配对关系。

由 4.2 节可以看出，if 语句的基本格式较多，再加之多条 if 语句间的并列关系和嵌套关系，使 if 语句的变化形式多样，好处是可实现较为复杂的选择结构程序，但同时也会带来一些负面效应，比如会使程序的分析理解存在困难。所谓万变不离其宗，读者在学习 if 语句时，最关键的就是掌握 if 语句的基本格式，分清 if 语句的内嵌语句和后继语句，在此基础上就可逐渐理清 if 语句所描述的逻辑关系。

注意：为了使程序的逻辑结构清晰，建议读者一定要养成良好的程序书写习惯，对于 if 语句的内嵌语句应采用缩进方式(如本书例题的书写形式)，以表明从属关系。

4.3 条件运算符和条件表达式

4.3.1 条件运算符

条件运算符是C语言中唯一的一个三目运算符,由问号"?"和冒号":"组成,运算时需要三个运算对象。

4.3.2 条件表达式

(1) 条件表达式的构成:

表达式 1?表达式 2:表达式 3

(2) 功能:先计算表达式 1 的值,若为非零值则计算表达式 2 的值,否则计算表达式 3 的值,并将其作为整个条件表达式的值。执行流程如图 4.9 所示。

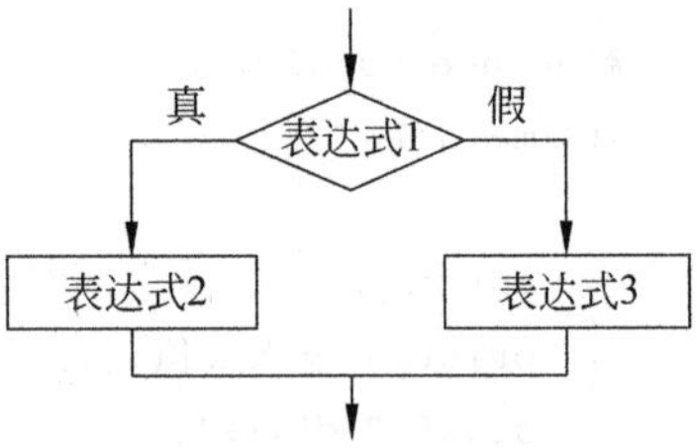

例如:a>b? max=a:max=b

含义:若变量 a 值大于变量 b 值,则将 a 值赋给变量 max,否则将 b 值赋给变量 max,最终条件表达式的值非 a 即 b。

相当于:

```
if(a>b)
  max=a;
else
  max=b;
```

图 4.9 条件表达式的执行流程

说明:

① 条件运算符的优先级仅高于赋值运算符和逗号运算符。

如上例中的条件表达式:

a>b?max=a:max=b

等价于

max=a>b?a:b

等价于

max= (a>b?a:b)

含义:若变量 a 值大于变量 b 值,则取 a 值,否则取 b 值,并赋值给变量 max,即先计算条件表达式的值,再进行赋值操作。

② 条件运算符为右结合性。当一个表达式中多次出现条件运算符时,应将位于最右面的问号与最右面的冒号配对。如:

a>b?a:b>c?b:c   等价于   a>b?a:(b>c?b:c)

【例 4-6】 使用条件运算符编程,改写例 4-1,输入一个字符,判别它是否为大写字母;如果是,将它转换为小写字母;如果不是,不转换。然后输出最后得到的字符。

【设计思路】 用条件表达式处理,判别是否为大写字母作为表达式 1,转换为小写作为表达式 2,不转换即保持原字符不变作为表达式 3。

C 程序代码如下:

```c
#include <stdio.h>
int main()
{
    char ch;
    printf("请输入一个字符:");
    ch=getchar();
    ch= (ch>='A'&&ch<='Z')? (ch+32):ch;    //等价于 ch=ch>='A'&&ch<='Z'?ch+32:ch;
    putchar(ch);
    putchar('\n');                          //输出换行符
    return 0;
}
```

运行结果:

```
请输入一个字符: A
a
Press any key to continue_
```

【程序分析】

条件表达式"(ch>='A'&&ch<='Z')? (ch+32):ch"

等价于"ch>='A'&&ch<='Z'? ch+32:ch",因关系、逻辑和算术运算符的优先级都高于条件运算符,故该条件表达式的作用是先判别 ch 是否为大写字母,如果是则计算 ch+32,即得到大写字母对应的小写字母,如果不是,则保持 ch 不变,即不进行转换。

可以看出,条件表达式相当于一个不带关键字 if 和 else 的 if 语句,用它编写的简单选择结构程序更为简洁,但所体现的逻辑关系不如 if 语句直观,所以不建议初学者过多使用。

4.4 switch 语句

实现程序的多分支选择结构,除了可以使用多分支结构的 if 语句及 if 语句的嵌套形式之外,还可以使用开关语句 switch。

switch 语句的一般形式:

```
switch(表达式)
{
    case 常量表达式 1:语句序列 1
    case 常量表达式 2:语句序列 2
     ⋮
    case 常量表达式 n:语句序列 n
    [default:语句序列 n+1]
}
```

说明：

① switch、case 和 default 都是关键字，且必须为小写形式；花括号括起来部分为 switch 语句的语句体，中括号括起来的 default 子句可选；各语句序列可由 0 或多条语句构成，无需加花括号构成复合语句。

② switch 圆括号中的表达式，应是运算结果为整型或字符型值的表达式。通常为单一整型或字符型变量。

③ case 后的常量表达式中不允许出现变量，且 case 和常量表达式之间必须有空格。

例如，设有定义语句：float a＝3，b＝4，c＝0，x；

下面的 switch 语句是非法的。

```
switch(x)                              //switch 后面的表达式为实型
{
    case c:b++;                        //case 后面出现了变量 c
    case1:a++;                         //case 和 1 之间没有空格
    case 2:a++;
        b++;
    default:b++;
}
```

④ 同一 switch 语句中，各常量表达式的值不能相同。

⑤ switch 语句的执行过程如下：

首先计算 switch 后圆括号中表达式的值，然后依次与 case 后的各个常量表达式进行比较，如果与某个常量表达式值相等，则执行其后的语句序列，并继续向下执行各语句序列，直至遇到 switch 语句体的右花括号为止；如果 switch 表达式的值与所有常量表达式值都不相等，则直接执行 default 后面的语句，若没有 default，则不执行任何操作，流程转到 switch 语句的下一条语句执行。

例如，有定义语句 int a＝3，b＝4，x；

switch 语句如下，分析其执行流程及变量 a 和 b 的值。

```
switch(x)
{
    case 0:b++;
    case 1:a++;
    case 2:a++;b++;
    default:b++;
}
```

假设变量 x 值为 0，则依次执行 case 0、case 1、case 2 和 default 后的语句序列，变量 a 增值两次，变量 b 增值三次，故 a 值为 5，b 值也为 7。

假设变量 x 值为 1，则依次执行 case 1、case 2 和 default 后的语句序列，变量 a 和变量 b 都增值两次，故 a 值为 5，b 值为 6。

假设变量 x 取值为 0～2 之外的数据，则执行 default 后的语句序列，只有变量 b 增值一次，故 a 值仍为 3，b 值为 5。

可见,"case 常量表达式:"相当于不同语句序列的标号,switch 语句执行时,其后表达式值与各个语句序列标号仅做一次相等判断,目的是寻找 switch 语句的执行入口标号,此后就从该位置开始顺序执行各个语句序列,直至遇到 switch 语句体的右花括号为止,即 switch 语句本身并没有实现程序的多分支。

⑥ switch 语句多分支结构的实现。

如果希望执行完某个 case 后面的语句序列就结束 switch 语句的执行,即实现程序的选择控制,则需要在每个语句序列中使用 break 语句,它可提前终止 switch 语句的执行,使流程退出 switch 结构。最后一组语句序列中可以不使用 break 语句,因为流程已经到 switch 结构的结束处。

将上例的 switch 语句修改如下,分析其执行流程及变量 a 和 b 的值。

```
switch(x)
{
    case 0:b++;
        break;
    case 1:a++;
        break;
    case 2:a++;
        b++;
        break;
    default:b++;
}
```

假设变量 x 值为 0,则以 case 0 为 switch 语句的执行入口标号,执行其后的语句序列,变量 b 增值一次,并执行 break 语句,使程序流程退出 switch 结构,因此不会再执行 case 1、case 2 及 default 后面的语句序列。故 a 值仍为 3 不变,b 值为 5。

同理,假设变量 x 值为 1,则执行 case 1 后的语句序列,变量 a 增值一次后就退出 switch 结构。故 a 值为 4,b 值仍为 4 不变。

假设变量 x 取值为 0~2 之外的数据,则执行 default 后的语句序列,只有变量 b 增值一次,故 a 值仍为 3 不变,b 值为 5。

注意:在各个语句序列中使用 break 语句后,各个 case 和 default 的出现次序不影响执行结果,如上例中,先出现"defaut…",再出现"case 1:…","case 2:…"和"case 0:…",执行结果是一样的。

⑦ switch 语句也可嵌套使用,语句序列中的 break 语句只能终止当前层 switch 语句的执行,且内外层 switch 语句 case 后的常量表达式值可以相同。

⑧ 多个 case 标号可共用一组语句序列,如例 4-7。

【例 4-7】 输入年月,编程输出这个月的天数。

【设计思路】 定义整型变量 year,month 和 days 分别表示年份、月份和天数。每年的 1、3、5、7、8、10、12 月份的天数都为 31 天,4、6、9、11 月份的天数都为 30 天。关键问题在于 2 月份,其天数与年份有关,如果是闰年则为 29 天,如果是平年则为 28 天。因此要确定 2 月份的天数,还必须对年份进行判断。

判断某年 year 是否为闰年需满足下列两个条件之一：

（1）能被 4 整除但不能被 100 整除；

（2）能被 400 整除。

如果满足则为闰年，否则为平年。

上述条件可以用一个逻辑表达式进行描述：

(year%4==0&&year%100!=0)||(year%400==0)

本例可以使用开关语句 switch 实现。

C 程序代码如下：

```c
#include<stdio.h>
int main()
{
    int year,month,days;
    printf("请输入年份,月份:");
    scanf("%d,%d",&year,&month);
    switch(month)
    {
        case 1:
        case 3:
        case 5:
        case 7:
        case 8:
        case 10:
        case 12:days=31;break;
        case 4:
        case 6:
        case 9:
        case 11: days=30;break;
        case 2: if((year %4==0 && year %100 !=0)|| year %400 ==0)
            days=29;
          else
            days=28;
           break;
        default:days=0;
    }
    if(days!=0)
        printf("%d 年%d 月:%d 天\n",year,month,days);
    else
        printf("输入月份错误!\n");
    return 0;
}
```

运行结果：

第一次运行,输入合法数据

请输入年份,月份:2014,2
2014年2月:28天
Press any key to continue

第二次运行,输入非法数据

请输入年份,月份:2014,14
输入月份错误!
Press any key to continue

【程序分析】

switch 语句中 default 的含义:若输入的月份 month 取值不在 $1\sim12$ 的范围,则给变量 days 赋值为 0。然后通过对 days 值进行判断,确定是输出合法月份的天数还是输出"输入月份错误"的提示。

事实上,本例 switch 语句中也可以没有 default 部分,但需要在定义变量 days 时,将其初始化为 0 值。当 month 取值不在 $1\sim12$ 的范围时,switch 语句未给 days 赋值,故 days 仍保持初值 0 不变,程序功能及运行结果同上。C 程序修改如下:

```c
#include<stdio.h>
int main()
{
    int year,month,days=0;              //初始化变量 days,其值为 0
    printf("请输入年份,月份:");
    scanf("%d,%d",&year,&month);
    switch(month)
    {
        case 1:
        case 3:
        case 5:
        case 7:
        case 8:
        case 10:
        case 12:days=31;break;
        case 4:
        case 6:
        case 9:
        case 11: days=30;break;
        case 2: if((year %4==0 && year %100 !=0)|| year %400 ==0)
            days=29;
          else
            days=28;
          break;
    }
    if(days!=0)
        printf("%d 年%d 月:%d 天\n",year,month,days);
    else
        printf("输入月份错误!\n");
```

```
    return 0;
}
```

由上述实例可以看出,如果判断条件基于同一整型或字符型变量,其取值有限且能一一枚举,同时对不同的取值所做的处理也不一样时,使用 switch 语句进行描述更易于阅读和维护,常用于菜单、分类统计等程序设计;而 if 语句的使用情况更为自由、灵活。在某些情况下,二者可相互转化,这需要读者在学习过程中慢慢体会。

4.5 选择结构应用举例

【例 4-8】 编程实现简单的人机猜数游戏:先由计算机产生一个随机数,然后请玩家来猜,如果玩家猜对了,则计算机给出提示"恭喜你,猜对了!",否则给出"很遗憾,猜大了!"或"很遗憾,猜小了!"的提示。

【设计思路】 本例题的关键问题就是如何产生随机数,利用函数 rand()可生成一个随机整数,将其存于整型变量 rnd 中;玩家通过键盘输入数据进行猜测,该数据存于整型变量 guess 中。然后进行两数据的比较,由于玩家进行一次猜测对应三种可能,故采用多分支的 if 语句实现,具体设计流程如图 4.10 所示。

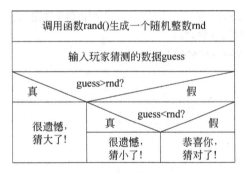

图 4.10 猜数游戏算法设计流程

C 程序代码如下:

```c
#include <stdlib.h>
#include <stdio.h>
int main()
{
    int rnd,guess;
    rnd=rand();
    printf("请输入您所猜测的数据:");
    scanf("%d",&guess);
    if(guess>rnd)
        printf("很遗憾,猜大了!\n");
    else if(guess<rnd)
        printf("很遗憾,猜小了!\n");
    else
```

```
        printf("恭喜你,猜对了!\n");
    return 0;
}
```

运行结果:

第一次运行:

```
请输入您所猜测的数据: 35
很遗憾,猜小了!
Press any key to continue
```

第二次运行:

```
请输入您所猜测的数据: 68
很遗憾,猜大了!
Press any key to continue
```

第三次运行:

```
请输入您所猜测的数据: 41
恭喜你,猜对了!
Press any key to continue
```

【程序分析】

① 函数 rand()产生的是一个 0~RAND_MAX 之间的随机整数,其中符号常量 RAND_MAX 是在头文件 stdlib. h 中定义的,故在使用函数 rand()时需包含头文件 stdlib. h。

② 标准 C 规定 RAND_MAX 的值是一个不大于双字节整数的最大值 32 767。即默认情况下,rand()函数产生的是一个 0~32 767 之间的整数。通过取余方式可以改变函数 rand()产生的随机数的范围,如要生成一个 1 到 100 之间随机数,则只需将程序中语句:

```
rnd=rand();
```

修改为:

```
rnd=rand()%100+1;
```

③ 如果在语句 rnd=rand();后面加入一条语句:printf("%d\n",rnd);可以显示计算机所产生的随机数,当然这属于玩家作弊的一种玩法了。此时多次运行该程序,会发现 rand()函数所产生的随机数是相同的,原因如下:

利用函数 rand()产生的随机数,其实是"伪随机数",即函数 rand()所产生的一系列数看似是随机的,但因每次执行程序时都基于同一种子值,故所产生的随机数序列是一样的,而程序用到的又总是该序列中的第一个随机数。解决这个问题的方法是使程序每次运行时产生不同的种子值,从而使函数 rand()可以产生不同的随机数序列,这样不同随机数序列中的第一个随机数就是不同的。随机数序列的种子值可以通过调用标准库函数 srand(time(NULL))进行设置。其中函数 time(NULL)返回的是从 1970 年 1 月 1 日 0 时 0 分 0 秒开始到系统当前时间所经过的秒数,因此只要不是同一秒钟以内多次运行程序,time(NULL)的返回值一定是不同的,用这样的方式就可以产生相对比较随机的序列。使用 time()函数时必须在程序的开头位置包含头文件 time. h。现将例 4-3 的程序代码修改如下:

```
#include <time.h>
#include <stdlib.h>
#include <stdio.h>
int main()
{
    int rnd,guess;
    srand(time(NULL));
    rnd=rand()%100+1;
    printf("待猜测数据:%d\n",rnd);              //该语句用于测试随机数据的值
    printf("请输入您所猜测的数据 1-100:");
    scanf("%d",&guess);
    if(guess>rnd)
        printf("很遗憾,猜大了!\n");
    else if(guess<rnd)
        printf("很遗憾,猜小了!\n");
    else
        printf("恭喜你,猜对了!\n");
    return 0;
}
```

运行结果:

第一次运行

```
待猜测数据: 58
请输入您所猜测的数据1-100:58
恭喜你, 猜对了!
Press any key to continue
```

第二次运行

```
待猜测数据: 54
请输入您所猜测的数据1-100:54
恭喜你, 猜对了!
Press any key to continue
```

由上述运行过程可见,通过使用函数 srand(),可产生不同的随机数序列。

【例 4-9】 编程模拟自动售货机。

【设计思路】 通过调用 printf 函数显示自动售货机所售商品,并提示用户输入要选择的商品代码。当用户输入后,输出用户所购买的商品信息。程序中定义一个整型变量用于存储用户输入的商品代码,使用 switch 语句实现程序的选择控制。

C 程序代码如下:

```
#include <stdio.h>
int main()
{
    int choice;
    printf("*******************************\n");
    printf("*     自动售货机所售商品清单     *\n");
```

```
    printf("*      1.巧克力                  *\n");
    printf("*      2.矿泉水                  *\n");
    printf("*      3.可口可乐                *\n");
    printf("*****************************\n");
    printf("请输入商品代码1-3:");
    scanf("%d",&choice);
    switch(choice)
    {
        case 1:printf("您购买了巧克力!\n");break;
        case 2: printf("您购买了矿泉水!\n");break;
        case 3: printf("您购买了可口可乐!\n");break;
        default:printf("输入商品代码错误!\n");break;
    }
    return 0;
}
```

运行结果：

【例4-10】 学生成绩管理系统之某学生某门课程的成绩等级显示程序：从键盘上输入某学生的百分制考试成绩，输出成绩等级'A'、'B'、'C'、'D'、'E'，成绩与等级的对应关系如下：

≥90分： 'A'等级

80～89分： 'B'等级

70～79分： 'C'等级

60～69分： 'D'等级

<60分： 'E'等级

【设计思路】 首先定义整型变量 score，用于存放从键盘输入的学生百分制成绩；定义字符变量 grade，用于存放成绩等级所对应的字符。其次在输入学生成绩合法的情况下，根据 score 的取值范围确定成绩等级。由于分支较多且互斥，可使用多分支 if 语句或嵌套的 if 语句实现。

C 程序代码如下：

```
#include <stdio.h>
#include <stdlib.h>
int main()
{
    int score;
    char grade;
    printf("请输入学生的百分制成绩:");
```

```
    scanf("%d",&score);
    if(score>100)
    {
        printf("输入成绩错误!\n");
        exit(0);//程序正常退出
    }
    else if(score>=90)
        grade='A';
    else if(score>=80)
        grade='B';
    else if(score>=70)
        grade='C';
    else if(score>=60)
        grade='D';
    else
        grade='E';
    printf("学生成绩:%d\t成绩等级%c\n",score,grade);
    return 0;
}
```

运行结果:

```
请输入学生的百分制成绩: 78
学生成绩: 78    成绩等级: C
Press any key to continue_
```

【程序分析】

exit()函数是C语言提供的标准库函数,其一般调用形式为:exit(status);。

该函数的作用是终止整个程序的运行,强制返回操作系统,并将int型参数status的值传给调用进程(一般为操作系统)。当status值为0或符号常量EXIT_SUCCESS时,表示程序正常退出;当status值为非0值或符号常量EXIT_FAILURE时,表示程序出现某种错误后退出。调用该函数时,需在程序的开始位置包含头文件stdlib.h。

【思考】 本例题能否使用switch语句实现?

4.6 重点内容小结

重点内容小结如表4-5所示。

表4-5 重点内容小结

知 识 点	内 容	描 述	说 明
逻辑值	−3&&2 表达式结果为1 其中,−3和2为运算量	C语言约定:表示逻辑运算结果时,以数值1表示"真",0表示"假";但在判断一个运算量的真假时,以非零量表示"真",以0表示"假"	因结果必须具有唯一性,故以数值1表示运算结果的"真"

续表

知识点	内　容	描　述	说　明
关系运算符	>、>=、<、<=、==、!=	算术运算符 >、>=、<、<= ==、!= 均为左结合性　高→低	注意"=="与"="的区别和形如数学式 5<a<9 的 C 语言正确描述：a>5&&a<9
逻辑运算符	!、&&、||	! 算术运算符 关系运算符 && ||　高→低 ! 右结合性 && 和 || 左结合性	注意"逻辑或"与"逻辑与"运算的"短路"问题
条件运算符	?:（三目运算符）	优先级高于赋值运算符,右结合性	相当于一个没有关键字 if 和 else 的 if 语句
if 式的条件语句	if(表达式)内嵌语句	用于单分支选择结构	if 的内嵌语句必须是一条,超出一条必须加{}构成一条复合语句

if-else 式的条件语句	if(表达式)
	　　内嵌语句1
	else
	　　内嵌语句2
		用于双分支选择结构	

if-else-if 式（阶梯式）的条件语句	if(表达式1) 　　内嵌语句1 else if(表达式2) 　　内嵌语句2 ⋮ else if(表达式 n) 　　内嵌语句 n else 内嵌语句 $n+1$	用于多分支选择结构	
if 语句的嵌套	各种形式的 if 语句间可以相互嵌套	用于复杂的多分支选择结构	注意 if 与 else 的配对关系

switch 语句	switch(表达式)
	{
	　case 常量1：语句序列1
	　case 常量2：语句序列2
	　⋮
	　case 常量 n：语句序列 n
	　[default：语句序列 $n+1$]
	}
		switch 语句与 break 语句配合才能实现多分支选择控制,允许省略 default 子句	适用于判断条件是基于同一整型或字符型变量,且该变量取值有限的情况,适用于分类统计、菜单等的程序设计

习　　题

一、单选题

1. 下列关于逻辑运算符两侧运算对象的叙述中正确的是(　　)。(二级考试真题)

(A) 可以是任意合法的表达式 　　(B) 只能是整数 0 或非 0 整数

(C) 可以是结构体类型的数据 　　(D) 只能是整数 0 或 1

2. 设有定义：int a＝2,b＝3,c＝4;,则以下选项中值为 0 的表达式是(　　)。

(A) (!a==1)&&(!b==0) 　　(B) (a<b)&&!c||1

(C) a&&b 　　(D) a||(b+b)&&(c−a)

3. 有以下程序

```
main()
{
    int a,b,d=25;
    a=d/10%9;
    b=a&&-1;
    printf("%d,%d\n",a,b);
}
```

程序运行后的输出结果是(　　)。

(A) 6,1 　　(B) 2,1 　　(C) 6,0 　　(D) 2,0

4. if 语句的基本形式是：if(表达式)语句,以下关于"表达式"值的叙述中正确的是(　　)。(二级考试真题)

(A) 必须是逻辑值 　　(B) 必须是整数值

(C) 必须是正数 　　(D) 可以是任意合法的数值

*5. 以下四个选项中,不能看作一条语句的是(　　)。

(A) {;} 　　(B) a＝0,b＝0,c＝0;

(C) if(a>0); 　　(D) if(b==0)m=1;n=2;

6. 有以下程序：(二级考试真题)

```
#include <stdio.h>
main()
{
    int a=0,b=0,c=0,d=0;
    if(a=1)b=1;c=2;
    else d=3;
    printf("%d,%d,%d,%d\n",a,b,c,d);
}
```

程序的运行结果是(　　)。

(A) 1,1,2,0 　　(B) 0,0,0,3 　　(C) 编译有错 　　(D) 0,1,2,0

*7. 下列条件语句中,输出结果与其他语句不同的是(　　)。(二级考试真题)

(A) if(a!=0)printf("%d\n",x); else printf("%d\n",y);

(B) if(a==0)printf("%d\n",y); else printf("%d\n",x);

(C) if(a==0)printf("%d\n",x); else printf("%d\n",y);

(D) if(a)printf("%d\n",x); else printf("%d\n",y);

* 8. 有以下程序：（二级考试真题）

```
#include <stdio.h>
main()
{
    int a=1,b=2,c=3,d=0;
    if(a==1&&b++==2)
      if(b!=2||c--!=3)
        printf("%d,%d,%d\n",a,b,c);
      else printf("%d,%d,%d\n",a,b,c);
    else printf("%d,%d,%d\n",a,b,c);
}
```

程序的运行结果是(   )。

 (A) 1,3,2   (B) 1,3,3   (C) 1,2,3   (D) 3,2,1

9. 有以下程序段：（二级考试真题）

```
int a,b,c;
a=10;b=50;c=30;
if(a>b)a=b,b=c;c=a;
printf("a=%d b=%d c=%d\n",a,b,c);
```

程序的输出结果是(   )。

 (A) a=10 b=50 c=30   (B) a=10 b=50 c=10
 (C) a=10 b=30 c=10   (D) a=50 b=30 c=50

10. 以下程序段中，与语句"a>b? (b>c? 1:0):0);"功能相同的是(   )。（二级考试真题）

 (A) if((a>b)||(b>c))k=1;   (B) if((a>b)&&(b>c))k=1;
   else k=0;   else k=0;
 (C) if(a<=b)k=0;   (D) if(a>b)k=1;
   else if(b<=c)k=1;   else if(b>c)k=1;
              else k=0;

11. 下列叙述中正确的是(   )。（二级考试真题）
 (A) 在 switch 语句中不一定使用 break 语句
 (B) 在 switch 语句中必须使用 default 语句
 (C) break 语句必须与 switch 语句中的 case 配对使用
 (D) break 语句只能用于 switch 语句

12. 若有定义：float x=1.5;int a=1,b=3,c=2;,则正确的 switch 语句是(   )。（二级考试真题）

 (A) switch(a+b)   (B) switch((int)x);
   {case 1:printf(" * \n");   {case 1:printf(" * \n");
    case 2+1:printf(" * * \n");}   case 2+1:printf(" * * \n");}
 (C) switch(x)   (D) switch(a+b)
   {case 1.0:printf(" * \n");   {case 1:printf(" * \n");
    case 2.0:printf(" * * \n");}   case c:printf(" * * \n");}

*13. 有以下程序：（二级考试真题）

```c
#include <stdio.h>
main()
{
    int x=1,y=0,a=0,b=0;
    switch(x)
    {   case 1:
        switch(y)
        {case 0:a++;break;
         case 1:b++;break;
        }
        case 2:a++;b++;break;
        case 3:a++;b++;
    }
    printf("a=%d,b=%d\n",a,b);
}
```

程序的运行结果是(　　)。

　　(A) a＝2,b＝2　　　(B) a＝2,b＝1　　　(C) a＝1,b＝1　　　(D) a＝1,b＝0

*14. 以下程序的输出结果是(　　)。

```c
main()
{
    int a=-1,b=1;
    if((++a<0)&&!(b--<=0))
      printf("%d  %d\n",a,b);
    else
      printf("%d  %d\n",b,a);
}
```

　　(A) －1 1　　　(B) 0 1　　　(C) 1 0　　　(D) 0 0

15. 以下程序的输出结果是(　　)。

```c
#include <stdio.h>
main()
{
    int i=1,j=1,k=2;
    if((j++||k++)&&i++)
        printf("%d,%d,%d\n",i,j,k);
}
```

　　(A) 2,2,3　　　(B) 2,2,2　　　(C) 1,2,2　　　(D) 1,1,2

二、填空题

1. 写出判断字符变量 ch 是英文字母的逻辑表达式_____。

2. 若 x 和 y 代表整型数，写出正确表示数学关系|x－y|＞10 的逻辑表达式_____。
（要求：不使用求绝对值的库函数）

3. 若整型变量 a、b、c、d 中的值依次为：4、1、3、2，则条件表达式 a＜b? a:c＜d? c:d 的

值为_____。

*4. 若有定义：int a＝1,b＝2,m＝0,n＝0,k;则执行 k＝(n＝b＞a)||(m＝a＜b);后,变量 k 和 m 的值分别是_____。

*5. 若整型变量 x 初值为 5,则执行 if(x＋＋＞5)printf("%d\n",x); else printf("%d\n",x－－);后输出_____。

6. 若有定义：int a＝0,x＝2,b;则执行语句 b＝a&&(x＝10);后,变量 b 和 x 的值分别是_____。

7. 若 a 是数值类型,则逻辑表达式(a＝＝1)||(a!＝1)的值是_____。

三、程序设计题

1. 编写程序实现字符转换：从键盘上输入一个字符,如果是大写字母将其转换为对应的小写字母,如果是小写字母将其转换为对应的大写字母,如果是数字字符将其转换为对应的数字,其他字符保持不变,并将转换前后的数据对比输出。

2. 编写程序实现三个整数由小到大排序。

3. 编写程序实现：从键盘上输入一个整数,判断其能否同时被 7 和 11 整除,若能整除则输出"Yes",否则输出"No"。

4. 编写程序实现：从键盘输入一元二次方程的系数 a、b、c,求解方程的根。当 a＝0 时,输出"该方程不是一元二次方程",当 a≠0 时,分 b2－4ac＞0、b2－4ac＝0、b2－4ac＜0 三种情况计算并输出方程的根。

*5. 编写程序实现：从键盘输入三角形的三条边 a、b、c,判断是否能构成三角形。若能构成三角形,则指出三角形的类型：等边三角形、等腰三角形、直角三角形或一般三角形。

6. 编写程序实现简单计算器：从键盘上输入两个操作数和加减乘除运算符,并输出计算结果。要求使用 switch 语句实现。

*7. 编写程序实现：从键盘上输入一个位数不多于四位数的正整数,输出它是几位数及该数字的反序数字。如输入 1234,则输出"它是四位数"和 4321。

第5章

循环结构程序设计

【内容导读】

本章从程序设计过程中需要重复处理的问题出发,引入循环结构;接下来围绕简单的累加求和这一具体实例,说明三种循环语句的使用以及各循环语句的特点;最后对第4章的猜数游戏结合循环结构的程序设计进行改进,并综合本章内容,设计应用实例程序。

【学习目标】

(1) 理解三种循环语句的特点;

(2) 掌握三种循环语句的使用方法,能进行简单的循环结构程序设计;

(3) 掌握 break 和 continue 语句的使用方法。

5.1　为什么需要循环控制

在程序设计的过程中,常常会遇到需要重复处理的问题。例如:

求 1～100 所有自然数的累加和,需要做 100 次相同的加法操作(若设和的初始值为 0);

求 20 的阶乘,需要做 20 次相同的乘法操作;

输入全班 30 个学生某门课程的成绩,计算平均成绩,并输出低于平均成绩的学生,在这个问题中,会涉及 30 次相同的输入操作、计算操作及判别操作;

在第 4 章的猜数游戏中,如果允许用户连续猜多次直到猜对为止,或者规定最多能猜 10 次,那么会涉及多次输入所猜的数,同时判断猜数结果的重复操作。

以上问题,都涉及重复执行一系列的操作。如果应用前面章节介绍的知识处理此问题,则需要分别定义若干个变量,对若干个变量进行赋值,再对若干个变量进行相同的加法、乘法、判别等运算,导致程序中会出现若干段相同或相似的语句。这种方法虽然可以实现要求,但工作量大、程序重复、冗长、维护性差,而且在程序运行的过程中,占用了更大的存储空间,最终导致程序的性能较差。

由此可见,仅仅学习顺序结构和选择结构是不够的,还要学习可以处理重复操作的方法,也就是循环(重复)结构。顺序结构、选择结构、连同本章要介绍的循环结构,构成了结构化程序设计的三种基本结构。任何复杂的问题,都可以使用这三种结构编程实现,它们是各种复杂程序的基本构成单元。

实现循环结构的语句有三种：while 语句、do-while 语句和 for 语句。三种循环语句各有其特点。

5.2 while 语句

while 语句的一般形式如下：

```
while(表达式)
{
    语句组
}
```

其中，"表达式"是循环条件；"语句组"是循环体，即在满足给定循环条件的前提下，重复执行的程序段。语句组可以是一条简单的语句(此时，花括号可以省略)，也可以是由若干语句构成的复合语句(此时，花括号不可以省略)。

while 语句执行过程为：

(1) 计算表达式的值；

(2) 若表达式的值为真(非 0)，则执行循环体语句，之后返回步骤(1)；

(3) 若表达式的值为假(0)，则结束 while 语句，继续执行 while 后面的其他语句。

其流程图见图 5.1。

由此可见，循环体的执行次数是由循环条件表达式控制的，只要表达式的值为真，就执行循环体语句。而 while 循环的特点就是，先判断条件表达式，后执行循环体语句。

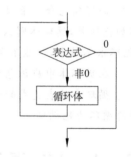

图 5.1 while 语句的执行流程

【例 5-1】 使用 while 语句编程求 $1+2+3+\cdots+100$。

【设计思路】

这是累加问题，需要先后将 100 个数相加，若设初始的和为 0，则共需重复 100 次加法运算，每次加一个数，并且每次累加的数是有规律的，后一个数是前一个数加 1 而得，显然可用循环实现。

根据以上分析，设计本例题的算法如下：

(1) 设置代表加数的变量 i，以及代表累加和的变量 sum，为 i 和 s 赋初值，使 i＝1，sum＝0；

(2) 判断 i 的值，若 i≤100 则执行步骤(3)；否则，转步骤(5)；

(3) sum 加 i；

(4) i 加 1，转步骤(2)；

(5) 显示 sum 的值，结束。

C 程序代码如下：

```
#include <stdio.h>
```

```
int main()
{
    int i=1,sum=0;          //定义变量 i,代表加数,初值为 1;定义变量 sum,代表累加和,初值为 0
    while(i<=100)           //当条件表达式 i<=100 为真时,执行循环体,否则结束 while 语句
    { sum=sum+i;            //每次加一个数
        i++;                //求下一个加数,为下一次累加做准备
    }
    printf("sum=%d\n",sum);    //当条件表达式 i<=100 为假时,结束 while 语句,输出累加和

    return 0;
}
```

运行结果:

```
sum=5050
Press any key to continue
```

注意:

① 在 while 循环开始之前,一定要给 i 和 sum 赋初值,否则它们的值将是不可预测的。

② 循环体包含一条以上的语句时,必须用花括号将循环体括起来,作为复合语句。如果不加花括号,循环体则只有一条语句 sum=sum+i,稍作分析,会发现此时的循环为死循环,循环永不结束,必然不会输出程序的运行结果。

③ 在循环体中应该包含使循环条件趋向于假的语句,否则循环为死循环。

④ 循环条件表达式的后面没有分号,若有分号,则表示将分号(即空语句)作为循环体,此时的循环为死循环。

5.3　do-while 语句

除了 while 语句外,C 语言还提供了 do-while 语句来实现循环结构。

do-while 语句的一般形式如下:

```
do
{
    语句组
}
while(表达式);
```

其中,"语句组"是循环体,即需要重复执行的程序段。语句组可以是一条简单的语句(此时,花括号可以省略),也可以是由若干语句构成的复合语句(此时,花括号不可以省略)。与 while 语句不同,do-while 语句中的循环条件表达式是在执行循环体后进行测试的。即 do-while 循环的特点是,先执行循环体语句,后判断条件表达式。

do-while 语句的具体执行过程如下:

(1) 执行循环体中的语句;

（2）判别循环条件表达式的值；

（3）若表达式的值为真（非0），则返回步骤（1）重新执行循环体语句；

（4）若表达式的值为假（0），则结束 do-while 语句，继续执行 do-while 后面的其他语句。

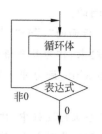

图 5.2　do-while 语句的执行流程

其流程图见图 5.2。

注意：do-while 语句先无条件地执行一次循环体，然后检查循环条件表达式是否为真，若为真，则再执行循环体；如此反复，直到表达式的值为假为止，此时循环结束。

由此可见，do-while 语句的循环体语句至少被执行一次；而 while 语句中的循环体语句可能一次都不被执行。这就是二者的区别。

【例5-2】　使用 do-while 语句编程求 $1+2+3+\cdots+100$。

【设计思路】

同例 5-1 中的分析，仍用循环结构来处理，用 do-while 语句实现，设计本例题的算法如下：

（1）设置代表加数的变量 i，以及代表累加和的变量 sum，为 i 和 sum 赋初值，使 $i=1$，$sum=0$；

（2）sum 加 i；

（3）i 加 1；

（4）判断 i 的值，若 $i\leqslant100$，则转向步骤（2）继续执行；否则，转向步骤（5）；

（5）显示 sum 的值，结束。

C 程序代码如下：

```c
#include <stdio.h>
int main()
{
int i=1,sum=0;          //定义变量i,代表加数,初值为1;定义变量sum,代表累加和,初值为0
  do
   {
     sum=sum+i;       //每次加一个数
     i++;             //求下一个加数,为下一次累加做准备
   }while(i<=100);    //先执行循环体,后判断表达式,若其值为真,则重新执行循环体
   printf("sum=%d\n",sum);    //若表达式 i<=100 为假,则结束 do-while 语句,输出累加和
   return 0;
}
```

运行结果：

```
sum=5050
Press any key to continue
```

注意：

① 同 while 语句，do-while 循环开始之前，一定要给 i 和 sum 赋初值，否则它们的值将

是不可预测的。

② do 后面的"{"和"}"之间的语句是其循环体,若循环体包含一条以上的语句,必须用花括号括起来,作为复合语句,如果不加花括号,程序将出现语法错误。

③ do-while 语句中 while 后面的表达式"i<=100"是循环控制条件,后面一定要带分号。

④ 程序执行过程中,执行到 do-while 语句时,先执行一次循环体语句,然后再判断循环条件 i<=100 是否成立,若该条件成立,则继续执行循环体;否则,结束 do-while 语句,执行其下的 printf 语句,输出累加结果。

⑤ 在循环体中应该包含使循环条件趋向于假的语句,否则循环为死循环。

对比例 5-1 和例 5-2 可以看到,虽然 while 语句和 do-while 语句的执行流程不同(前者先判断循环条件,之后再通过循环条件的值来决定是否执行循环体;而后者先执行一次循环体,之后再判断条件来决定是否继续执行循环体),但当处理同一个问题时,如果循环体相同,并且两者的循环条件表达式的第一次的值均为"真"时,两种循环得到的结果是相同的。如果两种循环中循环条件表达式的第一次的值为"假",即使循环体相同,那么循环结果也是不同的。例如,对例 5-1 和例 5-2 中的程序稍作修改(将两个程序中 i 的初始值均设为 101,其他不变),两个程序将出现不同的运行结果:

```
#include <stdio.h>
int main()
{
  int i=101,sum=0;
  while(i<=100)
  { sum=sum+i;
      i++;
  }
  printf("sum=%d\n",sum);
  return 0;
}
```

```
#include <stdio.h>
int main()
{
  int i=101,sum=0;
do
    {
        sum=sum+i;
        i++;
    }while(i<=100);
  printf("sum=%d\n",sum);
  return 0;
}
```

左边的程序执行到 while 语句时,先判断条件,因为条件一开始就为假,因此循环体一次都不被执行,故程序的输出结果为 sum=0。

右边的程序执行到 do-while 语句时,先执行一次循环体,使 sum 的值变为 101,i 的值变为 102,之后判断循环条件为假,退出循环,故程序的输出结果为 sum=101。

【例 5-3】 改进第 4 章的猜数游戏:先由计算机随机产生一个 1～100 之间的数,然后请玩家来猜,若猜对,则计算机提示"恭喜您,猜对了!"并结束游戏;否则给出"很遗憾,猜大了!"或"很遗憾,猜小了!"的提示,并允许再次猜测,直到猜对为止。同时计算机会记录玩家猜的次数,以此来反映玩家猜数的水平。

【设计思路】

第 4 章的猜数游戏中只允许玩家猜一次,所以只用到选择结构的语句。而如果允许玩家对一个数(计算机产生的随机数)猜多次,将涉及重复的猜数并判断猜对与否的问题,因此将用到循环结构的语句。由于不能确定玩家猜多少次才能猜对，即循环的次数是未知的，所以这是一个条件控制的循环，控制循环的条件是"直到猜对为止"。在猜数过程中，是玩家先猜，然后才能判断有没有猜对，至少要猜一次，即循环体至少要执行一次，因此本例更适合用do-while语句来实现。

C程序代码如下：

```c
#include  <time.h>              //将函数 time()所需要的头文件 time.h 包含到程序中
#include  <stdlib.h>           //将函数 rand()所需要的头文件 stdlib.h 包含到程序中
#include  <stdio.h>
int main()
{
    int  rnd, guess, counter=0;  //分别代表计算机产生的随机数、人猜的数、猜数的次数
    srand(time(NULL));           //提取当前时间值并转换为无符号整数作为函数随机数种子
    rnd=rand()%100+1;
    do{
        printf("请输入您猜测的数据 1-100:");
        scanf("%d", &guess);
        counter ++;
        if(guess>rnd)
            printf("很遗憾,猜大了!\n");
        else if(guess<rnd)
            printf("很遗憾,猜小了!\n");
        else
            printf("恭喜您,猜对了!\n");
    }while(guess != rnd);          //循环执行到猜对为止
    printf("您共猜了%d次。\n", counter);  //输出猜数的次数
    return 0;
}
```

运行结果：

```
请输入您猜测的数据1-100: 60
很遗憾, 猜大了!
请输入您猜测的数据1-100: 50
很遗憾, 猜大了!
请输入您猜测的数据1-100: 30
很遗憾, 猜大了!
请输入您猜测的数据1-100: 20
很遗憾, 猜大了!
请输入您猜测的数据1-100: 10
很遗憾, 猜大了!
请输入您猜测的数据1-100: 5
很遗憾, 猜大了!
请输入您猜测的数据1-100: 2
恭喜您, 猜对了!
您共猜了7次。
Press any key to continue
```

【程序分析】

如果在程序中不使用 strand 函数,将会使程序每次运行时,产生相同的随机数。为了使程序每次运行时产生不同的随机数序列,程序中调用了 strand 函数为 rand 设置随机种子,提取当前时间值并转换为无符号整数作为随机数发生器的种子,来实现对函数 rand 所产生的伪随机数的"随机化"。

5.4 for 语句

除了 while 语句和 do-while 语句外,C 语言程序中还可以使用 for 语句实现循环,其使用方式更为灵活。

for 语句的一般形式为:

```
for(表达式 1;表达式 2;表达式 3)
{
    循环体语句组
}
```

for 语句的执行过程如下:

(1) 求解"表达式 1";

(2) 求解"表达式 2",若其值非 0(真),则转向步骤(3);否则,结束 for 语句;

(3) 执行"循环体语句组";

(4) 求解"表达式 3";

(5) 转向步骤(2)继续执行。

for 语句的流程图见图 5.3。

通过分析 for 语句的执行流程,可以看出 for 循环语句的循环控制过程与下列的 while 语句是等价的。

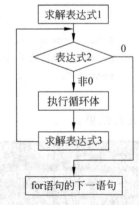

图 5.3 for 语句的执行流程

```
表达式 1;
while(表达式 2)
{
    循环体语句组
    表达式 3;
}
```

表达式 1 只执行一次,可用来设置循环的初始条件,为零个、一个或多个变量设置初始值。

在每次执行循环体前都须先计算表达式 2 的值,如果其值为真,则执行循环体,否则结束循环。因此,表达式 2 可作为循环条件表达式,即循环执行的条件,用来判定是否继续循环。

表达式 3 是在每次执行完循环体后才执行的,因此可作为循环的调整器,即定义每执行一次循环后循环变量的变化,例如使循环变量增值等,从而使表达式 2 的值趋于假,避免出现死循环。

因此,for 语句可以理解为:

```
for(循环变量赋初值;循环条件;循环变量增值)
    {循环体语句组}
```

for 语句中的三个表达式之间必须由分号";"分隔,两个分号必不可少。

【例 5-4】 使用 for 语句编程求 $1+2+3+\cdots+100$。

C 程序代码如下:

```
#include <stdio.h>
int main()
{
    int i,sum=0;            //定义循环控制变量 i;定义累加和 sum,初值为 0
    for(i=1;i<=100;i++)     //设置循环变量初值、循环条件,每执行一次循环体,循环变量增 1
        sum=sum+i;          //循环体语句
        printf("sum=%d\n",sum);  //当循环条件 i<=100 为假时,结束 for 语句,输出累加和
        return 0;
}
```

运行结果:

```
sum=5050
Press any key to continue
```

【程序分析】

(1) 在本例题中,按照 for 语句的执行流程,先求解表达式 1(将 1 赋值给变量 i);接着求解表达式 2(判断 i<=100 是否为真),当 i=1 时,表达式 i<=100 的值为真,故执行循环体语句,对 sum 重新赋值;然后求解表达式 3(使 i 的值加 1,变为 2);之后继续求解表达式 2,当 i=2 时,表达式 i<=100 的值为真,故继续执行循环体;再次求解表达式 3,使 i 的值变为 3,判断表达式 2……如此反复。直到 i 变为 101,此时循环条件 i<=100 的值为假,不再执行循环体,结束 for 语句,继续执行 for 语句之后的其他语句,输出 sum 的最终值。

每次循环体执行之前都需要判断表达式 2(i<=100)是否为真,若为真,则执行循环体,否则结束循环。每次执行完循环体,都要求解表达式 3 的值,之后继续判断表达式 2 是否为真,若为真,继续执行循环体,否则结束循环……因此,本例中的 for 语句可改写为:

```
i=1;
while(i<=100)
{
    sum=sum+i;
    i++;
}
```

（2）若将本例中的 for 语句改为：

```
for(i=1;i<=100;i++);      //注意本行后面的分号不该加
sum=sum+i;
```

程序的运行结果将得不到期望值，原因是此时循环体为空语句，随着 for 语句的执行，当 i 的值变为 101 时，循环条件的值变为假，此时，将结束 for 语句，进而执行 for 语句后面的语句，即 sum＝sum＋i；因此最终 sum 的值为 101。

（3）如果在 for 语句的前面给循环变量赋初值，则表达式 1 可以省略，但表达式 1 后面的分号不能省略。如本例中的 for 语句可改为：

```
i=1;
for(;i<=100;i++)        //for 语句中没有表达式 1，执行时，将直接判断循环条件
    sum=sum+i;
```

（4）每次执行完循环体语句后，表达式 3 都会被执行一次，因此表达式 3 可以作为循环体的一部分。当在循环体中改变了循环控制变量时，表达式 3 可以省略。如本例中的 for 语句可改为：

```
for(i=1;i<=100;)        //for 语句中没有表达式 3，每次执行完循环体后，直接判断循环条件
{
    sum=sum+i;
    i++;                //表达式 3 作为了循环体的一部分
}
```

（5）表达式 1 和表达式 3 也可以同时省略。此时，本例中的 for 语句可改为：

```
i=1;                    //在 for 语句之前为循环控制变量赋初值
for(;i<=100;)    //没有表达式 1 和表达式 3，执行时将跳过求解表达式 1 和表达式 3 的过程
{
    sum=sum+i;
    i++;                //表达式 3 作为了循环体的一部分
}
```

（6）实际上，for 语句中的三个表达式均可以省略，而两个分号必不可少。但是，一般表达式 2 很少省略，若省略，则表示循环条件永远为真，容易造成死循环。

（7）表达式 1 和表达式 3 既可以是与循环控制变量相关的表达式，也可以是与循环变量无关的其他表达式；既可以为简单的表达式，也可以是逗号表达式。

2.4.6 节讲到，由逗号运算符“，”连接起来的多个表达式，构成了逗号表达式，其一般形式为：

表达式 1，表达式 2，…，表达式 *n*

其作用是实现对各个表达式的顺序求值。在执行时，从左到右依次计算各表达式的值，先求解表达式 1 的值，再求解表达式 2 的值……最后求解表达式 *n* 的值，并将最后一个表达式的值作为整个逗号表达式的值。

实际上,在多数情况下,使用逗号表达式的目的只是要分别得到各个表达式的值,而并非要得到整个逗号表达式的值,常用在 for 语句中。

例如,本例中的 for 语句可改为:

```
for(i=1,sum=0;i<=100;i++)          //表达式 1 为逗号表达式
    sum=sum+i;
```

或者

```
for(i=1,sum=0;i<=100; sum=sum+i,i++);
```

此时,后者中,表达式 1 和表达式 3 均为逗号表达式,并将循环体语句写入表达式 3 部分,将循环体设为空语句,此时,for 语句后面的分号不可少。

while、do-while 和 for 语句都可以用来处理同一问题,并可相互转换。一般情况下,对于循环次数事先已知的循环,用 for 语句编写程序更为简单、方便、灵活,例 5-4 足以见证 for 语句在处理计数控制循环问题中的优势;而在循环次数事先未知的情况下,通常需要一个条件控制,这时用 while 语句和 do-while 语句则更方便,具体用哪一种语句更简洁还得根据具体情况而定。在处理问题的过程中,不管采用哪一种循环语句,都需注意循环体或 for 语句的表达式 3 中应该包含使循环趋于结束的语句,避免程序无休止地执行。

5.5　break 和 continue 语句

以上介绍的都是根据事先设置的循环条件来正常执行和终止循环,但有时当出现某种情况时,需要提前结束循环。本节介绍两种语句: break 语句和 continue 语句。

5.5.1　break 语句

在 C 语言程序设计中,有两种情况可以使用 break 语句:

(1) 可以将 break 语句用于 switch 结构中,用来中止正在执行的 switch 语句,接着执行 switch 语句下面的其他语句。

(2) 可以将 break 语句应用于 while、do-while 和 for 语句的循环体中,用来强制中止当前循环,接着执行循环下面的其他语句。

下面通过一个实例说明 break 语句在循环结构中的应用。

【例 5-5】　继续改进例 5-3 的猜数游戏,在例 5-3 要求的基础上,规定最多可以猜 10 次,如果 10 次仍未猜中的话,结束游戏。

【设计思路】

本例在例 5-3 程序实现的基础上,加入了另一个循环结束的条件,即"最多猜 10 次"。也就是说,循环最多执行 10 次,而实际的循环次数事先不能确定,例如有可能猜 2 次就猜对了,应结束循环;如果猜数达到了 10 次还未曾猜对,就不再继续执行循环,结束游戏。循环结束由两个条件决定:要么猜对,要么猜数次数达到了 10 次。

因此在程序设计中,可设循环的执行次数最大为 10。如果猜数次数达到 10 次,直接退

出循环。如果猜数次数未达到 10 次,可以继续执行循环进行猜数,若猜对,可提前结束循环。由此分析,可以使用 break 语句来实现提前结束循环。

C 程序代码如下:

```c
#include  <time.h>
#include  <stdlib.h>
#include  <stdio.h>
int main()
{
    int  rnd, guess;
    int i;                              //设置循环变量
    srand(time(NULL));
    rnd=rand()%100+1;

    for(i=1;i<=10;i++)                  //最多允许猜 10 次
    {
        printf("请输入您猜测的数据 1-100:");
        scanf("%d", &guess);
        if(guess>rnd)
            printf("很遗憾,猜大了!\n");
        else if(guess<rnd)
            printf("很遗憾,猜小了!\n");
        else
        {
            printf("恭喜您,猜对了!\n");
            printf("您共猜了%d 次。\n", i);    //输出猜数的次数
            break;                             //如果猜对,则提前结束循环
        }
    }
    if(i>10)                            //依据 for 语句的表达式 2 正常结束循环
        printf("最多允许猜 10 次哦!!!\n");
    return 0;
}
```

运行结果(提前结束循环的情况):

```
请输入您猜测的数据1-100: 50
很遗憾,猜小了!
请输入您猜测的数据1-100: 60
很遗憾,猜小了!
请输入您猜测的数据1-100: 70
很遗憾,猜小了!
请输入您猜测的数据1-100: 80
恭喜您,猜对了!
您共猜了4次。
Press any key to continue_
```

运行结果（正常结束循环的情况）：

```
请输入您猜测的数据1-100：100
很遗憾，猜大了！
请输入您猜测的数据1-100：90
很遗憾，猜大了！
请输入您猜测的数据1-100：80
很遗憾，猜大了！
请输入您猜测的数据1-100：70
很遗憾，猜大了！
请输入您猜测的数据1-100：60
很遗憾，猜大了！
请输入您猜测的数据1-100：50
很遗憾，猜大了！
请输入您猜测的数据1-100：40
很遗憾，猜大了！
请输入您猜测的数据1-100：30
很遗憾，猜大了！
请输入您猜测的数据1-100：20
很遗憾，猜大了！
请输入您猜测的数据1-100：10
很遗憾，猜小了！
最多允许猜10次哦!!!
Press any key to continue
```

【程序分析】

程序中 for 语句指定执行循环体 10 次。在每一次循环中输入猜的数后,对所猜的数进行判断,如果循环体中没有 break 语句,则执行循环体 10 次。在程序中加入了 break 语句后,如果所猜的数的正确的,就执行 break 语句,提前结束循环,而不再执行其余的几次循环。

实际上,在本例题中,也可以不用 break 语句,直接将例 5-3 中的程序中的 do-while 循环的循环条件改变也可以。即将例 5-4 修改为：

```
do{......}while(guess !=rnd&&counter<10);
//猜不对并且猜数次数未超过 10 次时继续猜
```

在例 5-5 中使用 break 语句实现,只是为了说明 break 语句对循环执行状态的影响。

【例 5-6】 输入整数 n,判定它是否为素数(质数)。

【设计思路】

让 n 被 i 除(i 的值从 2 变到 $n-1$),如果 n 能被 $2 \sim (n-1)$ 之中的任何一个整数整除,则可以断定 n 肯定不是素数,不必再继续被后面的整数除,因此,可以提前结束循环。需要注意的是,此时 i 的值必然小于 n。程序流程图如图 5.4 所示。

C 程序代码如下：

```
#include <stdio.h>
int main()
  { int n,i;
    printf("请输入 n 的值:");
    scanf("%d",&n);
    for(i=2;i<=n-1;i++)
      if(n%i==0)break;              //如果满足给定条件,执行 break 语句,强行退出循环
```

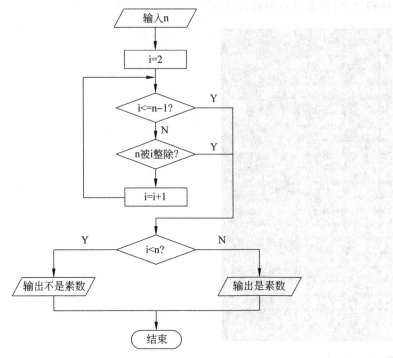

图 5.4 判断 n 是否是素数流程图

```
    if(i<n)printf("%d 不是素数\n",n);
    else printf("%d 是素数\n",n);
    return 0;
}
```

运行结果（若输入的值为 8）：

```
请输入n的值: 8
8 不是素数
Press any key to continue
```

运行结果（若输入的值为 7）：

```
请输入n的值: 7
7 是素数
Press any key to continue
```

【程序分析】

在程序执行过程中,如果 n 能被 2~(n−1)之中的任何一个整数整除,则可以断定 n 肯定不是素数。此时,不必再继续判断 n 能否被后面的整数整除,可由 break 语句提前结束循环。例如,n＝8,i＝2 时,n 能被 2 整除,可以断定 8 为素数,而没有必要再继续判断 8 能否被 2 后面的数(3~7)整除,由 break 语句提前结束循环,此时,i 的值并未达到 n 的值,因此直接输出 8 不是素数。如果 n＝7,7 不能被 2~6 之间任何的一个整数整除,循环不会由 break 语句而提前结束,而是依据 for 循环中的循环条件不再满足 i＜＝n−1 而结束循环,此时 i 的值必然要大于指定的循环变量终值 n−1,因此输出 7 是素数。据此,只要在循环结束后检查变量 i 的值,就能判定循环是否被 break 语句提前结束。如果是提前结束,则说明 n 不是素数,否则 n 为素数。

其实 n 不必被 2~(n−1)范围内的各整数去除,只需将 n 被 2~(n 的算术平方根)之间的整数整除即可。例如判断 7 是否为素数,只需将 7 被 2,3 除即可。这样可减少循环次数,提高程序的执行效率。因此,可改进程序如下:

```c
#include <stdio.h>
#include <math.h>                          //因程序中使用了 sqrt 函数,因此须加入此行
int main()
  { int n,i,k;
    printf("请输入 n 的值");
    scanf("%d",&n);
    k=sqrt(n);                             //求 n 的算术平方根
    for(i=2; i<=k; i++)
      if(n%i==0)break;
    if(i<=k)printf("%d 不是素数\n",n);
    else printf("%d 是素数\n",n);
    return 0;
}
```

通常 break 语句在循环体中与 if 语句联合使用,表明程序在何种条件下提前结束循环,使程序的流程强行跳转到循环下面的语句执行。

5.5.2 continue 语句

continue 语句只能用于 for、while、do-while 语句的循环体中,并与 if 语句一起使用。其作用是在执行循环体的过程中,当满足一定的条件时,跳过循环体中剩余的语句而强行执行下一次循环,即结束本次循环,继续执行下一次循环。

【例 5-7】 输出 1990—2020 年之间的所有平年的年份。

【设计思路】

对 1990—2020 年之间的每一年份进行检查;如果某年份不符合闰年条件,则为平年,将此年份输出;如果某年份符合闰年条件,就不输出此年份。无论是否输出此年份,都要接着检查下一年。若设 year 为被判断的年份,那么判断 year 为闰年的条件为:(year%4 == 0 && year%100 !=0)|| year%400 == 0。程序流程图如图 5.5 所示。

C 程序代码如下:

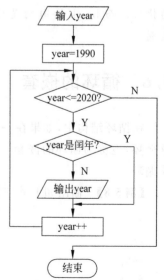

图 5.5 输出 1990—2020 年之间的所有平年的年份流程图

```c
#include <stdio.h>
int main()
  { int year;
    for(year=1990;year<=2020; year++)
    { if((year%4 ==0 && year%100 !=0)|| year%400 ==0)
        continue;
```

```
        printf("  %d  ",year);
    }
    printf("\n");
    return 0;
}
```

运行结果：

```
1990   1991   1993   1994   1995   1997   1998   1999   2001   2002
2003   2005   2006   2007   2009   2010   2011   2013   2014   2015
2017   2018   2019
Press any key to continue
```

【程序分析】

当 year 满足闰年条件时,执行 continue 语句,程序的流程将跳过 printf 语句,结束本次循环,然后继续执行下一次循环(判断下一年);如果 year 不满足闰年条件(即为平年),就不会执行 continue 语句,此时执行 printf 语句,输出平年的年份,之后继续执行下一次循环。由此可以看出,无论 year 是否满足闰年条件,循环的次数总是固定的,不会改变,即 continue 语句不会改变循环体执行的次数。

continue 语句只能用在循环体中,并与 if 语句联合使用,表明程序在何种条件下结束本次循环,继续下一次循环(即跳过循环体中下面尚未执行的语句,跳转到循环体结束点之前)。

若 continue 语句用于 for 语句的循环体中,执行 continue 语句后,将执行 for 语句中的表达式 3,之后判断循环条件,若满足条件,则继续执行循环体;若将 continue 用于 while 或者 do-while 语句的循环体中,执行 continue 语句后,程序的流程将跳转到判断 while 后面的循环条件,若条件为真,继续执行循环体。

注意:continue 语句的作用只是结束本次循环,继续下一次循环,并不终止整个循环的执行。而 break 语句则是结束整个循环,不再继续下一次循环。请读者注意二者的区别。

5.6　循环的嵌套

在循环结构中,如果在一个循环体内又包含了另一个完整的循环结构,就构成了多重循环,也称为循环的嵌套。嵌在循环体内的循环称为内循环,嵌有内循环的循环称为外循环。

【例 5-8】 输出如下 & 三角图形,共 10 行,& 数目逐行加 1。

```
&
&&
&&&
&&&&
 ⋮
&&&&&&&&&
```

【设计思路】

本题目要求输出 10 行 & 符号,而在具体输出某行的过程中,输出 & 符号的数量有一定的规律:第 1 行输出 1 个,第 2 行输出 2 个,第 3 行输出 3 个,第 4 行输出 4 个……第 10 行输出 10 个。可以设置如下程序段来控制每行的输出(其中 col 作为控制每行输出符号个数的循环变量):

```
/*输出第 1 行*/
for(col=1;col<=1;col++)
    printf("&");
printf("\n");

/*输出第 2 行*/
for(col=1;col<=2;col++)
    printf("&");
printf("\n");

/*输出第 3 行*/
for(col=1;col<=3;col++)
    printf("&");
printf("\n");
/*输出第 4 行*/
for(col=1;col<=4;col++)
    printf("&");
printf("\n");

    ⋮

/*输出第 10 行*/
for(col=1;col<=10;col++)
    printf("&");
printf("\n");
```

经观察比较,输出 10 行的过程实际上是一样的,只是输出的符号数量不同而已,反映在程序中,则是循环体是相同的,而 for 循环中的循环次数不同。鉴于此,可以设置另一个循环变量 row,使用循环语句去控制 10 行符号的重复输出。综上,可将以上程序段简写为:

```
for(row=1;row<=10;row++)
{
    for(col=1;col<=row;col++)
        printf("&");
    printf("\n");
}
```

C 程序代码如下：

```c
#include<stdio.h>
int main()
{
    int row,col;
    for(row=1;row<=10;row++)              //外层循环,负责控制输出 10 行
    {
        for(col=1;col<=row;col++)          //内层循环,负责控制每行输出符号的数量
            printf("&");
        printf("\n");
    }
return 0;
}
```

运行结果：

```
&
&&
&&&
&&&&
&&&&&
&&&&&&
&&&&&&&
&&&&&&&&
&&&&&&&&&
&&&&&&&&&&
Press any key to continue
```

【程序分析】

本例使用循环的嵌套（双重循环）实现，即在一个 for 循环的循环体中又包含了另外一个 for 循环。其中外层循环负责控制输出 10 行，row 为循环变量，累计输出的行数，控制外层循环的循环次数；内层循环负责控制每行的输出。

在执行嵌套循环时，由外层循环进入内层循环，并在内层循环终止后继续执行外层循环，再由外层循环进入内层循环，一直到外层循环终止。

本例中，先定义了两个循环变量 row 和 col，然后进入外层循环执行。

当 row=1 时，符合外层循环执行的条件（row<=10），进入内层循环开始执行。col=1 时输出一个 & 符号，之后内层循环结束；输出一个换行符后，继续执行外层循环：计算外层循环 for 语句中的表达式 3（row++），使 row 的值变为 2。

当 row=2 时，符合外层循环执行的条件，再次进入内层循环开始执行。col 由 1 变到 2，输出两个 & 符号，之后内层循环结束；输出一个换行符后，继续执行外层循环，使 row 的值变为 3。

当 row=3 时，符合外层循环执行的条件，再次进入内层循环开始执行。col 由 1 变到 3，输出 3 个 & 符号，之后内层循环结束；输出一个换行符后，继续执行外层循环，使 row 的值变为 4。

当 row＝4 时,符合外层循环执行的条件,再次进入内层循环开始执行。col 由 1 变到 4,输出 4 个 & 符号,之后内层循环结束;输出一个换行符后,继续执行外层循环,使 row 的值变为 5。

……

依此类推,当 row＝10 时,符合外层循环执行的条件,再次进入内层循环开始执行。col 由 1 变到 10,输出 10 个 & 符号,之后内层循环结束;输出一个换行符后,继续执行外层循环。

此时经过外层循环 for 语句中的表达式 3：row＋＋,使 row 变成了 11,不再满足外层循环的条件,致使外层循环结束。继续执行外层循环下面的其他语句,整个程序结束。

在实际应用中,内嵌的循环中还可以嵌套循环,这就是多层循环(多重循环)。3 种循环(while 循环、do...while 循环和 for 循环)可以互相嵌套。

注意：使用嵌套循环时,在嵌套的各层循环体中,尽量使用复合语句(即用一对大花括号将循环体语句括起来)保证逻辑上的正确性;内层和外层循环控制变量不应同名,以免造成混乱;循环嵌套不能交叉,即在一个循环体内必须完整地包含着另一个循环。

5.7　循环结构应用举例

本节通过几个循环结构的应用实例使读者进一步掌握编程方法和技巧,提高编写循环程序的能力。

【例 5-9】　编写一个程序,输出如下所示的乘法表。

```
1 * 1=1
1 * 2=2    2 * 2=4
1 * 3=3    2 * 3=6    3 * 3=9
1 * 4=4    2 * 4=8    3 * 4=12   4 * 4=16
⋮
1 * 9=9    2 * 9=18   3 * 9=27   4 * 9=36   …   9 * 9=81
```

【设计思路】

乘法表具有如下特点：

(1) 共有 9 行；

(2) 每行的式子个数很有规律,即：属于第几行,就有几个式子；

(3) 对于每一个式子,既与所在的行数有关,又与所在行上的具体位置有关；

(4) 可以使用循环的嵌套。

C 程序代码如下：

```c
#include<stdio.h>
int main()
{
    int i,j;
    for(i=1;i<=9;i++)
    {
        for(j=1;j<=i;j++)
```

```
        printf("%d * %d=%-3d ",j,i,i * j);
        printf("\n");
    }
    return 0;
}
```

运行结果：

```
1*1=1
1*2=2    2*2=4
1*3=3    2*3=6    3*3=9
1*4=4    2*4=8    3*4=12   4*4=16
1*5=5    2*5=10   3*5=15   4*5=20   5*5=25
1*6=6    2*6=12   3*6=18   4*6=24   5*6=30   6*6=36
1*7=7    2*7=14   3*7=21   4*7=28   5*7=35   6*7=42   7*7=49
1*8=8    2*8=16   3*8=24   4*8=32   5*8=40   6*8=48   7*8=56   8*8=64
1*9=9    2*9=18   3*9=27   4*9=36   5*9=45   6*9=54   7*9=63   8*9=72   9*9=81
Press any key to continue
```

【例 5-10】 有一对兔子,从出生后第 3 个月起每个月都生一对兔子。小兔子长到第 3 个月后每个月又生一对兔子。假设所有兔子都不死,问每个月的兔子对数为多少?

【设计思路】

可以从表 5-1 看出兔子繁殖的规律(为了方便记录,假设不满 1 个月的是小兔子,满 1 个月不满 2 个月的是中兔子,满 3 个月以上的是老兔子)。

表 5-1 兔子繁殖的规律

月数	小兔子对数	中兔子对数	老兔子对数	兔子总数
1	1	0	0	1
2	0	1	0	1
3	1	0	1	2
4	1	1	1	3
5	2	1	2	5
6	3	2	3	8
7	5	3	5	13
⋮	⋮	⋮	⋮	⋮

从表 5-1 可以看出每个月兔子的数量依次为 $1,1,2,3,5,8,13,\cdots$,这就是 fibonacci 数列。根据观察,从前两个月兔子对数可以推算出第三个月的兔子对数,从第三个月开始,每个月的兔子对数均为前两个月兔子对数之和。因此,可以设第一个月兔子数量 $f1=1$,第二个月兔子数量 $f2=1$,则第三个月兔子数量 $f3=f1+f2=2$。在计算第四个月兔子数量时,需要第二月和第三个月的兔子数,即 $f4=f2+f3$。第五个月的兔子数量为 $f5=f3+f4$,$\cdots$ $f30=f28+f29$,$\cdots$,以此类推,需要定义一组变量来分别表示每个月兔子的对数,如果学习了数组,就可以用数组方便地来定义一组变量。

为了简化程序,可将问题描述为从第三个月开始,以后的每个月兔子对数只与其前两个月的兔子对数相关。因此,只设三个变量 f1、f2 和 f3,分别代表"本月的前两个月""本月的前一个月"以及"本月"的兔子数,并把 f1 和 f2 的初始值设为 1,分别代表第一个月和第二个月的兔子对数。这样可以计算出第三个月的兔子对数为 f3＝f1＋f2＝2。当计算第四个月兔子对数时,把 f2(之前第二个月的兔子对数)赋值给 f1(代表第四个月的前两个月——第二个月的兔子对数),将 f3(之前计算出的第三个月的兔子对数)赋值给 f2(代表第四个月的前一个月——第三个月的兔子对数),对 f3 进行重新赋值:f3＝f1＋f2＝3,此时的 f3 就是第四个月(本月)的兔子对数。之后的计算以此类推。

C 程序代码如下:

```c
#include <stdio.h>
int main()
{ int f1=1,f2=1,f3;      //设置三个变量分别代表前两个月、前一个月以及当前月的兔子对数
    int i;                //设置循环变量 i,控制循环计算的次数
    printf("%12d%12d ",f1,f2);        //先输出第一个月和第二个月的兔子对数
    for(i=3; i<=40; i++)              //从第三个月开始,依次输出本月兔子数量
    {
        f3=f1+f2;
        printf("%12d ",f3);
        f1=f2;
        f2=f3;
        if(i%5==0)printf("\n");       //控制每五个数为一行输出
    }
    return 0;
}
```

运行结果:

```
        1           1           2           3           5
        8          13          21          34          55
       89         144         233         377         610
      987        1597        2584        4181        6765
    10946       17711       28657       46368       75025
   121393      196418      317811      514229      832040
  1346269     2178309     3524578     5702887     9227465
 14930352    24157817    39088169    63245986   102334155
Press any key to continue
```

【例 5-11】 编程实现循环显示学生成绩管理系统的菜单,菜单如下:

```
**********学生成绩管理系统**********
*    1.从文件中读取学生信息       *
*    2.添加学生信息              *
*    3.显示学生信息              *
*    4.按姓名查询学生信息         *
*    5.删除学生信息              *
*    6.统计学生总成绩和平均成绩     *
*    7.统计学生成绩各分数段人数     *
*    8.按平均成绩由高到低排名       *
```

```
*      9.保存学生信息              *
*      0.退出本系统               *
```

运行程序时提示用户输入相应的操作代码 0～9 转向相应操作,按任意键后会清屏并再次显示菜单,可供用户再次选择所需操作,直至输入操作代码 0,才退出本系统。

【设计思路】

一个完善的学生成绩管理系统不仅要包含信息的录入、统计、根据指定信息进行查询及排序等功能,还应能够方便用户上机操作。在运行程序的过程中,应该允许用户根据菜单选项选择具体的操作,然后由程序转向相应的操作去执行,执行相应操作后,应允许用户回到菜单选项继续选择其他操作,这样用户每运行一次程序就能够完成一系列的操作,同时允许用户随时退出系统。

显然,重复显示菜单并允许用户去选择菜单是一个循环结构的程序设计问题。同时,在循环执行的过程中,应显示菜单信息,根据用户的选择去执行相应的分支操作,这又将结合选择结构的程序设计。

C 程序代码如下:

```c
#include <stdio.h>
#include <conio.h>
#include <stdlib.h>
int main()
{int choice;                              //用来保存用户输入的操作代码
    while(1)
    {
        system("cls");                        //清屏
        printf("\t\t\t*********学生成绩管理系统*********\n");
                                              //以下显示菜单
        printf("\t\t\t *    1.从文件中读取学生信息    * \n");
        printf("\t\t\t *    2.添加学生信息            * \n");
        printf("\t\t\t *    3.显示学生信息            * \n");
        printf("\t\t\t *    4.按姓名查询学生信息       * \n");
        printf("\t\t\t *    5.删除学生信息            * \n");
        printf("\t\t\t *    6.统计学生总成绩和平均成绩  * \n");
        printf("\t\t\t *    7.统计学生成绩各分数段人数  * \n");
        printf("\t\t\t *    8.按平均成绩由高到低排名    * \n");
        printf("\t\t\t *    9.保存学生信息            * \n");
        printf("\t\t\t *    0.退出本系统             * \n");
        printf("\t\t\t*******************************\n");
        printf("\n\t\t\t 请输入操作代码 0-9:");
        scanf("%d",&choice);                  //用户输入操作代码
        switch(choice)                        //判断用户输入的代码,并转向相应操作
        {
        case 0 :
            printf("谢谢使用本系统!\n");
            exit(1);
        case 1:
            printf("\n 已执行从文件中读取学生信息操作!\n");         //具体操作代码省略
```

```
            break;
        case 2:
            printf("\n已执行添加学生信息操作!\n ");        //具体操作代码省略
            break;
        case 3:
            printf("\n已执行显示学生信息操作!\n");         //具体操作代码省略
            break;
        case 4:
            printf("\n已执行按姓名查询学生信息操作!\n");    //具体操作代码省略
            break;
        case 5:
            printf("\n已执行删除学生信息操作!\n");         //具体操作代码省略
            break;
        case 6:
            printf("\n已执行统计学生总成绩和平均成绩操作!\n");  //具体操作代码省略
            break;
        case 7:
            printf("\n已执行统计学生成绩各分数段人数操作!\n");  //具体操作代码省略
            break;
        case 8:
            printf("\n已执行按平均成绩由高到低排名操作!\n");  //具体操作代码省略
            break;
        case 9:
            printf("\n已执行保存学生信息操作!\n");         //具体操作代码省略
            break;
        default:
            printf("\n输入有误!\n");
            break;
        }
    printf("按任意键继续...\n");
    getch();
    }
    return 0;
}
```

运行结果：

【程序分析】

① 菜单程序的特点是：只要用户没有输入操作代码 0,则将一直循环显示该菜单,故程序架构为一个永真循环,形如：

```
while(1)
{
    //循环体部分
}
```

② 循环体部分需完成以下两部分工作：利用多条 printf 函数调用语句,输出各菜单项信息;根据用户输入不同的操作代码显示不同的执行信息,利用 switch 或 if 语句实现分支操作。如输入 2,则显示"已执行显示学生信息操作!"等。

③ 程序中用到的系统函数：

函数：system("cls"),功能：清屏,用于清除运行界面上的信息显示。

该函数的相关定义在函数库 stdlib. h 中。

函数：getch(),功能：从键盘上接收一个字符(不回显),且不以回车为结束。

该函数的相关定义在函数库 conio. h 中。

注意：本题目重在分析程序的框架结构,使读者掌握循环语句的应用,以及与条件控制语句的综合使用,为设计更为完善的应用程序做准备,因此在程序中省略了每个分支所对应的具体操作程序代码,读者可在学习完函数及数组后自行补充完成。

5.8 重点内容小结

重点内容小结如表 5-2 所示。

表 5-2 重点内容小结

知 识 点	内 容	描 述	说 明

while 语句	while(表达式)
	{
	　　语句组
	}
		先判断条件表达式,后执行循环体语句,循环体可能一次都不被执行	注意表达式后面没有分号,如果有分号,代表循环体为空语句

do-while 语句	do
	{
	　　语句组
	}
	while(表达式);
		先执行循环体,然后再进行条件判断,它的循环体至少会被执行一次	注意表达式后面必须加分号

for 语句	for(表达式 1;表达式 2;表达式 3)
	{
	　　语句组
	}
		通常用于能够确定循环次数的循环控制	可将表达式 1 写在 for 语句的前面,将表达式 3 写在循环体中;当小括号内省略表达式 1 和表达式 3 时,分号不能省

续表

知 识 点	内　　容	描　　述	说　　明
break 语句	可以用于循环体中(还可以用于 switch 结构中)	用来强制中止当前循环,接着执行循环下面的其他语句(若用在 switch 结构中,用来中止 switch 语句)	一般与 if 语句一起使用,当满足某个条件时,终止整个循环
continue 语句	仅能用于循环体中	跳过循环体中剩余的语句而强行执行下一次循环,即结束本次循环,继续执行下一次循环	一般与 if 语句一起使用,当满足某个条件时,继续下一次循环

循环的嵌套	一个循环体内又包含了另一个完整的循环结构,如:
	for(表达式 1;表达式 2;表达式 3)
	{
	　　while(表达式)
	　　{
	　　语句组
	　　}
	}
		3 种循环(while 循环、do…while 循环和 for 循环)可以互相嵌套;在执行嵌套循环时,由外层循环进入内层循环,并在内层循环终止后继续执行外层循环,再由外层循环进入内层循环,一直到外层循环终止	在嵌套的各层循环体中,尽量使用一对大花括号将循环体语句括起来以保证逻辑上的正确性;内层和外层循环控制变量不应同名,以免造成混乱

习　　题

一、单选题

1. 有以下程序:

```
#include <stdio.h>
int main()
{int y=10;
while(y--);
printf("y=%d\n",y);
return 0;
}
```

程序执行后的输出结果是(　　)。

　　(A) y=0　　　　　　　　　　　　(B) y=-1

　　(C) y=1　　　　　　　　　　　　(D) while 构成无限循环

2. 有以下程序:

```
#include <stdio.h>
int main()
{
    int k=5;
    while(--k)
```

```
        printf("%d",k-=3);
    printf("\n");
return 0;
}
```

执行后的输出结果是(   )。

  (A) 1   (B) 2   (C) 4   (D) 死循环

3. 以下程序段中的变量已经正确定义：

```
for(i=0;i<4;i++,i++)
  for(k=1;k<3;k++);
     printf("*");
```

程序的运行结果是(   )。

  (A) **   (B) ****   (C) *   (D) ********

4. 有以下程序：

```
#include <stdio.h>
int main()
{
    int x=8;
    for(;x>0;x--)
    {
        if(x%3)
        {
            printf("%d,",x--);
            continue;
        }
        printf("%d,",--x);
    }
return 0;
}
```

程序的运行结果是(   )。

  (A) 7,4,2,   (B) 8,7,5,2,   (C) 9,7,6,4,   (D) 8,5,4,2,

*5. 有以下程序：

```
#include <stdio.h>
int main()
{
    int i=5;
    do
    {
        if(i%3==1)
        if(i%5==2)
        {
            printf("*%d",i);
```

```
            break;
        }
        i++;
    }
    while(i!=0);
    printf("\n");
    return 0;
}
```

程序的运行结果是(　　)。

(A) * 2 * 6 　　　　(B) * 3 * 5 　　　　(C) * 5 　　　　(D) * 7

二、填空题

1. 下面程序的功能是在输入的一批整数中求出最大者,输入 0 结束循环。

```
#include <stdio.h>
int main()
{ int a,max=0;
  scanf("%d",&a)
  while(_____)
{
if(max<a)   max=a;
  scanf("%d",&a);
}
  printf("%d",max);
return 0;
}
```

2. 鸡兔共有 30 只,脚共有 90 个,下面程序段是计算鸡兔各有多少只,请填空。

```
for(x=1;x<=29;x++)
{ y=30-x;
  if(_____)printf("%d,%d\n",x,y);
}
```

3. 以下程序的输出结果是_____。

```
#include  <stdio.h>
int main()
{
    int i,j,sum;
    for(i=3;i>=1;i--)
    {
        sum=0;
        for(j=1;j<=i;j++)sum+=i*j;
    }
  printf("%d\n",sum);
return 0;
}
```

4. 以下程序的输出结果是_____。

```c
#include <stdio.h>
int main()
{
    int i,b,k=0;
    for(i=1;i<=5;i++)
    {
        b=i%2;
      while(b-->=0)k++;
    }
    printf("%d,%d",k,b);
    return 0;
}
```

5. 以下程序的输出结果是_____。

```c
#include  <stdio.h>
int main()
{
int i,j,x=0;
for(i=0;i<3;i++)
{ if(i%3==2)break;
x++;
for(j=0;j<4;j++)
{ if(j%2)break;
x++;
}
x++;
}
printf("x=%d\n",x);
return 0;
}
```

*6. 设 x 和 y 均为 int 型变量,则执行下面的循环后,y 值为_____。

```c
for(y=1,x=1;y<=50;y++)
  { if(x>=10)break;
    if(x%2==1)
    { x+=5; continue;}
    x-=3;
}
```

三、程序设计题

1. 编程实现:计算 $n!$。

2. 编程实现:根据整型形参 m 的值,计算如下公式的值:

$$t = 1 - \frac{1}{2 \times 2} - \frac{1}{3 \times 3} - \cdots - \frac{1}{m \times m}$$

3. 编程实现：根据整型参数 n，计算如下公式的值：

$$A_1 = 1, \quad A_2 = \frac{1}{1+A_1}, \quad A_3 = \frac{1}{1+A_2}, \quad \cdots, \quad A_n = \frac{1}{1+A_{n-1}}$$

4. 输出以下图案：

```
      *
     ***
    *****
   *******
    *****
     ***
      *
```

*5. 编程实现：在全系 1000 学生中，征集慈善募捐，当总数达到 10 万元时就结束，统计此时捐款的人数，以及平均每人捐款的数目。

第6章

模块化程序设计

【内容导读】

本章通过模块化程序设计的思路,引入函数;接下来围绕简单的阶乘计算这一具体实例,介绍函数的定义、调用、递归和嵌套调用;最后介绍变量的作用域和存储类别。

【学习目标】

(1) 理解模块化程序设计的思路;

(2) 掌握函数的定义及调用方法;

(3) 掌握变量的作用域;

(4) 理解变量的存储类别及生存期。

6.1 为什么引入函数

通过前面章节的学习,读者已经能够编写规模相对较小的简单 C 语言程序了,但如果程序的功能较多,会使主函数变得庞杂。例如例 5-11 中的学生成绩管理系统,根据不同的菜单项选择,转向不同的操作代码去执行,而如果将不同的功能代码全都写进主函数 while 循环体中的 switch 语句各分支中,必然会导致程序相对杂乱,复杂度增大,阅读和维护变得困难。如果可以将学生成绩管理系统中不同的功能程序段分而治之,构成一个个相对独立的"构件",如果程序需要,可将这些"构件"组装到主函数中,使主函数不必关心这些"构件"的内部工作流程,只关心其执行结果,这样就会使程序清晰易读。

另外,有时程序要多次用到某一功能,需要在程序中多次重复编写实现此功能的代码。例如,要计算 $a!+b!+c!$,按照前面章节学习的程序设计方法,可编写程序代码如下:

```c
#include<stdio.h>
int main()
{   int a,b,c,i;
    long t,sum;
    printf("Input a,b,c:");
    scanf("%d,%d,%d",&a,&b,&c);
```

```
for(t=1,i=1;i<=a;i++)
    t=t*i;
sum=t;
for(t=1,i=1;i<=b;i++)
    t=t*i;
sum+=t;
for(t=1,i=1;i<=c;i++)
    t=t*i;
sum+=t;
printf("SUM=%ld\n",sum);
return 0;
}
```

　　程序中,需要三次重复阶乘计算。如果程序中需要更多次阶乘计算呢?如果每次都将重复的阶乘计算代码写入主函数,必然会加重程序员的工作负担,而且还会使主函数中存在大量的重复的代码,程序变得冗长,不精练。如果可以将求阶乘计算这一段常用的功能代码提炼出来,在需要时,直接将其运算结果应用于主函数中,这样就能够减少重复编写程序段的工作量。

　　而"函数",就是用来完成特定功能的代码段,可以事先将常用的功能代码提炼成"函数",不同的函数用来完成不同的功能。

　　其实,我们对函数并不陌生:如果程序中需要输出或输入功能时,可以调用 printf 函数将数据按照指定的格式输出到标准输出设备,调用 scanf 函数从标准输入设备按指定的格式输入数据,调用 getchar 函数实现从标准输入设备读入一个字符,调用 putchar 函数实现把指定字符输出到标准设备上等。这些输入输出函数保存在 stdio.h 库中,当使用这些函数时,只需使用 #include <stdio.h> 把 stdio.h 头文件包含到源程序文件中;再例如,如果程序中需要计算一个数的算术平方根可以调用 sqrt 函数,而 abs 函数用来实现求一个整数的绝对值,这些常用的数学函数保存在 math.h 库中,当需要这些函数时,需要在程序文件的开头加上 #include <math.h>。

　　当然,以上函数都是系统已经为我们定义好的、可以直接调用的函数。实际上,我们也可以根据需要自己去设计并定义一些函数来实现特定的功能,例如可以定义一个求阶乘的函数 f,之后可以在主函数中调用函数 f 分别求出 $a!$、$b!$ 和 $c!$,从而简化程序的设计。

　　在实际软件开发的过程中,为了降低其复杂度,可以按照功能将规模较大、较复杂的任务分解为若干个规模较小、较简单的小任务分而治之,并把常用的一些任务提炼出来,需要时,将这些较小的、较简单的、常用的任务进行组装,就可以简化程序设计的过程。这就是模块化程序设计的思路。

　　C 语言程序是由函数构成的,任何一个 C 语言程序有且仅有一个主函数,此外,可以有若干个其他函数。函数是 C 语言中模块化程序设计的最小单位,在设计一个较大规模的程序时,可按照功能将其划分为若干个模块,每个模块包括一个或多个函数,每个函数用来实现一个特定的功能。通过函数调用可以将这些函数联系起来,从而解决大的问题。主函数可以调用其他函数,其他函数也可以互相调用,并且同一个函数可以被一个或多个函数调用任意多次。不管一个 C 语言程序由多少个函数构成,程序的运行总是从主函数开始,到主函数结束。

6.2 函数的定义及调用

6.2.1 函数的定义

从用户使用的角度,可以将函数分成两类:系统函数(库函数)和用户函数(自定义函数)。其中系统函数,是由系统提供的,用户不必自己定义,可直接使用。例如 printf()、scanf()、sqrt()、getchar()、putchar()等。用户函数是用户自己编写的函数,用来完成用户需要的功能。

C 语言规定,函数和变量一样必须先定义,后使用。定义函数的一般格式为:

函数类型　函数名(形式参数表)
{
　　函数体
}

在定义函数时应注意以下问题:

(1) 定义函数,必须指定函数名。函数名的命名规则与变量的命名规则相同,尽量做到"见名知意"。

(2) 形式参数表是用逗号分隔的一组形式参数(可简称为形参)的说明,指明每一个形参的数据类型和名称。形参表的形参相当于参与函数运算的操作数,当发生函数调用时,主调函数(如果函数 a 调用了函数 b,则 a 为主调函数)将为这些形参赋值。形参表的具体格式为:

数据类型 变量 1,数据类型 变量 2,…,数据类型 变量 n

如果函数不需要操作数,可以不定义形参,此时函数为无参函数,可以用 void 代替形参表中的内容。有的 C 语言系统,允许形参表为空,但函数名后的括号()不能省略。

(3) 函数类型为函数返回值的类型。一般情况下,如果函数有运算结果,函数运行完成会有具体的返回值,函数类型即为返回值的数据类型;如果函数只是完成特定的操作,而无需运算,那么函数没有具体的返回值,函数类型为 void。

(4) 大括号括起来的部分为函数体。函数体用来指定函数的功能,是实现函数功能的全部语句,可包括说明、定义、控制、操作等语句。

【例 6-1】 编写函数计算 $n!$。

【设计思路】

定义函数要指定函数的名字、函数的形参、函数的返回值类型以及函数体。在这里,可以将函数的名字定义为 f;基本整型变量 n 作为函数的形参,用来接收来自主调函数的实际参数值;函数的返回值即为函数的运算结果,即 $n!$,定义其类型为长整型;函数体中要编写实现 $n!$ 计算的代码,可以使用循环结构的语句来实现。

C 程序代码如下:

```
long f(int n)                       //计算阶乘的函数,这是一个有参函数
{
    long t;                         //定义存储阶乘值的变量
    int i;                          //定义循环变量
    for(t=1,i=1;i<=n;i++)
        t*=i;
    return(t);                      //将 t 的值作为函数的返回值返回
}
```

【程序分析】

之所以将函数返回值定义为长整型,是因为阶乘的值一般都非常大,有可能会超出 int 型数据的表示范围。函数体内最后一条语句中,关键字 return 后面的变量或者表达式的值代表函数要返回的值。函数的值只能通过 return 语句返回到主调函数,return 语句的一般格式为:

```
return(表达式);
```

或者

```
return 表达式;
```

其中返回值的类型应该与函数定义头部声明的函数类型一致,如果两者不一致,则以函数头中的函数类型为准自动进行类型转换。

【例 6-2】 为例 5-11 中的学生成绩管理系统设计一个显示菜单的函数。

【设计思路】

这是一个无参函数的设计。函数的功能为显示菜单,设计一系列的输出操作,而并非运算操作,因此该函数不需要任何参数,且无需返回函数值。

函数 C 程序代码如下:

```
void menu()           //无参函数的参数为空,但小括号不能省略;函数无返回值,函数类型为 void
{
    printf("\t\t\t*********学生成绩管理系统*********\n");
    printf("\t\t\t *    1.从文件中读取学生信息      * \n");
    printf("\t\t\t *    2.添加学生信息              * \n");
    printf("\t\t\t *    3.显示学生信息              * \n");
    printf("\t\t\t *    4.按姓名查询学生信息         * \n");
    printf("\t\t\t *    5.删除学生信息              * \n");
    printf("\t\t\t *    6.统计学生总成绩和平均成绩   * \n");
    printf("\t\t\t *    7.统计学生成绩各分数段人数   * \n");
    printf("\t\t\t *    8.按平均成绩由高到低排名      * \n");
    printf("\t\t\t *    9.保存学生信息              * \n");
    printf("\t\t\t *    0.退出本系统               * \n");
    printf("\t\t\t******************************\n");
}
```

6.2.2 函数的调用形式

通过函数调用,可以将不同功能的函数组装到一起。如果在 a 函数的执行过程中要用到 b 函数的功能,那么就需要在 a 函数中的适当位置去调用 b 函数,此时称 a 为主调函数,b 为被调函数。

函数调用的一般形式为:

函数名(实参表列);

如果是调用无参函数,则实参表列为空,但括号不能省;如果实参表列包含多个实参,则参数间用逗号隔开。

函数调用共有三种形式:

(1) 如果被调函数为 void 类型,代表函数无返回值,函数只是完成一定的操作,函数调用将是一条独立的语句。如在学生成绩管理系统的主函数中调用例 6-2 的显示菜单函数,可以将"menu();"单独作为一条语句写在主函数中的适当位置。

【例 6-3】 结合例 5-11 和例 6-2,在学生成绩管理系统中,使用函数调用的方法显示菜单。

C 程序代码如下:

```c
#include <stdio.h>
#include <conio.h>
#include <stdlib.h>
int main()
{ int choice;                          //用来保存用户输入的操作代码
  void menu();                         //在主调函数中对被调函数做声明
    while(1)
    {
        menu();                        //调用 menu()函数
        printf("\n\t\t\t 请输入操作代码 0-9:");
        scanf("%d",&choice);           //用户输入操作代码
        switch(choice)                 //判断用户输入的代码,并转向相应操作
        {
            case 0 :
            printf("谢谢使用本系统!\n");
            exit(1);
            case 1:
                printf("\n 已执行从文件中读取学生信息操作!\n");      //具体操作代码省略
                break;
            case 2:
                printf("\n 已执行添加学生信息操作!\n ");             //具体操作代码省略
                break;
            case 3:
                printf("\n 已执行显示学生信息操作!\n");              //具体操作代码省略
                break;
```

```
        case 4:
            printf("\n已执行按姓名查询学生信息操作!\n");        //具体操作代码省略
            break;
        case 5:
            printf("\n已执行删除学生信息操作!\n");            //具体操作代码省略
            break;
        case 6:
            printf("\n已执行统计学生总成绩和平均成绩操作!\n");  //具体操作代码省略
            break;
        case 7:
            printf("\n已执行统计学生成绩各分数段人数操作!\n");  //具体操作代码省略
            break;
        case 8:
            printf("\n已执行按平均成绩由高到低排名操作!\n");    //具体操作代码省略
            break;
        case 9:
            printf("\n已执行保存学生信息操作!\n");            //具体操作代码省略
            break;
        default:
            printf("\n输入有误!\n");
            break;
        }
    printf("按任意键继续...\n");
    getch();
    }
    return 0;
}
void menu()                                            //显示菜单函数
{
        printf("\t\t\t*********学生成绩管理系统*********\n");    //以下显示菜单
        printf("\t\t\t *    1.从文件中读取学生信息      * \n");
        printf("\t\t\t *    2.添加学生信息              * \n");
        printf("\t\t\t *    3.显示学生信息              * \n");
        printf("\t\t\t *    4.按姓名查询学生信息        * \n");
        printf("\t\t\t *    5.删除学生信息              * \n");
        printf("\t\t\t *    6.统计学生总成绩和平均成绩  * \n");
        printf("\t\t\t *    7.统计学生成绩各分数段人数  * \n");
        printf("\t\t\t *    8.按平均成绩由高到低排名     * \n");
        printf("\t\t\t *    9.保存学生信息              * \n");
        printf("\t\t\t *    0.退出本系统                * \n");
        printf("\t\t\t********************************\n");
}
```

运行结果:

【程序分析】

程序的运行结果与例 5-11 的运行结果相同。

主函数中函数体的第二行：void menu();，是对后面的 menu 函数做声明，即将被调函数的函数头加上分号作为声明语句。如果将 menu 函数的定义提到主函数的前面，则此行可以省略(详见 6.2.3 节函数声明部分)。

主函数中函数体的第五行：menu();为函数调用语句，在此处要调用 menu 函数的功能，相当于把 menu 函数的函数体部分执行一次。

对比例 5-11 和例 6-3，例 6-3 中的主函数结构更为简练、清晰。同理，该程序中可增加多个函数来分别实现录入成绩、计算分数、成绩排序等，在主函数中的适当位置来调用这些函数实现选择菜单后的不同分支，从而使主函数结构更为完善、清晰，提高程序的可读性。

(2) 如果被调函数有返回值，函数调用可以出现在表达式中。例如要计算 4!+8!+9!，结合例 6-1，可在主调函数中书写语句"s=f(4)+f(8)+f(9);"，将计算的结果赋值给变量 s。

【例 6-4】 结合例 6-1，使用函数调用的方法计算 4!+8!+9!

C 程序代码如下：

```
#include<stdio.h>
int main()
{
    long f(int n);                    //在主调函数中对被调函数做声明
    long s;
    s=f(4)+f(8)+f(9);                 //调用计算阶乘的函数,函数调用出现在表达式中
    printf("4!+8!+9!=%ld\n",s);
    return 0;
}
long f(int n)                         //计算阶乘的函数
{
    long t;
    int i;
    for(t=1,i=1;i<=n;i++)
        t*=i;
```

```
        return(t);
}
```

运行结果：

```
4! +8! +9! =403224
Press any key to continue
```

（3）函数调用也可以作为函数的实参。若 f 函数为计算阶乘函数，可以使用语句：printf("%ld",f(9));将 f(9)作为 printf 函数的一个参数输出 9!。

在例 6-4 中可以将主函数改写为：

```
int main()
{   long f(int n);
    printf("4!+8!+9!=%ld\n", f(4)+f(8)+f(9));        //对函数调用
    return 0;
}
```

6.2.3 函数的声明

在一个函数中（主调函数）调用另一个函数（被调函数），根据被调函数的性质及被调函数所在的位置，需要对被调函数进行声明：

（1）如果被调函数是库函数，需要在文件的开头用♯include 指令将库函数所在的头文件加进来。

例如，如果程序中用到了 printf、scanf、putchar、getchar 等函数，需要在文件的开头输入：♯include <stdio.h>指令，将以上输入输出函数相关的信息所在的头文件 stdio.h 包含到本文件中。在 stdio.h 文件中包含了输入输出库函数的声明。

如果程序中用到了 rand 函数（如例 5-3）或者 malloc、calloc、exit 等函数，需要使用♯include<stdlib.h>指令将这些函数所需要的头文件 stdlib.h 包含到程序中，stdlib.h 中包含了 C 语言中标准库函数的定义。

再例如，当程序中用到了 sqrt、sin 等数学库中的函数（如例 5-6），应在文件的开头输入：♯include <math.h>指令，math.h 文件中包含了对数学函数的声明。

（2）如果被调函数是用户自定义的函数，而该函数定义的位置在主调函数的后面，那么应该在主调函数中对被调函数进行声明。如果被调函数的定义出现在主调函数之前，则声明可以省略。

函数声明的主要作用是告知编译器：被调函数有无参数、参数的个数及各参数的类型、函数返回值的类型、函数的名称等信息，以便在调用该函数时系统进行检查。

在前面章节中，已经出现过被调函数是库函数，使用♯include 指令将库函数所在的头文件包含到本文件中来的情况。下面对被调函数为用户自定义的函数时，具体的函数声明方法做进一步的说明。

（1）函数声明的形式 1：

函数类型 被调函数名(形参 1 类型 形参 1,形参 2 类型 形参 2,……,形参 n 类型 形参 n);

括号内给出了形参的类型和形参名，以便于编译系统进行检查。

读者可以发现，这种函数声明形式和函数定义中的第一行（函数头，又称为函数原型）只差一个分号。因此，写函数声明时，可以照写函数原型，再加一个分号，就成了函数的声明，这种声明方式可以减少编写程序时可能出现的错误。如例 6-4 主调函数中"long f(int n);"就是使用函数原型作声明的。

（2）函数声明的形式 2：

函数类型 被调函数名 (形参 1 类型，形参 2 类型，……，形参 n 类型);

函数声明也可以省略形参名，只给出形参类型。

如例 6-4 中的函数声明可以写为：

```
long f(int);          //省略形参名，括号内的信息说明只有一个参数，并且参数的类型为 int 型
```

编译系统只检查参数个数和类型，而不检查参数名。

因此，函数声明中的形参名有没有都无所谓，甚至可以与函数定义中的形参名不同。如例 6-4 中的函数声明可以写为：

```
long f(int a);        //参数名与函数定义首部的参数名不一致，这是合法的
```

注意：本节主要介绍了函数的定义、函数的调用形式及函数的声明，请读者仔细体会三者之间的联系和区别。

① 函数的定义包括定义函数头（需指明函数值类型、函数名、形参个数及其类型）和函数体（由大括号括起来的程序段），函数头后面是没有分号的；

② 函数的调用需要在主调函数中指明被调函数的函数名和实参（如果被调函数是无参函数，则没有实参，函数名后面加一对小括号即可），而实参是不需要加类型说明的；

③ 函数声明只是把函数值类型、函数的名字、形参类型及个数（包括形参顺序）告知编译系统，以便检查，函数声明语句是有分号的，但是没有函数体。

6.3　函数调用过程中的参数传递

根据前面内容的学习，读者已清楚，函数的参数分为两种：形参（形式参数）和实参（实际参数）。其中，形参为定义函数时出现在函数名后面括号中的变量，在整个函数体内都是可以使用的；而实参出现在主调函数的调用语句中。

在发生函数调用时，系统会在实参与形参之间进行数据传递，将主调函数中实参的值传递给被调函数中的形参。

例 6-4 中主函数中包含了语句"s＝f(4)＋f(8)＋f(9);"，在该语句执行时会调用三次 f 函数，分别将实参 4、8 和 9 传递给被调函数中的形参 n。通过函数调用，在主函数和 f 函数之间发生数据传递，主函数将实参传递给 f 函数的形参，使 f 函数中的形参 n 有了确定的数值，并执行 f 函数体中的各语句，计算得到 t，最终将 t 的值作为函数值返回到主函数。由此分别得到 f(4)、f(8)和 f(9)的值，最后进行加法运算得到 s。

下面用例 6-5 详细说明函数调用过程中的参数传递。

【例 6-5】 对输入的两个整数按照由大到小的顺序输出。

【设计思路】

输入两个整数,如果前一个数比后一个数大,则直接输出;如果前一个数比后一个数小,按照要求,应该先将两个数据进行交换再输出。为了说明函数调用过程中的参数传递情况,可以设计一个函数 sort 来实现两个数据由大到小的排序并输出。

C 程序代码如下:

```
#include<stdio.h>
int main()
{
    void sort(int,int);              //对被调函数作声明
    int a,b;
    printf("please enter a and b:");
    scanf("%d,%d",&a,&b);            //输入两个整数
    sort(a,b);                       //调用 sort 函数
    return 0;
}
void sort(int x,int y)               //实现对两个整数进行由大到小的排序并输出
{
    int t;
    if(x<y)
    {
        t=x;
        x=y;
        y=t;
    }
    printf("max=%d,min=%d\n",x,y);
}
```

运行结果:

```
please enter a and b:4,8
max=4,min=8
Press any key to continue
```

【程序分析】

程序中,sort 函数是用户自定义函数,它的功能是对两个整数进行由大到小的排序并输出,该函数有两个形参:x 和 y。需注意,sort 函数的值为 void 类型,只是在执行一个过程,并没有具体的返回值。

程序运行时,先执行 main 函数,设置变量 a 和 b 并为之分配内存单元,输入 a 和 b 的值(现输入为 4 和 8),接着调用 sort 函数,实参为 a 和 b。在函数调用时,系统开始为形参 x 和 y 分配内存单元,之后进行参数传递,按照参数表中各参数的先后顺序将各实参的值传递给各形参,即将实参 a 的值(4)传递给形参 x,将实参 b 的值(8)传递给形参 y,使形参 x 和 y 有了确定的值(x=4,y=8),接着执行 sort 函数的函数体:如果 x<y(4<8 为真),则利用中间变量 t 实现 x 和 y 值的互换(x=8,y=4);最后将 x 和 y 输出。sort 函数执行完成后,释放形参和 t 的内存单元,返回到主函数继续执行主函数中剩下的部分代码。最后主函数运行

结束,整个程序结束,收回主函数中各变量的内存空间。

在函数调用过程中,需要注意几个问题:

(1) 形参只有在函数被调用时才分配内存单元,在调用结束时,立即释放所分配的内存单元。即形参只在被调函数内部有效,函数调用结束后,形参将失效。如例 6-5 中,在函数调用之前,x 和 y 是没有内存单元的;在函数调用完成之后,x 和 y 的内存单元被系统收回。

(2) 实参应有确定的值,可以是常量、变量或者表达式,当然也可以为函数调用的结果。

(3) 实参的个数必须与形参的个数相同,类型相同或者赋值兼容,实参与形参按照参数表中的先后顺序一一对应赋值,实参与形参的名称是否相同对调用传值无影响。如例 6-5 中,可保持 sort 函数不变,将 main 函数改为:

```c
int main()
{
    void sort(int,int);                //对被调函数作声明
    int x,y;
    printf("please enter x and y:");
    scanf("%d,%d",&x,&y);              //输入两个整数
    sort(x,y);                         //调用 sort 函数
    return 0;
}
```

这时主函数中实参 x 和 y 虽然和 sort 函数中形参的名字相同,但各自的作用域不同,各自占用不同的内存单元,必然也不会影响程序执行的结果。

(4) 在发生函数调用时,参数传递是"单向"的,即只能将实参的值传递给形参,而形参的值不会影响到实参,这一参数传递特点称为"值传递"。

为了说明函数调用时参数的"单向"传递,对例 6-5 中的程序稍作修改,将 sort 函数中的输出语句写到 main 函数中,程序代码如下,结果会如何呢?

```c
#include<stdio.h>
int main()
{
    void sort(int,int);
    int a,b;
    printf("please enter a and b:");
    scanf("%d,%d",&a,&b);
    sort(a,b);
    printf("max=%d,min=%d\n",a,b);     //在函数调用之后,输出实参的值
    return 0;
}
void sort(int x,int y)
{
    int t;
    if(x<y)
    {
        t=x;
```

```
        x=y;
        y=t;
    }
}
```

运行结果：

```
please enter a and b:4, 8
max=4, min=8
Press any key to continue
```

【程序分析】

程序运行时，先执行 main 函数，输入 a 和 b 的值（现输入为 4 和 8），接着调用 sort 函数，实参为 a 和 b。在函数调用时，为形参 x 和 y 分配内存单元，并按照参数表中各参数的先后顺序将各实参的值传递给各形参，即将实参 a 的值(4)传递给形参 x，将实参 b 的值(8)传递给形参 y，接着执行 sort 函数的函数体：关系表达式 x<y(4<8)为真，则利用中间变量 t 实现 x 和 y 值的互换，从而使 x 的值变为 8，y 的值变为 4，之后 sort 函数执行结束，释放形参 x 和 y 的内存单元，返回到主函数继续执行余下的代码，输出实参的值，而实参的值并没有改变，a 的值仍为 4，b 的值仍为 8。

注意：在执行一个被调函数时，如果形参的值发生改变，不会影响到主调函数中实参的值，因为实参与形参是不同的存储单元。实参无法得到形参的值。

6.4　函数的嵌套调用和递归调用

函数的嵌套调用和递归调用是 C 语言中常见的函数调用方式，本节将针对这两类函数调用方法和过程作详细介绍。

6.4.1　函数的嵌套调用

C 语言程序可由一个主函数和若干个其他函数构成。所有函数的定义必须是相互平行的、独立的，即一个函数并不从属于另一个函数。在定义函数时，一个函数内不能定义另一个函数，也就是说，函数不能嵌套定义。但函数间可以互相调用，主函数可以调用其他函数（而主函数是不能被其他函数调用的），其他函数也可以互相调用，并且同一个函数可以被一个或多个函数调用任意多次。

所谓函数的嵌套调用，就是在调用一个函数的过程中，又调用了另一个函数。例如：

```
int main()
{
    ⋮                          //①部分
    a();
    ⋮                          //②部分
}
void a()
{
```

```
        ⋮                          //③部分
    b();
        ⋮                          //④部分
}

void b()
{
        ⋮
}
```

该程序中,主函数调用了函数 a,而函数 a 又调用函数 b,从而形成了一个两层嵌套,其执行过程是:

(1) 执行主函数中的①部分,接着遇到函数调用语句:a();,程序流程转去 a 函数;

(2) 执行 a 函数中的③部分,接着遇到函数调用语句:b();,程序流程转去 b 函数;

(3) 执行 b 函数,直至 b 函数完成;

(4) 返回到 a 函数中调用 b 函数的位置,继续执行 a 函数中的④部分,直至 a 函数完成;

(5) 返回到主函数中调用 a 函数的位置,继续执行主函数中的②部分,直至主函数完成,整个程序运行完成。

不管是多少层的函数嵌套调用,总是从主调函数开始执行(main 函数为最初的主调函数),遇到调用语句时,程序流程转去被调函数执行,被调函数执行完成后,再转回到其主调函数的调用语句处,继续向下执行其余代码……直至整个 main 函数运行完成。

【例 6-6】　用函数嵌套调用的方法求 4!+8!。

【设计思路】

本题可编写两个函数,一个是用来计算阶乘之和的函数 add,另一个是用来计算阶乘值的函数 f。主函数中直接调用 add 函数计算阶乘之和,而在 add 函数中需要调用函数 f 先计算出各数的阶乘值。

C 程序代码如下:

```c
#include<stdio.h>
int main()
{
    long add(int a,int b);              //在主调函数中对被调函数作声明
    long s;
    s=add(4,8);                         //调用计算阶乘求和的函数求 4!+8!
    printf("4!+8! =%ld\n",s);
    return 0;
}

long add(int a,int b)                   //求阶乘之和:a!+b!
{
    long f(int n);
    long sum;
    sum=f(a)+f(b);                      //求和时调用阶乘函数
```

```
        return(sum);
    }

    long f(int n)                          //计算阶乘的函数
    {
        long t;
        int i;
        for(t=1,i=1;i<=n;i++)
            t*=i;
        return(t);
    }
```

运行结果：

```
4!+8!+=40344
Press any key to continue
```

【程序分析】

程序的具体执行过程如下：

（1）程序从主函数开始执行，在主函数中对被调函数和变量进行声明后，通过语句"s＝add(4,8)；"调用 add 函数，同时将实参 4 和 8 分别传递给 add 函数的形参 a 和 b，之后程序的流程转向 add 函数；

（2）在 add 函数运行过程中，通过语句"sum＝f(a)＋f(b)；"调用函数 f，同时将实参的值 4 和 8 分别传递给 f 函数中的形参 n，之后程序的流程转向 f 函数；

（3）在 f 函数的运行过程中，通过执行函数体语句计算得到阶乘的值 t，之后通过语句"return(t)；"将返回值带回其主调函数 add 中的语句"sum＝f(a)＋f(b)；"处，函数 f 执行结束；

（4）程序的流程转向 add 函数中的语句"sum＝f(a)＋f(b)；"处计算阶乘之和；之后继续执行 add 函数中的余下语句，最后通过语句"return(sum)；"将函数的返回值带回到其主调函数 main 中的语句"s＝add(4,8)；"处，函数 add 执行结束；

（5）程序的流程转向 main 函数中的语句"s＝add(4,8)；"，计算得到阶乘之和 s 后，继续执行 main 函数中的余下部分，最后输出 s 的值，程序运行结束。

6.4.2 函数的递归调用

函数的递归调用，是指在调用一个函数的过程中直接或间接地调用了该函数本身。换言之，就是函数自己调用了自己。

【例 6-7】 用递归方法求 $n!$。

【设计思路】

这是一个典型的可以用递归的方法求解的例子。由 $n!=n\times(n-1)\times(n-2)\times\cdots\times 2\times 1$ 可以得知，$(n-1)!=(n-1)\times(n-2)\times\cdots\times 2\times 1$，由此可得 $n!=n(n-1)!$，如 $4!=4\times 3!$，$3!=3\times 2!$，$2!=2\times 1!$，$1!=1$。可以用下面的公式表示：

$$n!=\begin{cases}1, & n=0,1\\ n(n-1)!, & n>1\end{cases}$$

C程序代码如下：

```
#include <stdio.h>
int main()
  { long f(int n);
    int n;
    printf("请输入一个整数:");
    scanf("%d",&n);
    printf("%d!=%ld\n",n,f(n));
    return 0;
}
long f(int n)
  {
      long t;
      if(n<0)
          printf("n<0,data error!");
      else if(n==0||n==1)          //递归终止的条件,当n为0或1时,直接返回1作为结果
          t=1;
      else  t=f(n-1)*n;
      return(t);
}
```

运行结果：

```
请输入一个整数: 4
4!=24
Press any key to continue
```

【程序分析】

程序执行过程：

(1) 在主函数中,调用 f 函数计算 4!,即 f(4);

(2) 通过执行 f 函数体中的语句"t=f(n-1)*n;"得知 f(4)=f(3)*4,因此要计算 4!,需要继续调用 f 函数计算 3!,即 f(3);

(3) 而 f(3)=f(2)*3,要计算 3!,需要继续调用 f 函数计算 2!,即 f(2);

(4) 而 f(2)=f(1)*2,要计算 2!,需要继续调用 f 函数计算 1!,即 f(1);

(5) 计算 1! 时,通过执行 f 函数体中的语句"t=1;return(t);",直接返回 1 作为 1! 的计算结果,此时递归终止;

(6) 返回到(4)中,利用 f(1)=1,求出 f(2)=f(1)*2=2;

(7) 将 2 作为 f(2)的计算结果直接返回到(3)中,求出 f(3)=f(2)*3=2*3=6;

(8) 将 6 作为 f(3)的计算结果直接返回到(2)中,求出 f(4)=f(3)*4=6*4=24;

(9) 将 24 作为 f(4)的计算结果返回到主函数中,并按照指定的输出格式输出结果。

注意：递归调用实际上是一种函数的自身调用,它通过将一个复杂的、规模较大的问题逐步分解为简单的、更小规模的相似问题来解决问题。

为了避免程序中出现无终止的递归调用,程序中应该包括一个用来结束递归调用的条件,只有在该条件成立时才终止递归调用,可以由 if 语句来控制。如在例 6-7 中,递归调用

终止的条件是 n＝0 或 1,此时直接返回 1,而终止深一层的递归调用。

*【例6-8】 汉诺塔(Hanoi)问题。这是一个必须用递归方法才能解决的典型问题。

有三个柱和 n 个大小各不相同的盘子,开始时,所有盘子以塔状叠放在柱 A 上,要求按一定规则,将柱 A 上的所有盘子移动到柱 B 上,柱 C 为移动缓冲柱。移动规则:

(1) 一次只能移动一个盘子。

(2) 任何时候不能把盘子放在比它小的盘子的上面。

【设计思路】

若只有一个盘子,则直接从 A 移到 B,问题结束;若有 $n(n>1)$ 个盘子,则须经过如下三个步骤:

(1) 按照移动规则,把 A 上面的 $n-1$ 个盘子,移到 C;

(2) 将 A 上仅有的一只盘子(也就是最大的一只)直接移到柱 B 上;

(3) 用第一步所述方法,将 C 柱上的 $n-1$ 个盘子移到 B 柱上,与步骤(1)一样,这一步实际上是由一系列更小的、一次仅移一个盘子的操作组成。

由此可得汉诺塔问题的递归算法:

```
hanoi(n个盘,A→B,缓柱 C)
{
  if(n==1)
    直接从 A 移到 B
  else
  {
    hanoi(n-1个盘,A→C,缓柱 B)
    移动 n 号盘子:A→B
    hanoi(n-1个盘,C→B,缓柱 A)
  }
}
```

C 程序代码如下:

```
#include <stdio.h>
int main()
{
    int disks;
    void hanoi(int,char,char,char);
    printf("Number of disks: ");
    scanf("%d",&disks);
    printf("\n");
    hanoi(disks,'A','B','C');
    return 0;
}
void hanoi(int n,char A,char B,char C)
{
    if(n==1)                         //递归终止的条件
```

```
        {
            printf("%c-->%c\n",A,B);
            return;
        }
        else
        {
            hanoi(n-1,A,C,B);
            printf("%c-->%c\n",A,B);
            hanoi(n-1,C,B,A);
        }
    }
```

运行结果：

```
Number of disks: 3

A-->B
A-->C
B-->C
A-->B
C-->A
C-->B
A-->B
Press any key to continue
```

【程序分析】

hanoi 函数共有 4 个参数，从左到右依次代表盘子个数、源柱、目的柱和缓冲柱。当只有 1 个盘子的时候，停止递归，直接移动盘子到目的柱上。而当 n>1 时，将问题规模逐渐缩小，每次减掉一个盘子去调用 honoi 函数，最终将问题转换为最简单的问题，即仅有一个盘子的状态，此时递归终止。

以上对递归函数进行了详细的说明，希望读者能够领会递归函数的实质，在分析复杂的问题时要考虑：怎样将其转化为更简单的问题来解决（能否按照递归方法解决）？ 最简单的问题（即递归终止的条件）是什么？

6.5 变量的作用域和存储类别

6.5.1 变量的作用域

学习本章前部分内容后，读者可以知道，一个程序是可以由多个函数构成的，在各函数的内部可以定义一些变量。那么，每个变量在什么范围内有效？ 在一个函数中定义的变量，在其他函数中可以引用吗？ 如果要使一个变量可以在多个函数范围内有效，又应如何定义该变量呢？ 本节将讨论变量的作用域（即变量的有效范围）问题。

1. 局部变量

在函数内部定义的变量称为局部变量。

局部变量有两种可能的情况：在函数的开头定义或者在函数内的复合语句中定义。根据局部变量定义的位置不同,它们的作用域也是不同的。

在函数开头定义的变量,只能在本函数范围内有效,即只能在本函数中引用它们,而其他任何函数都是不可以引用这些变量的;而在函数内复合语句中定义的变量,只能在本复合语句范围内是有效的,只能在本复合语句内引用它们,在该复合语句之外的任何地方都是不能引用这些变量的。

【例6-9】　分析下面变量的作用域。

```
//定义函数 f1,在函数 f1 中定义局部变量:a,b
void f1()
{ int a,b;          a,b 仅在 f1 函数范围内有效
     ⋮
}
//定义函数 f2,在函数 f2 中定义局部变量:x,y,i,j
int f2(int x,int y)
{ int i,j;          x,y,i,j 仅在 f2 函数范围内有效
     ⋮
}
//定义主函数,在主函数中定义局部变量:m,n,i,k
int main()
{ int m,n,i;
     ⋮
     {int k;         k 仅在该复合语句内有效
         ⋮                                    m,n,i 仅在 main 函数范围内有效
     }
     ⋮
     return 0;
}
```

【程序分析】

在 f1 中定义的变量只在 f1 函数中有效,如变量 a 和 b 在 f2 函数和 main 函数中是不能引用的;f2 中定义的变量只在 f2 函数中有效,其中形式参数 x 和 y 也是局部变量;main 函数中定义的变量 m,n 和 i 只在 main 函数范围内有效;在 main 函数的复合语句中定义的变量 k,仅在该复合语句范围内有效,在复合语句之外的任何地方都是不能引用的。

细心的读者会发现,在 f2 函数和 main 函数中定义了同名的变量 i,会不会冲突呢?这是不冲突的,因为它们在内存中占用了不同的单元。在 f2 函数中引用变量 i 是指 f2 函数中定义的变量 i;在 main 函数中引用变量 i 是指 main 函数中定义的 i,这是两个不同的变量,它们是互不干扰的,这就好比属于不同楼房的两个同名房间号。

2. 全局变量

如果要使变量可以在多个函数内引用,应将该变量设置为全局变量。全局变量是指在函数外部定义的变量。全局变量的有效范围为:从定义变量的位置开始,到本程序所在的源文件结束。

【例6-10】　指出下面程序中的全局变量,并分析其有效范围。

```
float s=0,t=1;          //定义变量:s,t
void f1()               //定义函数 f1
{ int a,b;
    ⋮
}
float p,q;              //定义变量:p,q
int f2(int x,int y)     //定义函数 f2
{ int i,j;
    ⋮
}
int main()              //定义主函数
{ int m,n,i;
    ⋮
    {int k;
        ⋮
    }
    ⋮
    return 0;
}
```

全局变量 p 和 q 的有效范围

全局变量 s 和 t 的有效范围

变量 s、t、p 和 q 均为在函数外部定义的全局变量,它们的有效范围从被定义开始,一直到源文件的末尾。因此,在函数 f1 中可以引用变量 s 和 t,但不能引用 p 和 q;而在 f2 函数和 main 函数中既可以引用 s、t,也可以引用 p 和 q。

由此可见,全局变量可以被多个函数所使用,设置全局变量可以在多个函数之间进行数据传递。上例中,如果在 f1、f2 和 main 函数中的任何一个位置改变了全局变量 s 和 t 的值,当其他函数再次引用 s 和 t 时,s 和 t 的值将是改变之后的值,而不再是 s=0,t=1。

虽然全局变量使函数之间增加了联系通道,但使用过多的全局变量,会降低函数的通用性和程序的清晰性。另外,全局变量在程序执行的整个过程中都占用存储单元,在一定程度上,浪费了存储空间。因此,编写程序时对全局变量的使用要加以限制。

3. 屏蔽效应

学习局部变量时提到:不同函数中定义的局部变量是允许同名的,各自在被定义的函数范围中有效,并占用不同的内存单元,并不会发生冲突。学习了全局变量后,读者自然会想到一个问题,全局变量和局部变量可以使用相同的名字吗?会发生冲突吗?请分析下面的程序。

【例 6-11】 分析下面程序的运行结果。

```
#include<stdio.h>
int p=0,q=1;                    //定义全局变量 p,q
void f1()                       //定义函数 f1
{
    int p=5;                    //定义局部变量 p
    printf("f1 函数中:p=%d,q=%d\n",p,q);
}
int main()                      //定义主函数
{
```

局部变量 p 的作用范围

```
    f1();                               //调用函数 f1
    printf("主函数中:p=%d,q=%d\n",p,q);
    return 0;
}
```

程序的运行结果:

```
f1函数中: p=5,q=1
主函数中: p=0,q=1
Press any key to continue
```

【程序分析】

程序中定义了两个全局变量:p 和 q,它们的有效范围是程序的全程;在函数 f1 中定义了一个与全局变量同名的局部变量 p,它的作用范围为 f1 函数。通过程序的运行结果来看,通过主函数调用 f1 函数,在 f1 函数中输出的 p 为局部变量 p(值为 5),输出的 q 为全局变量 q(值为 1);而在主函数中输出的 p 和 q 均为全局变量 p 和 q(p=0,q=1)。由此可见,全局变量 p 在函数 f1 范围内是不起作用的,相当于在函数 f1 范围内,全局变量 p 被局部变量 p 所屏蔽,而全局变量 q 在函数 f1 范围内是有效的。在主函数中,全局变量 p 和全局变量 q 是有效的。

C 语言规定,凡是在局部变量的作用范围内,与其同名的全局变量不起作用。即在局部变量的作用范围内,局部变量是有效的,与其同名的全局变量会被屏蔽。

6.5.2　变量的存储类别

在 C 语言中,变量和函数都有两个属性:数据类型和存储类别。其中数据类型(整型、浮点型、字符型等)规定了变量能存储哪一类数据,不同类型的数据在内存中分配得到的存储单元长度是不同的;变量的存储类别则规定了数据在内存中的存储方式,这决定了变量的生存期,即何时为变量分配内存使变量"产生",又何时释放变量的内存空间使变量"灭亡"。因此,声明变量的一般形式为:

存储类别 数据类型 变量名表;

其中,C 语言中变量的存储类别有四种:auto、static、register 和 extern,下面分别作介绍。

1. auto 型变量

auto 变量称为自动变量。函数中的局部变量,如果没有专门声明存储类别,系统将其默认为 auto 型变量,如前面小节中定义的所有局部变量(包括形参、函数体及复合语句中定义的局部变量),都被默认成 auto 型变量。auto 型变量在函数调用开始时为其分配存储空间,函数结束时释放存储空间,即 auto 型变量随函数的调用而产生,随函数的执行结束而灭亡。如果在一个程序的执行过程中需要多次调用同一函数,那么被调函数中的 auto 型变量将多次被分配存储空间,并多次释放存储空间,这种分配和释放是动态的,每次分配给 auto 变量的存储空间地址可能不相同。

auto 型变量的定义形式为:

auto 数据类型 变量名列表;

例如:

```
auto int a;                          //a 为自动变量
```

如果没有为 auto 型变量赋初值,它的值将是一个不确定的值。

2. static 型变量

因为函数中的局部变量随着函数的调用而产生,随着函数的结束而灭亡,因此,其生存期是有限的,只是程序执行周期的一部分。如果希望延长函数中局部变量的生存期,使之在函数调用结束后不释放存储空间(即不消失),而是继续保留原值(即上一次函数调用结束时的值),可以将其定义为 static 型局部变量,也称为静态局部变量。

static 型变量的定义形式为:

```
static 数据类型 变量名列表;
```

如果将函数中的局部变量定义为 static 型,那么它仅仅在编译时被分配存储空间并赋初值一次,以后再调用函数时不再被重新分配存储空间,而只是保留上次函数调用结束时的值。若没有给 static 型变量赋初值,编译系统会自动赋予其确定的值:为数值型变量自动赋初值为 0,为字符型变量自动赋初值为空('\0')。

另外,虽然 static 型局部变量的生存期与全局变量类似,其并不因为函数的运行结束而消失,而是始终存在,但从作用域的角度上,其仍然为局部变量,只能在定义它的函数范围内引用,其他函数是不能引用它的。

【例 6-12】 利用静态变量计算并输出 1 到 5 的阶乘值。

C 程序代码如下:

```
#include <stdio.h>
int main()
{ long f(int n);
    int i;
    for(i=1;i<=5;i++)
        printf("%d!=%ld\n",i,f(i));
    return 0;
}
long f(int n)
{ static long t=1;
    t=t*n;
    return(t);
}
```

运行结果:

```
1!=1
2!=2
3!=6
4!=24
5!=120
Press any key to continue
```

【程序分析】

f 函数中变量 t 是静态局部变量,在第一次函数调用时被赋值为 1,之后在每次的函数调用中语句"static long t=1;"不再起作用,即不会为变量 t 重新分配存储空间并赋初值,而是使 t 保留上一次函数调用结束时的值。在主函数中第一次调用函数 f 后,返回 t 的值为 1,之后静态变量 t 并不被释放;当主函数第二次调用函数 f 时(t 为上一次函数结束时的值 1,实参为 2),通过语句"t= t * n;"计算 t 的值为 t=1 * 2=2,返回至主函数后,t 的存储空间仍不被释放而被保留为 2;之后,主函数第三次调用函数 f(t 为上一次函数结束时的值 2,实参为 3),通过语句"t= t * n;"计算 t 的值为 t=2 * 3=6;⋯⋯以此类推。在以后每一次调用 f 函数时,t 的值是前一次求阶乘的结果,即 i−1 的阶乘值,因此在第 i 次调用时,通过 t * i 运算即求得 i 的阶乘值。

如果将 f 函数中的语句"static long t=1;"修改为"long t=1;",在每次函数调用时,会重新为 t 分配存储空间并赋值为 1,因此程序的运行结果将变为:

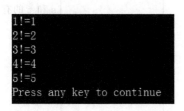

```
1!=1
2!=2
3!=3
4!=4
5!=5
Press any key to continue
```

通过例题分析可以看到,如果需要保留上一次函数调用结束时的值使函数具有"记忆"功能,可以使用 static 型变量;但因为 static 型变量占用内存的时间很长,为节约内存,若非必要,建议尽量少用 static 型变量。

3. register 型变量

一般,变量的值是存放在内存中的,当用到哪个变量时,才由控制器将其值送入运算器中。由于对寄存器的访问速度要高于对内存的访问速度,为了提高程序的执行效率,减少对内存的存取时间,可以将频繁使用的变量定义为 register 型,将其直接存储到寄存器中,定义格式为:

register 数据类型 变量名列表;

现代编译器能自动优化程序,可以自动将频繁使用的变量放在寄存器中,而不需要程序设计者的指定,所以一般无需特别声明变量为 register 型。

4. extern 型变量

外部变量是在函数之外定义的全局变量。外部变量的生存期存在于整个程序的运行过程,在程序运行期间分配固定的存储单元。编译程序自动将没有初始化的外部变量设为 0。

在 6.5.1 节中提到,全局变量的作用域是从它的定义点开始,一直到本文件的末尾。如果想在定义点之前或者在其他文件中引用这些外部变量,可以在引用之前使用关键字 extern 对其进行声明。声明格式为:

extern 数据类型 变量名列表;

或者

extern 变量名列表;

使用 extern 声明外部变量时,类型名可以写也可以不写,因为它不是定义变量,只是声明将该外部变量的作用域扩展到此位置。进行外部变量声明后,外部变量的作用域就可以从声明处开始,合法地被引用。

【例 6-13】 用 extern 声明外部变量,扩展该外部变量在本文件内的作用域。

```
float s=0,t=1;        //定义外部变量:s,t
void f1()             //定义函数 f1
{ extern p,q;         //把 p,q 的作用域扩展到从此处开始
  int a,b;
  ⋮
}
float p,q;            //定义外部变量:p,q
int f2(int x,int y)   //定义函数 f2
{ int i,j;
  ⋮
}
int main()            //定义主函数
{ int m,n,i;
  ⋮
  {int k;
  ⋮
  }
  ⋮
  return 0;
}
```

p 和 q 的有效范围

s 和 t 的有效范围

【程序分析】

请读者对比例 6-10 与本例中各全局变量的作用域区别。

如果在 f1 函数中没有语句"extern p,q;"对外部变量作声明,在 f1 函数中是不能使用外部变量 p 和 q 的。在 f1 中使用 extern 对 p 和 q 作声明后,把 p 和 q 的作用域扩展到了 f1 函数中,这样在 f1 函数中就可以合法地使用全局变量 p 和 q 了。

变量 s 和 t 是在所有函数之前定义的,所以它们可以在所有函数中被引用。

因此,可以将外部变量的定义放在引用它的所有函数之前,这样可以避免在函数中加 extern 声明。

例 6-13 中的程序是由一个源程序文件组成的,如果程序由多个源程序文件组成,在一个文件中想引用另一个文件中定义的外部变量,可以在其中一个文件中定义外部变量,在另一个文件中用 extern 对外部变量进行声明,将该外部变量的作用域扩展到其他文件中。

【例 6-14】 将外部变量的作用域扩展到其他文件中。

文件 file1.c:

```
float s=0,t=1;                    //定义外部变量:s,t
void f1()                         //定义函数 f1
{
    int a,b;
```

```
        ⋮
}
float p,q;                          //定义外部变量:p,q
int f2(int x,int y)                 //定义函数 f2
{ int i,j;
        ⋮
}
```

文件 file2.c：

```
extern s,t;                 //把在 file1.c 文件中定义的外部变量 s 和 t 的作用域扩展到本文件
int main()                  //定义主函数
{
    void f1();              //函数声明
    int f2(int x,int y);    //函数声明
    int m,n,i;
        ⋮
    m=s+t;                  //在主函数中引用 s 和 t
        ⋮
    return 0;
}
```

【程序分析】

该程序由 file1.c 和 file2.c 两个源文件构成。

file1.c 中定义了外部变量 s、t、p 和 q，还定义了函数 f1 和函数 f2。在函数 f1 中可以引用外部变量 s 和 t，但不能引用 p 和 q。在函数 f2 中既可以引用 s 和 t，也能引用 p 和 q。

file2.c 中包含主函数，文件的开头通过语句"extern s,t;"将变量 s 和 t 的作用域扩展到 file2.c 文件中，主函数可以合法地引用 s 和 t。如果在 file2.c 文件中没有 extern 声明 s 和 t，那么主函数是不能引用 s 和 t 的。

在程序编译的过程中，遇到 extern 时，优先在本文件中找外部变量的定义，如果找不到，就在链接时从其他文件中找外部变量的定义。如果找到了外部变量的定义，才对其作用域进行扩展，否则按出错处理。

如果在程序设计中要限定某些外部变量只能在本文件中引用，而不能被其他文件引用，那么，在定义外部变量时加上关键字 static，使该外部变量成为"静态的外部变量"，从而将该外部变量有效地"保护"起来，不会被其他文件所引用并修改其值。

如果要将上例中的外部变量 s 和 t 限定在只能在 file1.c 中使用，可以将 file1.c 中的语句"float s=0,t=1;"修改为"static float s=0,t=1;"。之后，即使在 file2.c 文件中使用关键字 extern 对 s 和 t 的作用域进行扩展，也是不能够使用 s 和 t 的。

【例 6-15】 将例 6-14 中外部变量 s 和 t 的作用域限制在 file1.c 文件中。

文件 file1.c：

```
static float s=0,t=1;               //定义外部变量:s,t,只能用于本文件
void f1()                           //定义函数 f1
```

```
{
  int a,b;
    ⋮
}
float p,q;                        //定义外部变量:p,q
int f2(int x,int y)               //定义函数 f2
{ int i,j;
    ⋮
}
```

文件 file2.c:

```
extern s,t;                       //本文件仍然不能用 s 和 t
int main()                        //定义主函数
{
  void f1();                      //函数声明
  int f2(int x,int y);            //函数声明
  int m,n,i;
    ⋮
  m=s+t;                          //出错
    ⋮
  return 0;
}
```

注意：用 static 声明全局变量与用 static 声明局部变量的含义是不同的：用 static 声明全局变量,作用是将全局变量的作用域限制在本文件中;而使用 static 声明局部变量,作用是使该局部变量的存储空间在整个程序执行期间不被释放。

6.6　内部函数和外部函数

6.5 节内容讨论了变量的作用域,函数有没有作用域呢? 在一个文件中定义的函数可不可以在其他文件中被调用呢? 根据函数的使用范围,可以将函数分为内部函数和外部函数。

6.6.1　内部函数

如果在一个源文件中定义的函数,只能被本文件中的函数调用,称为内部函数。定义内部函数,只需要在函数头的开始位置加上关键字 static 即可,具体形式为:

```
static 函数类型 函数名(形式参数表)
{
    函数体
}
```

定义一个函数为内部函数后,它的作用域被局限于所在文件中,其他文件是不能调用内部函数的。即使在不同文件中定义了同名的内部函数,它们各自所在的文件不同,作用域不

同,也是互不干扰的。这点很像在不同的函数中可以定义同名的局部变量。

6.6.2 外部函数

如果在一个源文件中定义的函数,允许被其他文件中的函数调用,则此函数是外部函数。定义这类函数的形式为:

extern 函数类型 函数名(形式参数表)
{
    函数体
}

在定义函数时,如果省略 extern,则默认为外部函数。本章所用的所有函数都为外部函数。

定义一个函数为外部函数后,它的作用域可以被扩展到其他源文件中。在需要调用此函数的其他源文件中,需要对此函数的原型作声明,而且在声明时,要加上关键字 extern。

6.7 重点内容小结

重点内容小结如表 6-1 所示。

表 6-1 重点内容小结

知 识 点	内 容	描 述	说 明

C 程序的组成	#include <stdio.h>
	void f1()
	{
	  ⋮
	}
	int f2()
	{
	  ⋮
	}
	int main()
	{
	  ⋮
	}
		一个 C 程序由一个或多个程序模块组成,每一个程序模块作为一个源程序文件;一个源程序文件由一个或多个函数以及其他有关内容(如预处理指令、数据声明与定义等)组成	不管一个程序由多少个函数构成,C 程序的执行总是从主函数开始,并且在主函数中结束整个程序的运行;在主函数中可以调用其他函数,其他函数之间可以相互调用

函数的定义	函数类型 函数名(形式参数表)
	{
	  函数体
	}
		函数类型即为返回值的数据类型;如果函数只是完成特定的操作,而无需运算,那么函数没有具体的返回值,函数类型为 void;形参表的具体格式为:
		数据类型 变量1,数据类型 变量2……数据类型 变量 n
			所有函数都是平行的,即在定义函数时是分别进行的,是互相独立的,一个函数并不从属于另一个函数,即函数不能嵌套定义;注意函数头后面不要加分号

续表

知 识 点	内 容	描 述	说 明
return 语句	return(表达式); 或者 return 表达式;	return 语句写于函数体内,用来将表达式的值(函数的值)返回到主调函数	返回值的类型应该与函数定义头部声明的函数类型一致,如果两者不一致,则以函数头中的函数类型为准自动进行类型转换
函数的调用形式	函数名(实参表列);	menu();	如果被调函数为 void 类型,代表函数无返回值,函数只是完成一定的操作,函数调用将是一条独立的语句
		d=max(a,b);	如果被调函数有返回值时,函数调用可以出现在表达式中
		d=max(max(a,b),c);	函数调用也可以作为函数的实参
函数的声明	函数类型 被调函数名(形参 1 类型 形参 1,形参 2 类型 形参 2,…,形参 n 类型 形参 n); 或者 函数类型 被调函数名(形参 1 类型,形参 2 类型,…,形参 n 类型);	如果被调函数是用户自定义的函数,而该函数的位置在主调函数的后面,那么应该在主调函数中对被调函数进行声明;如果被调函数的定义出现在主调函数之前,则声明可以省略	函数声明的主要作用是告知编译器:被调函数有无参数、参数的个数及各参数的类型、函数返回值的类型、函数的名称等信息,以便在调用该函数时系统进行检查;注意,编译系统并不检查参数名,因此,函数声明中的形参名有没有都无所谓,甚至可以与函数定义中的形参名不同

参数传递	#include<stdio.h>
	void sort(int x,int y)
	{
	  ⋮
	}
	
	int main()
	{
	  int a,b;
	  sort(a,b);
	  ⋮
	}
		在发生函数调用时,系统会在实参与形参之间进行数据传递,将主调函数中实参的值传递给被调函数中的形参;参数传递是"单向"的,即只能将实参的值传递给形参,而形参的值不会影响实参;因此,如果 sort 函数中的 x 和 y 值改变不会影响到 main 函数中的 a 和 b	形参只有在函数被调用时才分配内存单元,在调用结束时,立即释放所分配的内存单元;实参与形参是不同的存储单元,实参无法得到形参的值

知识点	内 容	描 述	说 明

函数的嵌套调用	int main()
	{
	    ⋮
	    a();
	    ⋮
	}
	void a()
	{
	    ⋮
	    b();
	    ⋮
	}
	void b()
	{
	    ⋮
	}
		所谓函数的嵌套调用,就是在调用一个函数的过程中,又调用了另一个函数	不管是多少层的函数嵌套调用,总是从主调函数开始执行(main函数为最初的主调函数),遇到调用语句时,程序流程转去被调函数执行,被调函数执行完成后,再转回到其主调函数的调用语句处,继续向下执行其余代码,直至整个main函数运行完成

函数的递归调用	long f(int n)
	{
	    long t;
	    if(n<0)
	        printf("数据错误");
	    else if(n==0|| n==1)
	        t=1;
	    else t=f(n-1) * n;
	    return(t);
	}
		函数的递归调用,是指在调用一个函数的过程中直接或间接地调用了该函数本身;换言之,就是函数自己调用了自己	函数的递归调用可以将一个复杂的、规模较大的问题逐步分解为简单的、更小规模的相似问题;注意,程序中应该包括一个用来结束递归调用的条件,只有在该条件成立时才终止递归调用(可以由if语句来控制),以避免程序中出现无终止的递归调用

变量的作用域 / 局部变量	void f()
	{
	    int a,b; //a,b为局部变量
	    ⋮
	    {
	        int c; //c为局部变量
	        ⋮
	    }
	    ⋮
	}
		在函数内部定义的变量为局部变量;根据局部变量定义的位置不同,它们的作用域也是不同的:在函数开头定义的变量,只能在本函数范围内有效(如a和b);而在函数内复合语句中定义的变量,只能在本复合语句范围内是有效的(如c)	局部变量存放在内存的动态存储区,在函数调用时动态地分配动态存储空间,函数结束时释放空间

变量的作用域 / 全局变量	int a,b; //a,b为全局变量
	void f()
	{
	    ⋮
	}
	int main()
	{
	    ⋮
	}
		函数外部定义的变量为全局变量;全局变量的有效范围为:从定义变量的位置开始,到本程序所在的源文件结束	全局变量存放在内存的静态存储区,在程序开始执行时为其分配存储区并在程序执行过程中占据固定的存储单元,程序执行完毕时释放

知 识 点		内 容	描 述	说 明
变量的存储类别	auto	auto 数据类型 变量名列表;	auto 变量称为自动变量,函数中的局部变量,如果没有专门声明存储类别,系统将其默认为 auto 型变量;如果没有为 auto 型变量赋初值,它的值将是一个不确定的值	auto 型变量在函数调用开始时为其分配存储空间,函数结束时释放存储空间,即 auto 型变量随函数的调用而产生,随函数的执行结束而灭亡
	static	static 数据类型 变量名列表;	static 型局部变量,也称为静态局部变量,仅仅在编译时被分配存储空间并赋初值一次,以后再调用函数时不再被重新分配存储空间,而只是保留上次函数调用结束时的值;若没有给 static 型变量赋初值,编译系统会自动赋予其确定的值:为数值型变量自动赋初值为 0,为字符型变量自动赋初值为空('\0')	注意,用 static 声明局部变量与用 static 声明全局变量的含义不同:将局部变量定义为 static 型,可以延长函数中局部变量的生存期,使之在函数调用结束后不释放存储空间(即不消失),但并不能因此而扩展其作用域;用 static 声明全局变量,作用是将全局变量的作用域限制在本文件中
	register	register 数据类型 变量名列表;	为了提高程序的执行效率,减少对内存的存取时间,可以将频繁使用的变量定义为 register 型,将其直接存储到寄存器中	现代编译器能自动优化程序,可以自动将频繁使用的变量放在寄存器中,而不需要程序设计者的指定,所以一般无需特别声明变量为 register 型
	extern	extern 数据类型 变量名列表;或者:extern 变量名列表;	全局变量的作用域是从它的定义点开始,一直到本文件的末尾,如果想在定义点之前或者在其他文件中引用这些外部变量,可以在引用之前使用关键字 extern 对其进行声明	使用 extern 声明外部变量时,类型名可以写也可以不写,因为它不是定义变量,只是声明将该外部变量的作用域扩展到此位置;进行外部变量声明后,外部变量的作用域就可以从声明处开始,合法地被引用

内部函数		static 函数类型　函数名(形式参数表)
		{
		　　函数体
		}
			在定义函数时,在函数头的最左端加上关键字 static,可以将函数的作用域限制在本文件中	定义一个函数为内部函数后,它的作用域被局限于所在文件中,其他文件是不能调用内部函数的;即使在不同文件中定义了同名的内部函数,它们各自所在的文件不同,作用域不同,也是互不干扰的

知 识 点	内　　　容	描　　　述	说　　　明
外部函数	extern 函数类型　函数名 （形式参数表） {　　　函数体 }	定义函数时,若在函数头的最左端加上关键字 extern （或者省略 extern）,可以将函数的作用域扩展到其他源文件中	定义一个函数为外部函数后,它的作用域可以被扩展到其他源文件中;在需要调用此函数的其他源文件中,需要对此函数的原型作声明,而且在声明时,要加上关键字 extern

习　　题

一、单选题

1. 以下说法中正确的是(　　　)。

(A) 一个 C 语言函数可以通过 return 语句返回多个值

(B) 所有 C 语言函数都有返回值

(C) 程序中,main 函数必须放在其他函数之后

(D) C 语言程序是由一个或多个函数组成,其中至少有一个主函数

2. 下列函数调用中,不正确的是(　　)。

(A) max(a,b);　　　(B) max(3,a+b);　　(C) max(3,5);　　　(D) int max(a,b);

3. 对下列递归函数:

```
int f(int n)
{
return(n==0)?1: f(n-1)+2;
}
```

函数调用 f(3)的返回值是(　　　)。

(A) 5　　　　　　(B) 6　　　　　　(C) 7　　　　　　(D) 以上均不是

4. 以下说法中正确的是(　　)。

(A) 主函数中定义的变量是全局变量,其作用范围仅限于函数内部

(B) 主函数中定义的变量是全局变量,其作用范围从定义之处到文件结束。

(C) 主函数中定义的变量是局部变量,其作用范围仅限于函数内部

(D) 主函数中定义的变量是局部变量,其作用范围从定义之处到文件结束。

5. 读下面的程序,正确的输出结果是(　　)

```
#include <stdio.h>
static int a=50;
f1(int a)
{
printf("%d,",a+=10);
```

```
}
f2(void)
{
printf("%d,",a+=3);
}
int main()
{
int a=10;
f1(a);
f2();
printf("%d\n",a);
return 0;
}
```

　　(A) 20,23,23　　　(B) 20,13,10　　　(C) 60,63,60　　　(D) 20,53,10

二、填空题

1. 若函数调用语句为 f(a,b,f(a+b,a-b,b)); ,则函数 f 的参数个数是_____。

2. 有以下程序：

```
#include <stdio.h>
int a=5;
void fun(int b)
{ int a=10;
a+=b;
printf("%d",a);
}
int main()
{ int c=20;
fun(c);
a+=c;
printf("%d\n",a);
return 0;
}
```

程序运行后的输出结果是_____。

3. 有以下程序：

```
#include <stdio.h>
void fun(int p)
{ int d=2;
p=d++;
printf("%d",p);}
int main()
{ int a=1;
fun(a);
printf("%d\n",a);
```

```
return 0;
}
```

程序运行后的输出结果是_____。

4. 有以下程序：

```
#include <stdio.h>
void fun(int x)
{ if(x/2>0) fun(x/2);
printf("%d ",x);
}
int main()
{fun(3);
printf("\n");
return 0;
}
```

程序运行后的输出结果是_____。

5. 有以下程序：

```
#include <stdio.h>
int f(int x)
{int y;
if(x==0||x==1) return(3);
y=x*x-f(x-2);
return y;
}
int main()
{int z;
z=f(3);
printf("%d\n",z);
return 0;
}
```

程序运行后的输出结果是_____。

6. 有以下程序：

```
int a, b;
void fun()
{ a=100; b=200; }
int main()
{ int a=5, b=7;
fun();
printf("%d%d \n", a,b);
return 0;
}
```

程序运行后的输出结果是_____。

7. 有以下程序：

```
void fun(int a,int b,int c)
{a=456,b=567,c=678;}
int main()
{ int x=10,y=20,z=30;
  fun(x,y,z);
  printf("%d,%d,%d\n",x,y,z);
  return 0;
}
```

程序运行后的输出结果是_____。

8. 有以下程序：

```
int func(int a,int b)
{ return(a+b);}
int main()
{ int x=2,y=5,z=8,r;
r=func(func(x,y),z);
printf("%d\n",r);
return 0;
}
```

该程序运行后输出的结果是_____。

9. 有以下程序：

```
float f1(float x)
{
int k=2;
k=k*x;
return k;
}
int main()
{
float b=4.3;
printf("%.1f",f1(b));
return 0;
}
```

该程序运行后输出的结果是_____。

*10. 有以下程序：

```
#include <stdio.h>
int fun(int x)
{ static int t=0;
return(t +=x);
}
int main()
```

```
{ int s,i;
for(i=1;i<=5;i++)s=fun(i);
printf("%d\n",s);
return 0;
}
```

程序运行后的输出结果是_____。

三、程序设计题

1. 用递归的方法编程计算 fibonacci 数列：

$$\text{fib}(n) = \begin{cases} 0, & n = 0 \\ 1, & n = 1 \\ \text{fib}(n-1) + \text{fib}(n-2), & n > 1 \end{cases}$$

2. 编写一个函数，它的功能是：根据以下公式计算 s，计算结果作为函数值返回；n 通过形参传入。$s = 1 + 1/(1+2) + 1/(1+2+3) + \cdots + 1/(1+2+3+4+\cdots+n)$。例如，若 n 的值为 11 时，函数的值为 1.833333。

3. 编写一个函数，它的功能是：根据以下公式求 p 的值，结果由函数值带回。m 与 n 为两个正整数且要求 $m > n$。$p = m! / n!(m-n)!$。例如，$m = 12, n = 8$ 时，运行结果为 495.000000。

第 **7** 章

使用数组处理批量数据

【内容导读】

本章主要以学生成绩管理系统中某一个班级学生成绩的表示、平均成绩的求解来引出构造数据类型——数组。本章主要介绍在 C 语言中如何使用数组来处理数据类型相同的批量数据;处理数据排序时用到的排序算法,数据查找时用到的查找算法;最后讲解函数调用时,将某些数组元素、整个数组元素进行参数传递的方法。

【学习目标】

(1) 掌握数组的定义,数组元素的赋值、引用、输入和输出方法;

(2) 掌握字符数组和字符串函数的使用;

(3) 理解与数组有关的排序、查找等常用算法。

7.1　为什么引入数组

前面章节的例题中我们解决的数据量并不大,仅有几个而已,使用的变量按照实际情况设为基本类型:整型、浮点型、字符型便可解决问题。如果要处理学生成绩管理系统中某一个班级的成绩,有 $n(n>10)$ 人,课程有 $m(m>=1)$ 科,要求该班级 n 人某一科的平均成绩怎么解决? 大家会想到:n 个人的成绩累加起来除以 n 就可以了。但程序中怎么保存这 n 个成绩呢? 用 n 个 float 类型的变量:s1,s2,s3,s4,…,sn,假如此时 n 的值很大,有 100 个,甚至 500 个、1000 个,那么定义如此多的变量是不现实的,操作起来会很烦琐,并且也难以有效地进行处理。

大家仔细观察,每个成绩都是 float,数据的类型是相同的,可把这组数据放在一个数据集合中来存储。可否有种数据类型能够表示这个集合,把这 n 个 float 类型的数据都容纳进来呢。为了解决以上问题,构造出一种数据类型——数组,以存储一组数据类型相同的数据,我们将数组称作是一组具有相同数据类型的变量的集合,那么以上的问题便能很轻松地解决了。

以上成绩数据用数值表示即可,但学生的姓名、系名、专业等需要用字符来表示,下面分别讲解数值型数组和字符型数组。

7.2　数值型数组

7.2.1　一维数值数组的定义和初始化

1. 一维数值数组的定义

对上面的问题我们使用数组将 n 个成绩存储起来，并且为该组数据起一个统一的名字：数组名。

定义一维数值数组的一般形式为：

格式：

类型说明符 数组名[常量表达式]；

举例：学生成绩管理系统中，计算机科学与技术专业 15 级 100 人的"C 语言程序设计"成绩就可以这样来标识：

```
float score[100];
```

在该声明语句中，float 代表该数组中每个元素的基本类型都是 float 类型。"[]"的个数表明数组的维数，在此例中，只有一个"[]"，表明该数组 score 是一维数组。"[]"内的数字代表数组元素的个数，即数组的长度。

说明：

(1) 数组名的命名规则应遵循标识符的<u>命名规则</u>。

(2) 数组名后是方括号，而非圆括号。

(3) 定义数组时需要指定数组中元素的个数，方括号中的常量表达式表示元素的个数，即数组长度。

(4) 常量表达式中可以包含常量和符号常量，不能包含变量。

例如：

```
#define  n  10
main()
{int  a[n], b[n+10],c[2+3];
  ⋮
}
```

上面数组 a，b，c 的定义都是合法的，但是"int m＝100；int score[m]；"是不合法的。因为数组在定义时，数组长度是固定的，不能动态定义。

2. 一维数值数组的存储

上例的一维数组 score[100]，在定义时，系统就为其分配一段连续的存储空间，其逻辑存储结构如图 7.1 所示，每个数据元素均是 float 类型，占 4 个字节（visual studio C++ 6.0 环境）。float score[100]，表示数组 score 中有 100 个元素，分别是 score[0]，score[1]，…，score[99]，就相当于定义了 100 个 float 类型变量。

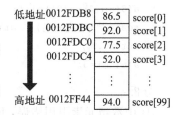

图 7.1　一维数值数组的存储

注意：C语言中的数组下标从0开始，没有score[100]这个元素。

3. 一维数值数组的初始化

数组定义后的初值仍然是随机数，所以一般需要初始化。

① 定义数组时对全部数组元素赋予初值，例如：

```
int a[5]={12,34,56,78,9};
```

② 在对数组元素全部赋初值时，可以不指定数组长度，数组元素个数就是数组的实际长度，上面的初始化可改为：

```
int a[]={12,34,56,78,9};
```

③ 可以只给一部分数组元素赋初值，则后面省略元素值为0：

```
int a[5]={12,34,56};          //只为前面部分元素初始化，则a[3],a[4]的值都是0。
```

④ 要想使数组中全部元素数据为0，则采用如下形式：

```
int a[5]={0};
```

但如果前面的元素为0，后面的元素不为0，则前面元素值0不能省略，例如：

```
int a[5]={0,34,56,78 ,9};或者int a[5]={12,0,56,78,9};
```

4. 一维数值数组元素的引用

格式：

数组名[下标]

说明：

(1) 数组必须先定义，后使用。

(2) 数组元素只能逐个引用，而不能一次引用整个数组。

(3) 数组元素的引用与同类型的一般变量使用方式一样。

下面对数组元素引用正确否？

```
① float score[10];
   printf("%f",score);
② for(j=0;j<10;j++)
   printf("%6f",score[j]);
③ int a[10];
   a[0]=10;   a[2]=a[0]*5;
   a[3]=a[4]=a[0]+a[2];
   scanf("%d",&a[5]);  printf("%d",a[5]);
④ int a[10];
   a[a[0]]=3;                      //注意元素a[0]的值应在0~9之间。
```

分析：

① 中数组元素引用错误，不能对整个数组进行引用。一维数组名有其特有的含义，代表一维数组的首地址。②③④中数组元素引用正确。

【例7-1】　求学生成绩管理系统中计算机科学与技术专业5个学生的C语言程序设计的平均成绩,要求使用数组存放成绩(百分制),并且成绩在定义数组时即全部初始化。

【设计思路】　需要设一个float类型的数组存放5个学生成绩:score[5],还要设置保存成绩总和和平均成绩的变量:sum,aver＝sum/5。数组元素在定义数组时即全部初始化。

C程序代码如下:

```
#include <stdio.h>
int main()
{
    float score[5]={96,85,78,86,54},sum,aver;   //sum表示成绩总和,aver表示平均成绩
    int i;
    for(i=0;i<5;i++)
    {
        sum+=score[i];
    }
    aver=sum/5;
    /*或者采用下面的语句完成平均值的求解。

        aver=(score[0]+score[1]+score[2]+score[3]+score[4])/5;
    */
    printf("5个学生的平均成绩为:%.2f\n",aver);
    return 0;
}
```

运行结果:

```
5个学生的平均成绩为: -21474753.60
Press any key to continue
```

【程序分析】

没有语法错误,但是结果却不对,什么原因呢? 查看用到的变量:数组score、sum、aver,score已经初始化,语句:sum＋＝score[i];中用到了sum的值但sum并没有初始化,aver＝sum/5求得的结果自然不正确。所以,应在使用变量sum之前对其进行初始化:sum＝0。

正确结果为:

```
5个学生的平均成绩为: 79.80
Press any key to continue
```

【例7-2】　同例7-1,要求使用数组存放成绩,并且使用赋值语句完成成绩的初始化。

【设计思路】　在例7-1的基础上,使用变量sum之前对其先初始化为0:sum＝0。数组元素初始化采用赋值语句完成。

C程序代码如下:

```
#include <stdio.h>
int main()
{
    float score[5],sum=0,aver;      //sum表示成绩总和,aver表示平均成绩
    int i;
    score[0]=96;
    score[1]=85;
    score[2]=78;
    score[3]=86;
    score[4]=54;
    for(i=0;i<5;i++)
    {
        sum+=score[i];
    }
    aver=sum/5;
    /*或者采用下面的语句完成平均值的求解。

    aver=(score[0]+score[1]+score[2]+score[3]+score[4])/5;

    */
    printf("5个学生的平均成绩为:%.2f\n",aver);
    return 0;
}
```

运行结果:

```
5个学生的平均成绩为: 79.80
Press any key to continue
```

【例 7-3】 求学生成绩管理系统中计算机科学与技术专业 $n(n\leqslant=40)$ 个学生的"C 语言程序设计"的平均成绩,成绩的初始化采用键盘输入(百分制),n 值由键盘输入,平均成绩保留小数点后两位。

【设计思路】 与例 7-2 不同的是,声明的 float 类型数组存放学生成绩应足够大,能够至少存放 40 人成绩;并且 n 值不确定,是由键盘输入的,所以数组元素的初始化使用 for 循环,在循环体里用 scanf 函数完成。

C 程序代码如下:

```
#include <stdio.h>
int main()
{
    float score[50],sum=0,aver;    //sum表示成绩总和,aver表示平均成绩
    int i,n;
    printf("请输入学生人数:\n");
    scanf("%d",&n);
    printf("请输入%d个学生的成绩:\n",n);
```

```
    for(i=0;i<n;i++)
    {
        scanf("%f",&score[i]);
        sum+=score[i];
    }
    aver=sum/n;
    printf("%d个学生的平均成绩为:%.2f\n",n,aver);
    return 0;
}
```

运行结果：

```
请输入学生人数:
0
请输入0个学生的成绩:
0个学生的平均成绩为: -1.#J
Press any key to continue
```

【程序分析】

当输入 n 值为 0 时，循环不执行，但在 aver＝sum/n 中出现了分母为 0 的情况，结果肯定不正确。这是因为并没有对从键盘输入的 n 值进行判断其有效性。

从键盘获取 n 值后，紧接着判断 n 值的有效性，程序作如下修改：

```
while(n<=0||n>40)
    {
        printf("键盘输入的%d为无效数据,请重新输入!\n",n);
        scanf("%d",&n);
    }
```

运行结果：

```
请输入学生人数(0<n<=40):
0
键盘输入的0为无效数据，请重新输入！
50
键盘输入的50为无效数据，请重新输入！
5
请输入5个学生的成绩:
10
20
30
40
50
5个学生的平均成绩为: 30.00
Press any key to continue
```

那下面的结果又是怎么回事？

```
请输入学生人数(0<n<=40)：
5
请输入5个学生的成绩：
10
-10
20
120
50
5个学生的平均成绩为：38.00
Press any key to continue
```

这是对成绩值的范围没有加以限制，作类似于 n 值相同的处理。

```
for(i=0;i<n;i++)
    {
        scanf("%f",&score[i]);
        while(score[i]<0||score[i]>100)
        {
            printf("键盘输入的成绩%.2f为无效数据,请重新输入!\n",score[i]);
            scanf("%f",&score[i]);
        }
        sum+=score[i];
    }
```

运行结果：

```
请输入学生人数(0<n<=40)：
5
请输入5个学生的成绩：
10
-10
键盘输入的成绩-10.00为无效数据，请重新输入！
120
键盘输入的成绩120.00为无效数据，请重新输入！
100
20
30
40
5个学生的平均成绩为：40.00
Press any key to continue
```

```
请输入学生人数：
5
请输入5个学生的成绩：
89
85
74
65
96
5个学生的平均成绩为：81.80
Press any key to continue
```

在对数组元素初始化时还会经常出现两个问题。

问题1：键盘输入数据个数超过待初始化元素个数。

如果输入数据的个数超过了待输入的数据个数，后面的数据怎么处理呢？为了让结果更容易观察，所以在程序中添加了课程数变量 m，并且等待输入，随之将 m 的值进行输出，观察运行结果。

```c
#include <stdio.h>
int main()
{
    float score[100],sum=0,aver;        //sum 表示成绩总和,aver 表示平均成绩
    int i,n,m;
    printf("请输入学生人数:\n");
    scanf("%d",&n);
    while(n<=0||n>40)
    {
        printf("键盘输入的%d 为无效数据,请重新输入!\n",n);
        scanf("%d",&n);
    }
    printf("请输入%d 个学生的成绩:\n",n);
    for(i=0;i<n;i++)
    {
        scanf("%f",&score[i]);
        while(score[i]<0||score[i]>100)
        {
            printf("键盘输入的成绩%.2f 为无效数据,重新输入!\n",score[i]);
            scanf("%f",&score[i]);
        }
        sum+=score[i];
    }
    printf("请输入课程门数:\n");
    scanf("%d",&m);
    printf("课程门数为:%d\n",m);
    aver=sum/n;
    printf("%d 个学生的平均成绩为:%.2f\n",n,aver);
    return 0;
}
```

运行结果：

```
请输入学生人数:
5
请输入5个学生的成绩:
10 20 30 40 50 60 70
请输入课程门数:
课程门数为: 60
5个学生的平均成绩为: 30.00
Press any key to continue
```

从上图中可以看出，在数组初始化时 60 是被舍弃的。但却将 60 赋值给 m。这是因为

在缓冲区中,60 被赋值给了待初始化的变量 m。

问题 2:对数组元素赋予过多初始值。

以例 7-1 为例,将语句 float score[5]={96,85,78,86,54},sum=0,aver;修改为:float score[5]={96,85,78,86,54,100},sum=0,aver;,则程序在编译时提示如图 7.2 所示的错误。

```
输出
--------------------Configuration: test - Win32 Debug--------------------
Compiling...
1.c
c:\users\6-1001\desktop\test\1.c(4) : error C2078: too many initializers
执行 cl.exe 时出错.

1.obj - 1 error(s), 0 warning(s)

组建 \ 调试 \ 在文件1中查找 \ 在文件2中查找 \ 结果 \ SQL Debugging
```

图 7.2　初始值过多错误

以上错误一般是数组初始化时初始值的个数大于数组长度。数组长度为 5,但初始化了 6 个元素,所以提示对数组赋予了过多初始值。

5. 一维数值数组的应用

【例 7-4】　用数组求 Fibonacci 数列前 20 个数,每输出 5 个数据后换行。

$$F_0 = 1 \quad (n = 0)$$
$$F_1 = 1 \quad (n = 1)$$
$$F_n = F_{n-1} + F_{n-2} \quad (n >= 2)$$

【设计思路】　从第三个数据开始,当前数据都是前两项数据的和,现将该组数据存放在数组 f[20]中,则前两个数据直接初始化为:f[0]=1,f[1]=1,从第三项数据开始:f[2]=f[0]+f[1],则任意的 i>=2,都有 f[i]=f[i-1]+f[i-2]。示意图如图 7.3 所示。

C 程序代码如下:

```c
#include <stdio.h>
int main()
{   int i;
    int f[20]={1,1};
    for(i=2;i<20;i++)
        f[i]=f[i-2]+f[i-1];
    for(i=0;i<20;i++)
    {   if(i%5==0)  printf("\n");    //为使数据排列整齐,每输出 5 个数据后换行
        printf("%12d",f[i]);
    }
    printf("\n");
    return 0;
}
```

图 7.3　例 7-4 数组元素存储示意图

运行结果:

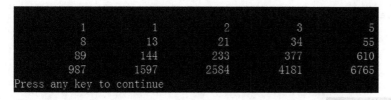

```
        1           1           2           3           5
        8          13          21          34          55
       89         144         233         377         610
      987        1597        2584        4181        6765
Press any key to continue
```

【例 7-5】　用冒泡法对{8,5,4,2,0}5 个数据进行非递减排序。

【设计思路】　排序过程：(1)比较第一个数与第二个数,若为逆序 a[0]>a[1],则交换；然后比较第二个数与第三个数；以此类推,直至第 $n-1$ 个数和第 n 个数比较结束为止——得到第 1 趟冒泡排序结果,最大的数被安置在最后一个元素位置上。第 1 趟排序过程如图 7.4 所示。

(2)对前 $n-1$ 个数进行第 2 趟冒泡排序,结果使前 $n-1$ 个数中最大(n 个数中次大)的数被安置在第 $n-1$ 个元素位置上。

(3)重复上述过程,共经过 $n-1$ 趟冒泡排序后,排序结束。

冒泡排序流程图如图 7.5 所示。

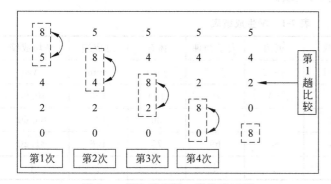

图 7.4　冒泡排序第 1 趟排序过程

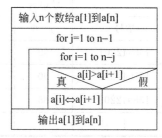

图 7.5　冒泡排序流程图

注意：如果有 n 个数,则要进行 $n-1$ 趟比较。在第 1 趟比较中要进行 $n-1$ 次两两比较,在第 j 趟比较中要进行 $n-j$ 次两两比较。

C 程序代码如下：

```c
#include <stdio.h>
int main()
{   int a[11],i,j,t;                    //将 10 个数据存放在 a[1],a[2],…,a[10]中
    printf("Input 10 numbers:\n");
    for(i=1;i<11;i++)
      scanf("%d",&a[i]);
    printf("\n");
    for(j=1;j<=9;j++)
      for(i=1;i<=10-j;i++)
        if(a[i]>a[i+1])
      {t=a[i]; a[i]=a[i+1]; a[i+1]=t;}
    printf("The sorted numbers:\n");
    for(i=1;i<=10;i++)
```

```
        printf("%d ",a[i]);
return 0;
}
```

运行结果：

```
Input 10 numbers:
7 8 5 4 9 6 3 2 0 1

The sorted numbers:
0 1 2 3 4 5 6 7 8 9
Press any key to continue
```

【例 7-6】 学生成绩管理系统中 1550422 班级，某一学期共有 M 门课程，现在要求某学生本学期的平均成绩怎么解决？

【设计思路】 每行存放的是某一学生每科的成绩，累加后求平均值便是该生的平均成绩。需要注意的是怎样存放平均成绩？可以和成绩单存放在一起，如表 7-1 所示；也可以单独声明两个变量来存放总成绩和平均成绩。

表 7-1 学生成绩表

	C 语言	高数	英语	大学物理	体育	总成绩	平均成绩
学号	$j=0$	$j=1$	$j=2$	$j=3$	$j=4$	Sum	Ave
155042201	90	80	60	70	100	400	80.00
155042202	90	85	97	75	86	433	86.60
155042203	85	91	86	69	75	406	81.20
⋮	⋮	⋮	⋮	⋮	⋮	⋮	⋮

C 程序代码如下：

```
#include <stdio.h>
#define M 5                          //共有 M 门课程

int main()
{
    float s[M],Sum=0,Ave;
        int i;
    for(i=0;i<M;i++)
    {
        printf("请输入该学生的%d科成绩:\n",M);
        scanf("%f",&s[i]);
        Sum+=s[i];
    }
        Ave=Sum/M;
        printf("平均成绩为:%7.2f\n",Ave);
        return 0;
}
```

运行结果：

```
请输入该学生的5科成绩:
90
请输入该学生的5科成绩:
80
请输入该学生的5科成绩:
60
请输入该学生的5科成绩:
70
请输入该学生的5科成绩:
100
平均成绩为:    80.00
Press any key to continue
```

如果求班级多人的总分和平均分怎么求解呢？这就需要使用二维数组来完成。

7.2.2　二维数值数组的定义和初始化

下面继续以学生成绩管理系统中的学生成绩为例，如果要求 n 个学生 m 科的每人、每科平均成绩，这些数据又该怎么存储呢？

根据前一节内容，可以将每一个学生的 m 科成绩用一个数组来存储：float s[m]，那么 n 个人需要设置 n 个数组来存储，如图 7.6 所示。假如 $n=5$ 或 $n=10$ 都可以接受，假如为 50，100，500，1000 呢，操作起来会很繁琐。所以如能有一个数组把这 n 个人的 m 科成绩存储到一起，在操作的时候找到这个学生的同时，该学生的 m 科成绩也能找到，这样显然操作效率能够大大提高。我们可以把这 n 个数组合并为一个数组，如图 7.7 所示，将这样的数组称作二维数组，为了操作方便，将 n 行 m 列的二维数组写作：s[n][m]。

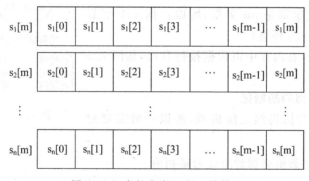

图 7.6　n 个长度为 m 的一维数组

1. 二维数值数组的定义

定义二维数值数组的一般形式为：

格式：

类型说明符 数组名[常量表达式 1] [常量表达式 2]；

举例：学生成绩管理系统中，计算机科学与技术专业 15 级 10 人 5 门课的成绩就可以这样来标识：

```
float s[10][5];
```

$s_1[m]$	$s_1[0]$	$s_1[1]$	$s_1[2]$	$s_1[3]$	$\cdots$	$s_1[m-1]$	$s_1[m]$
$s_2[m]$	$s_2[0]$	$s_2[1]$	$s_2[2]$	$s_2[3]$	$\cdots$	$s_2[m-1]$	$s_2[m]$
$\vdots$	$\vdots$	$\vdots$	$\vdots$	$\vdots$		$\vdots$	$\vdots$
$s_n[m]$	$s_n[0]$	$s_n[1]$	$s_n[2]$	$s_n[3]$	$\cdots$	$s_n[m-1]$	$s_n[m]$

图 7.7　n 行 m 列的二维数组

说明：二维数值数组定义依然也遵循一维数值数组元素定义中的第 $1,2,3,4$ 条。

思考：有了二维数组的基础，那么多维数组如何定义呢？

例如：三维数组定义：int c[3][2][4]；

n 维数组用 n 个下标来确定各元素在数组中的顺序。

注意：多维数组元素在内存中的排列顺序：第一维的下标变化最慢，最右边的下标变化最快。

$n \geqslant 3$ 时，n 维数组无法在平面上表示其各元素的位置。

2. 二维数值数组的存储

大家要注意我们是为了解决问题，将数据设为二维，但内存的实际存储是一维的，所以将二维数组数据存到内存中时应按一维存储。按行序优先：先顺序存放第一行的元素，再存放第二行的元素……例如 int a[3][2]；数组 a 的表示和在内存中的存储如图 7.8 所示，每个元素都是 int 类型，所以占据 4 个字节（visual studio C++ 6.0 环境）。

三维数组的存放在内存中也依据按行存储，如图 7.9 所示。

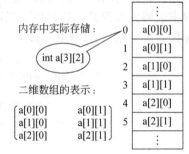

3. 二维数值数组的初始化

数组定义后的初值仍然是随机数，所以一般需要初始化。

图 7.8　二维数组的存储

（1）分行给二维数组全部数组元素赋初值。

int a[2][3]={{1,2,3},{4,5,6}}；则数组 a 的逻辑存放结构如下。

数组 a：
$$\begin{matrix} 1 & 2 & 3 \\ 4 & 5 & 6 \end{matrix}$$

（2）在对全部数组元素赋初值时，按数组的排列顺序对各数组元素赋初值。

int b[2][3]={1,2,3,4,5,6}；则数组 b 的逻辑存放结构如下。

数组 b：
$$\begin{matrix} 1 & 2 & 3 \\ 4 & 5 & 6 \end{matrix}$$

（3）可以只给一部分数组元素赋初值。则后面省略元素值为 0：

int c[3][4]={{1},{5},{9}}；则数组 c 的逻辑存放结构如下。

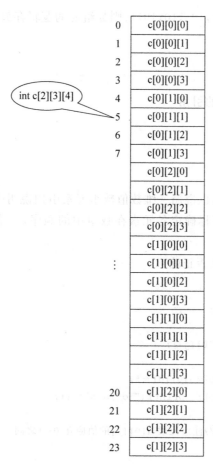

图7.9 三维数组的存储

```
          1  0  0  0
数组 c：5  0  0  0
          9  0  0  0
```

int d[3][4]={{1},{5,6},{0,9,7}};则数组 d 的逻辑存放结构如下。

```
          1  0  0  0
数组 d：5  6  0  0
          0  9  7  0
```

int e[3][4]={{1},{ },{0,9,7}};则数组 e 的逻辑存放结构如下。

```
          1  0  0  0
数组 e：0  0  0  0
          0  9  7  0
```

(4) 在对全部数组元素赋初值时,数组第一维的长度可以不指定。

int f[ ][3]={1,2,3,4,5,6};则数组 f 的逻辑存放结构如下。

```
          1  2  3
数组 f：4  5  6
```

int g[ ][4]={{0,0,3},{0},{0,10}};则数组 g 的逻辑存放结构如下。

```
          0    0    3    0
数组 g：0    0    0    0
          0   10    0    0
```

4. 二维数值数组元素的引用

格式：

数组名[下标 1][下标 2]

说明：

(1) 二维数值数组依然也遵循一维数值数组元素引用说明中的第 1,2,3 条。

(2) 一维数组用一个下标确定各元素在数组中的顺序,二维数组用两个下标确定各元素在数组中的顺序。

下面对数组元素引用是否正确？

```
① float score[10][5];
   printf("%f",score);
② for(j=0;j<10;j++)
   printf("%6f",score[0][j]);
③ int a[10][5];
   a[0][0]=10;   a[2][0]=a[0][0] * 5;
   scanf("%d",&a[5][2]);   printf("%d",a[5][3]);
④ int a[10][5];
   a[a[0][0]][1]=3;   //注意元素 a[0][0]的值应在 0~9 之间。
```

分析：

① 中数组元素引用错误,不能对整个数组进行引用。二维数组名有其特有的含义,代表二维数组的首地址。②③④中数组元素引用正确。

5. 二维数值数组的应用

【例 7-7】 将一个二维数组元素 a[2][3]存到另一个二维数组 b 中。

【设计思路】 将数组 a 中的元素依次拷贝给数组 b,是每个元素逐个相等,要一一拷贝,不能写成 b=a。而且数组 b 的行和列应和数组 a 是相等的,所以数组 b 定义为 b[2][3]。

C 程序代码如下：

```
#include <stdio.h>
int main()
{   int a[2][3]={{1,2,3},{4,5,6}};
    int b[2][3],i,j;
    printf("array a:\n");
    for(i=0;i<=1;i++)
    {   for(j=0;j<=2;j++)
        {   printf("%5d",a[i][j]);
            b[i][j]=a[i][j];
                    //两个数组相等,是每个元素逐个相等,要一一拷贝。不能写成 b=a;
```

```
        }
    }
    printf("\n");
    printf("array b:\n");
    for(i=0;i<=1;i++)
    {   for(j=0;j<=2;j++)
        {   printf("%5d",b[i][j]);
        }

    }
    printf("\n");
    return 0;
}
```

运行结果：

```
array a:
    1    2    3
    4    5    6

array b:
    1    2    3
    4    5    6

Press any key to continue
```

【例7-8】 将一个二维数组元素的行和列元素互换,存到另一个二维数组中。

【设计思路】 需要定义两个数组：数组 a 为 M 行 N 列,则数组 b 为 N 行 M 列,数组 b 元素是由数组 a 元素的行和列互换得到,只要将元素 a[i][j] 存到 b[j][i] 元素中即可：b[j][i]=a[i][j]。

C 程序代码如下：

```
#include <stdio.h>
#define M 2
#define N 3
int main()
{   int a[M][N]={{1,2,3},{4,5,6}};
    int b[N][M],i,j;
    printf("array a:\n");
    for(i=0;i<M;i++)                    //a 数组 M 行
    {   for(j=0;j<N;j++)                //a 数组 N 列
        {   printf("%5d",a[i][j]);
            b[j][i]=a[i][j];            //逐个赋值
        }
        printf("\n");
    }
    printf("array b:\n");
    for(i=0;i<N;i++)                    //b 数组 N 行
    {   for(j=0;j<M;j++)                //b 数组 M 列
        {   printf("%5d",b[i][j]);
```

```
        }
    printf("\n");
    }
    return 0;
}
```

运行结果：

```
array a:
    1        2        3
    4        5        6
array b:
    1        4
    2        5
    3        6
Press any key to continue
```

【例 7-9】 查找班级中某一学号学生的所有成绩——采用顺序查找算法完成。

【设计思路】 首先声明一个二维数组存放若干学生的多门课程成绩,再声明一维数组存放对应学生的学号、总成绩、平均分。按学号查找某个学生成绩信息,那么查找的过程怎么完成呢? 顺序查找是按照存储学生信息的先后顺序,第一个学号和待查找学号是否相等,相等表示查找成功,则结束查找,否则继续查找下一个。如果全部学生学号都查找一遍仍没有找到,则查找失败。

顺序查找的优点:不需要对学号进行排序,学号可以是无序的;缺点:查找效率低。

C 程序代码如下:

```c
#include <stdio.h>
#define M 3                              //共有 M 个人
#define N 5                              //共有 N 门课程

int main()
{   float s[M][N],Sum[M]={0},Ave[M];
    int i,j,choice =1;
    long num[M],x;

    for(i=0;i<M;i++)                     //M 人学号的初始化
    {
        printf("input num:\n");
        scanf("%d",&num[i]);

        for(j=0;j<N;j++)                 //M 人 N 门课成绩初始化
        {   printf("请输入该学生的%d 科成绩:\n",N);
            scanf("%f",&s[i][j]);
            Sum[i]+=s[i][j];
        }
        Ave[i]=Sum[i]/N;
    }
    printf("\n");
```

```
for(i=0;i<M;i++)
{
    printf("学号   C语言 高数 英语 大学物理 体育 总成绩 平均成绩 \n");
    printf("%d ",num[i]);
    for(j=0;j<N;j++)
    {
        printf("%8.2f ",s[i][j]);
    }
    printf(" %8.2f  %8.2f \n",Sum[i],Ave[i]);
}
printf("请输入待查找的学号:\n");
scanf("%ld",&x);

for(i=0; i<M; i++)
{
    if(num[i]==x)
    {
        printf("查找成功,该学生的成绩信息为:\n");
        printf("C语言 高数 英语 大学物理 体育 总成绩 平均成绩 \n");
        for(j=0;j<N;j++)
        {
            printf("%8.2f ",s[i][j]);
        }
        printf("%8.2f %8.2f ",Sum[i],Ave[i]);
        break;                          //提前终止循环
    }
}
printf("\n");
if(i>=M)printf("查找失败!\n");

return 0;
}
```

如果想进行多次查找,可使用 do-while() 循环完成,对程序作如下修改:

```
do
{
    printf("请输入待查找的学号:\n");
    scanf("%ld",&x);

    for(i=0; i<M; i++)
    {
        if(num[i]==x)
        {
            printf("查找成功,该学生的成绩信息为:\n");
            printf("C语言 高数 英语 大学物理 体育 总成绩 平均成绩 \n");
            for(j=0;j<N;j++)
            {
```

```
            printf("%8.2f ",s[i][j]);
        }
        printf("%8.2f %8.2f ",Sum[i],Ave[i]);
        break;
    }
}
printf("\n");
if(i>=M)printf("查找失败!\n");
printf("是否继续查找:1继续,0退出\n");
scanf("%d",&choice);
}while(choice);
```

运行结果:

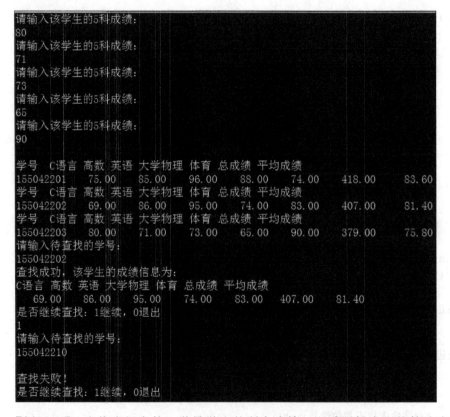

【例7-10】 查找班级中某一学号学生的所有成绩——采用折半查找算法完成。

【设计思路】 同例7-9。为了提高查找效率,可以先对学号进行升序(或降序)排序,然后再采用折半查找算法完成。

折半查找又称二分查找,首先,要求待查找元素按升序排列,将表中间位置记录的关键字与查找关键字比较,如果两者相等,则查找成功;否则利用中间位置记录将表分成前、后两个子表,如果中间位置记录的关键字大于查找关键字,则进一步查找前一子表,否则进一步查找后一子表。重复以上过程,直到找到满足条件的记录,使查找成功,或直到子表中查不到为止,此时查找失败。其优点是比较次数少,查找速度快,平均性能好;其缺点是要求待查表为有序表,且插入删除困难。因此,折半查找方法适用于不经常变动而查找频繁的有序列表。

C 程序代码如下:

```c
#include <stdio.h>
#define M 2                                    //共有 M 个人
#define N 5                                    //共有 N 门课程

int main()
{   float s[M][N],Sum[M]={0},Ave[M],temp;
    int i,j,k,low,high,mid,choice =1,minpos;
    long num[M],x,t;

    for(i=0;i<M;i++)
    {
        printf("input num:\n");
        scanf("%d",&num[i]);

        for(j=0;j<N;j++)
        {   printf("请输入该学生的%d科成绩:\n",N);
            scanf("%f",&s[i][j]);
            Sum[i]+=s[i][j];
        }
        Ave[i]=Sum[i]/N;
    }
    printf("\n");
    for(i=0;i<M;i++)
    {
        printf("学号   C语言 高数 英语 大学物理 体育 总成绩 平均成绩 \n");
        printf("%d ",num[i]);
        for(j=0;j<N;j++)
        {
            printf("%8.2f ",s[i][j]);
        }
        printf(" %8.2f   %8.2f \n",Sum[i],Ave[i]);
    }
    /* 采用选择排序算法,按照学号递增,对学号和成绩进行排序,排序时学号进行交换的同时,该
       学生的各个成绩信息也要同时进行交换 */
    for(i=0;i<M-1;i++)
    {
        minpos=i;
        for(j=i+1;j<M;j++)
        {
            if(num[j]<num[minpos])
                minpos=j;
        }
        if(i!=minpos)
        {
            t=num[i];                           //交换学号
```

```
            num[i]=num[minpos];
            num[minpos]=t;
            for(k=0;k<N;k++)                //交换各个成绩信息
            {
                temp=s[i][k];
                s[i][k]=s[minpos][k];
                s[minpos][k]=temp;
            }
            temp=Sum[i];
            Sum[i]=Sum[minpos];
            Sum[minpos]=temp;
            temp=Ave[i];
            Ave[i]=Ave[minpos];
            Ave[minpos]=temp;

        }
    }


printf("按学号升序排序结果为:\n");
for(i=0;i<M;i++)
{
    printf("学号  C语言 高数 英语 大学物理 体育 总成绩 平均成绩\n");
    printf("%d ",num[i]);
    for(j=0;j<N;j++)
    {
        printf("%8.2f ",s[i][j]);
    }
    printf(" %8.2f   %8.2f \n",Sum[i],Ave[i]);
}
/*采用折半查找算法完成查找*/
do
{
    printf("请输入待查找的学号:\n");
    scanf("%d",&x);

    low=0;
    high=M-1;
    while(low <=high)
    {
        mid = (high+low)/2;
        if(x>num[mid])
          {
             low=mid+1;
          }
        else  if(x<num[mid])
```

```
        {
            high=mid-1;
        }
        else
        {
            printf("查找成功,该学生的成绩信息为:\n");
            printf("C语言 高数 英语 大学物理 体育 总成绩 平均成绩\n");
            for(j=0;j<N;j++)
            {
                printf("%8.2f ",s[mid][j]);
            }
            printf("%8.2f %8.2f ",Sum[mid],Ave[mid]);
            break;

        }
    }
    printf("\n");
    if(low>high)printf("查找失败!\n");
    printf("是否继续查找:1继续,0退出\n");
    scanf("%d",&choice);
    }while(choice);
    return 0;
}
```

运行结果:

```
学号   C语言 高数 英语 大学物理 体育 总成绩 平均成绩
155042210    85.00    96.00   74.00    71.00    70.00     396.00      79.20
学号   C语言 高数 英语 大学物理 体育 总成绩 平均成绩
155042205    76.00    91.00   88.00    77.00    83.00     415.00      83.00
学号   C语言 高数 英语 大学物理 体育 总成绩 平均成绩
155042206    78.00    89.00   91.00    93.00    86.00     437.00      87.40
按学号升序排序结果为:
学号   C语言 高数 英语 大学物理 体育 总成绩 平均成绩
155042205    76.00    91.00   88.00    77.00    83.00     415.00      83.00
学号   C语言 高数 英语 大学物理 体育 总成绩 平均成绩
155042206    78.00    89.00   91.00    93.00    86.00     437.00      87.40
学号   C语言 高数 英语 大学物理 体育 总成绩 平均成绩
155042210    85.00    96.00   74.00    71.00    70.00     396.00      79.20
请输入待查找的学号:
155042201

查找失败!
是否继续查找:1继续,0退出
1
请输入待查找的学号:
155042210
查找成功,该学生的成绩信息为:
C语言 高数 英语 大学物理 体育 总成绩 平均成绩
    85.00    96.00   74.00    71.00    70.00   396.00      79.20
是否继续查找:1继续,0退出
```

7.3 字符数组

7.3.1 一维字符数组的定义和初始化

1. 一维字符数组的定义

格式:

类型说明符 数组名[常量表达式];

其定义与一维数值数组的定义相同。

例如:

```
char  c[5];
```

注意事项与一维数值数组的定义相同,但还需注意:

(1) 如果初值个数大于数组长度,按语法错误处理。

(2) 如果初值个数小于数组长度,只将这些字符赋给前面那些元素,剩余元素自动赋空字符('\0')。

2. 一维字符数组的存储

与一维数值数组的存储相同,在定义时,系统就为其分配一段连续的存储空间。

3. 一维字符数组的初始化

(1) 用字符型数据对数组进行初始化

数组定义的同时即初始化

```
char str[10]={'C','h','i','n','a','\0'};  //字符常量用单引号引起来。
char  c[]={'g','o','o','d'};
```

(2) 因为无字符串变量,所以字符串常量借助于字符数组来存放

```
char str[10]={"China"};也可以省略花括号{},写成
char str[10]="China";
char  c[]="good";
```

注意:在对数组元素全部赋初值时,可以不指定数组长度,数组元素个数+1(字符串结束标识符'\0'占用一个字节)就是数组的实际长度。

4. 一维字符数组元素的引用

与一维数值数组元素的引用相同。

格式:

数组名[下标]

说明:

(1) 数组必须先定义,后使用。

(2) 数组元素只能逐个引用,而不能一次引用整个数组。

(3) 数组元素的引用与同类型的一般变量使用方式一样。

5. 一维字符数组的应用

【例7-11】 编写程序找出字符数组中最大的字符并打印出来。

```
char a[ ]={'s', 'a', 'y', 'h', 'e', 'l', 'l', 'o'};
```

【设计思路】 题目中定义了字符数组 a,并进行了初始化,但并没有明确给出数组中元素个数,在进行求解最大字符的过程中需要知道该值,所以需要自己求出元素个数才能确定比较次数。数组所占存储空间在声明数组时已经确定,每个元素所占存储空间也能确定,所以数组中元素个数=数组的存储空间大小/每个元素的存储空间大小,即元素个数=sizeof(a)/sizeof(a[0])。

C 程序代码如下:

```
#include <stdio.h>
int main()
{
    char ch, a[]={'s', 'a', 'y', 'h', 'e', 'l', 'l', 'o'};
    int i;
    ch=a[0];
    for(i=1; i<sizeof(a)/sizeof(a[0]); ++i){
        if(a[i]>ch){
            ch=a[i];
        }
    }
    printf("%c\n", ch);
    return 0;
}
```

运行结果:

```
y
Press any key to continue
```

7.3.2 一维字符数组的输入和输出

(1) 按字符逐个输入或输出(使用 getchar/putchar 函数)。

```
char str[10];
for(i=0; i<10; i++)
{
getchar(str[i]);
putchar(str[i]);
}
```

(2) 将整个字符串一次输入或输出(在 scanf/printf 函数中使用格式符%s)。

```
char str[10];
scanf("%s",str);                    //不能输入带空格的字符串
printf("%s",str);
```

（3）将整个字符串一次输入或输出（使用 gets/puts 函数）。

```
char str[10];
gets(str);                                    //可以输入带空格的字符串
puts(str);
```

【例 7-12】 从键盘输入一个带空格和不带空格的学生姓名，并以"Hello,学生姓名"的形式显示在屏幕上。

【设计思路】 注意带空格和不带空格的字符串的输入、输出格式。

C 程序代码如下：

```
#include <stdio.h>
#define N 12
int main()
{
    char   name[N];
    printf("Enter the student's name(maximum 12 characters):");
    scanf("%s", name);
    printf("Hello,%s!\n",name);
    return 0;
}
```

运行结果：输入 zhang san 和 zhangsan 后的运行结果

```
Enter the student's name(maximum 12 characters):
zhang san
Hello,zhang!
Press any key to continue
```

```
Enter the student's name(maximum 12 characters):
zhangsan
Hello,zhangsan!
Press any key to continue
```

【程序分析】

以上结果可以看出以"%s"格式不能接收带空格的学生姓名这样的字符串的输入，如果想得到带空格的姓名，可以将语句 scanf("%s", name); 改为 gets(name)，再次输入 zhang san 和 zhangsan 后的运行结果。

```
Enter the student's name(maximum 12 characters):
zhang san
Hello,zhang san!
Press any key to continue
```

```
Enter the student's name(maximum 12 characters):
zhangsan
Hello,zhangsan!
Press any key to continue
```

7.3.3 二维字符数组的定义和初始化

通常将一个字符串存放在一维字符数组中,将多个字符串存放在二维字符数组中。当用二维字符数组存放多个字符串时,数组第一维的长度代表要存储的字符串的个数,可以省略,但是第二维的长度不能省略,应该以最长的字符串长度设定数组第二维的长度。

定义一个二维字符数组和定义一个二维数值数组相同,只是在初始化一个二维字符数组时,注意字符常量的表示形式,用" "引起来。

例如:

```
char name[5][10]={"China", "England"," America", "Finland"," Singapore"};
```

可以写成

```
char name[][10]={"China", "England", "America", "Finland"," Singapore"};
```

但不能写成

```
char name[ ][ ]={"China", "England", "America", "Finland"," Singapore"};
```

因为二维数组是按行存储的,必须知道每一行的长度才能为数组分配存储单元。

数组 name 初始化后的结果如表 7-2 所示。

表 7-2 数组 name 各个元素的存放

C	h	i	n	a	\0	\0	\0	\0	\0
E	n	g	l	a	n	d	\0	\0	\0
A	m	e	r	i	c	a	\0	\0	\0
F	i	n	l	a	n	d	\0	\0	\0
S	i	n	g	a	p	o	r	e	\0

数组 name 的第二维长度声明为 10,表示每行存放的字符串最多有 10 个字符(包含'\0'),如果字符串的长度小于 10,系统将其后剩余的单元自动初始化为'\0'。

问题:C 语言如何让二维字符数组全部被初始化为同一个值?

① C 语言中的字符数组,主要用于存储 C 语言的字符串,因此无论一维、二维,常规的初始化操作是初始化整数 0。比如代码:char a[10][10] = {0};

② 使用 memset 函数,将二维数组当成一维数组处理,进行初始化。

memset()函数,它可以一字节一字节地把整个数组设置为一个指定的值。

memset()函数在 mem.h 头文件中声明,它把数组的起始地址作为其第一个参数,第二个参数是设置数组每个字节的值,第三个参数是数组的长度(字节数,不是元素个数)。

示例如下:

```
#include <stdio.h>
#include <string.h>
```

```
int main()
{
int i,j;
char a[10][10];
memset(a, 'M', sizeof(a));
for(i=0;i<10;i++)
    {
        for(j=0;j<10;j++)
        {
            printf("%3c",a[i][j]);
        }
        printf("\n");
    }
    return 0;
}
```

```
 M  M  M  M  M  M  M  M  M  M
 M  M  M  M  M  M  M  M  M  M
 M  M  M  M  M  M  M  M  M  M
 M  M  M  M  M  M  M  M  M  M
 M  M  M  M  M  M  M  M  M  M
 M  M  M  M  M  M  M  M  M  M
 M  M  M  M  M  M  M  M  M  M
 M  M  M  M  M  M  M  M  M  M
 M  M  M  M  M  M  M  M  M  M
 M  M  M  M  M  M  M  M  M  M
Press any key to continue
```

7.4 字符串处理函数

使用字符串处理函数时,应添加♯include <string. h>。

具体的函数说明如表 7-3 所示。

表 7-3 字符串处理函数

函数功能	函数调用的一般形式	功能描述及其说明
字符串连接	strcat(s1,s2)	功能：将字符串 s2 添加到字符数组 s1 中的字符串的末尾,字符数组 s1 中的字符串结束'\0'被字符串 s2 的第一个字符覆盖,连接后的字符串存放在字符数组 s1 中。 返回：字符数组 s1 的首地址。 说明：字符数组 s1 必须足够大,连接前,两串均以'\0'结束;连接后,串 s1 的'\0'取消,新串最后加'\0'
字符串拷贝	strcpy(s1,s2)	功能：将字符串 s2 复制到字符数组 s1 中。 返回：字符数组 s1 的首地址。 说明：字符数组 s1 必须足够大,复制后,字符数组 s1 最后加'\0'

续表

函数功能	函数调用的一般形式	功能描述及其说明
字符串比较	strcmp(s1,s2)	功能：比较字符串 s1 和字符串 s2 的大小。比较规则：对两串从左向右按照 ASCII 码值的大小逐个字符比较，当出现第一对不相等的字符时或'\0'为止。 返回：返回其 ASCII 码比较的结果值。结果分为三种情况： ① 若字符串 s1< 字符串 s2，函数返回值小于 0； ② 若字符串 s1> 字符串 s2，函数返回值大于 0； ③ 若字符串 s1== 字符串 s2，函数返回值等于 0。 说明：字符串比较不能用"=="，必须用 strcmp
求字符串长度	strlen(字符串)	由函数值返回字符串的实际长度，即不包括'\0'在内的实际字符的个数
大写转小写	strlwr(字符串)	功能：将字符串中的字符大写转换为小写。 返值：返回转换后的小写字符串，其实就是将 str 返回。 说明：strlwr()不会创建一个新字符串返回，而是改变原有字符串
小写转大写	strupr(字符串)	功能：将字符串中的字符小写转换为大写。 返值：返回转换后的大写字符串，其实就是将 str 返回。 说明：strupr()不会创建一个新字符串返回，而是改变原有字符串
"n 族"字符串连接	strncat(s1,s2)	将字符串 s2 的至多前 n 个字符添加到字符串 s1 的末尾，s1 的字符串结束符被 s2 中的第一个字符覆盖
"n 族"字符串拷贝	strncpy(s1,s2)	将字符串 s2 的至多前 n 个字符拷贝到字符数组 s1 中。 s1 足够大
"n 族"字符串比较	strncmp(s1,s2)	该函数功能与 strcmp(s1,s2)函数功能类似。不同之处在于最多比较前 n 个字符的大小

下面详细介绍各个函数。

1. 字符串连接函数 strcat(s1,s2)

实现的核心代码如下：

```
len=strlen(s1);
for(j=len,i=0; s2[i]!='\0';i++,j++)
{
    s1[j]=s2[i];
}
s1[j]='\0';
```

2. 字符串拷贝函数 strcpy(s1,s2)

实现的核心代码如下：

```
int   i=0;                          /*数组下标初始化为 0*/
while(s2[i] !='\0')                 /*若当前取出的字符不是字符串结束标志*/
{
    s1[i]=s2[i];                    /*复制字符*/
    i++;                           /*移动下标*/
```

```
    }
    s1[i]='\0';
```

3. 字符串比较函数 strcmp(s1,s2)

实现的核心代码如下：

```
char s1[20],s2[20];
gets(s1);
gets(s2);
int   i=0;                            /*数组下标初始化为 0*/
while(s1[i] !='\0'&&s2[i] !='\0')     /*若当前取出的字符不是字符串结束标志*/
{
    if(s1[i]>s2[i]){
        printf("字符串 s1 大于字符串 s2\n");
        break;
        }
    else if(s1[i]<s2[i]){
        printf("字符串 s1 小于字符串 s2\n");
        break;
        }
        else i++;                     /*移动下标*/
}
if(s1[i]=='\0')  printf("字符串 s1 小于字符串 s2\n");
else if(s2[i]=='\0')  printf("字符串 s1 大于字符串 s2\n");
    else if(s1[i]=='\0'&& s2[i]=='\0')printf("字符串 s1 等于字符串 s2\n");
```

4. 字符串长度函数 strlen(s)

实现的核心代码如下：

```
char s[]="123456",
int   i=0;                            /*数组下标初始化为 0*/
while(s[i] !='\0')                    /*若当前取出的字符不是字符串结束标志*/
{
    i++;                              /*移动下标*/
}
printf("字符串的长度为%d\n",i);
```

【例 7-13】

```
char str[10]={"China"};
printf("%d", strlen(str));
```

打印结果是 5,6,还是 10?

答案：5

【例 7-14】　对于以下字符串,strlen(s)的值为:

```
(1) char   s[10]={'A','\0','B','C','\0','D'};
(2) char   s[ ]="\t\r\\\0will\n";
```

(3) char s[ ]="\x69\089\n";

答案:1 3 1

分析:

(1) 第二个字符是'\0',计算机在读取数据时,遇到第一个'\0'便认为读到字符串结束处。

(2) 读取到的字符分别为'\t','\r','\\','\0',读到'\0'便认为读到字符串结束处。

(3) 读取到的字符分别为'\x69',在转义字符中 8 进制没有 8 和 9,所以\089 被读取为 '\0','8','9'。

【例 7-15】 strlen 函数的应用。

```
#include<stdio.h>
#include<string.h>
int main()
{
    char str[]="HTTP://WWW.CIDP.EDU.CN";
    len=strlen(str);
    for(i=0; i<len; i++)
        /*用长度控制字符串输出,i<len 还可以使用 str[i]!='\0' 来作为循环控制条件*/
    {
        putchar(str[i]);
    }
    putchar('\n');
    return 0;
}
```

5. 将字符串字符大写转换为小写函数 strlwr(字符串)

格式:

```
strlwr(s);
```

实现的核心代码如下:

```
char s[]="ABbc";
int i=0;
while(s[i]!='\0')
{
    if(s[i]>='A' && s[i]<='Z')
    s[i]+=32;
    i++;
}
printf("字符串为%s\n",s);
```

语句 s[i]+=32; i++;可以合并为 s[i++]+=32。

【例 7-16】 strlwr 函数的应用。

```
#include<stdio.h>
#include<string.h>
```

```
int main(){
    char str[]="HTTP://WWW.CIDP.EDU.CN";
    printf("%s\n", strlwr(str));
    printf("%s\n", str);
    return  0;
}
```

6. 将字符串字符小写转换为大写函数 strupr（字符串）

实现的核心代码如下：

```
char s[]="abc";
int i=0;
while(s[i]!='\0')
{
    if(s[i]>='a' && s[i]<='z')
    s[i]-=32;
    i++;
}
printf("字符串为%s\n",s);
语句 s[i]-=32;    i++;可以合并为 s[i++]-=32;
```

7.5 向函数传递一维数组

如何将数组中的元素向函数进行传递呢？如果传递数组的单个元素怎样进行，传递数组中所有元素又怎样进行？下面讲解这两种形式的参数传递：数组元素和数组名作为函数参数。

7.5.1 用数组元素作函数实参

一维数组中单个元素和基本变量一样，可以作为函数实参，在参数传递时只是将实参的值复制给形参，所以在被调用函数中，只是能够获取传递过来的数组元素的值，实际上是实参的一个拷贝过程，是实参的副本，即便对形参进行修改，但由于形参和实参占用不同的存储空间，所以对形参的修改并没有对实参作任何修改。在例 7-16 中参数传递如图 7.10 所示。

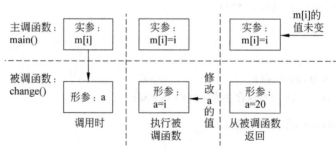

图 7.10 数组元素作函数实参

【例 7-17】 下面程序中采用数组元素作为函数参数进行传递,判断调用 change()函数后的输出结果。

【程序分析】

由于数组元素作为函数参数,所以实参为 m[i],数组 m 有多少个元素,就需要调用多少次 change()函数。

C 程序代码如下:

```c
#include <stdio.h>
void change(int a)
{
    a=20;
}
int main()
{
    int i,m[5];
    for(i=0;i<5;i++)
    {
        m[i]=i;
        change(m[i]);
    }

    for(i=0;i<5;i++)
        printf("%3d\n",m[i]);
    return 0;
}
```

运行结果:

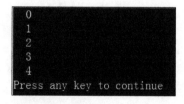

【程序分析】

从运行结果来看,change()函数并没有改变数组 m 中各个元素的值。因为 change()函数修改的是 a 的值,变量 a 和 m[i]分别分配不同的存储单元,所以对形参 a 的修改不会影响实参 m[i]的值。

【例 7-18】 判断一维整型数组 a 中,数组元素为素数的元素,并将其存放在数组 b 中进行输出。采用数组元素作为函数参数进行传递。

C 程序代码如下:

```c
#include <stdio.h>
#include <math.h>
#define N 5
```

```c
int prime(int m)
{
    int i,t=sqrt(m);
    for(i=2;i<=t;i++)                      //变量 i 的初值为 2
    {
        if(m%i==0)
        {
            return 0;
        }

    }
    if(i>t)
        return 1;
}
int main()
{   int a[N],b[N],i,j=0;
    printf("请输入数组 a 的%d 个元素:\n",N);
    for(i=0;i<N;i++)
    {
        scanf("%d",&a[i]);
        if(prime(a[i]))            //prime 函数返回值为真,则 a[i]的值为素数,否则不是素数
        {
            b[j]=a[i];
            j++;
        }
    }
    printf("数组 a 中素数有:\n");
    for(i=0;i<j;i++)
        printf("%4d",b[i]);
    printf("\n");
    return 0;
}
```

运行结果：

```
请输入数组a的5个元素:
2
3
4
5
6
数组a中素数有:
   2   3   5
Press any key to continue
```

【程序分析】

在例 7-18 中,判断数组元素 a[i]是否为素数,是将数组 a 中元素值逐个传递给变量 m,
判断 m 是否为素数,并将真假结果进行返回来完成的。

7.5.2 用数组名作函数实参

接下来我们讲解怎样将整个数组传递给另一个函数,也就是用数组名作函数参数,如图 7.11 所示。此时实参不是数组元素,而是数组的首地址,这样只复制一个地址,自然比复制全部数据效率高。由于形参和实参首地址相同,故实参数组与形参数组占用同一段内存。在被调用函数内,不仅可以读这个数组的元素,还可以修改它们。

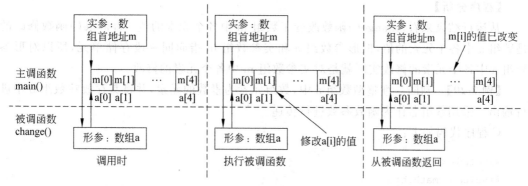

图 7.11 数组名作函数实参

【例 7-19】 下面程序中采用数组名作为函数参数进行传递,判断调用 change()函数后的输出结果。

C 程序代码如下:

```c
#include <stdio.h>
#include <stdio.h>
void change(int a[],int n)
{
    int i;
    for(i=0;i<n;i++)
        a[i]=20;
}
int main()
{
    int i,m[5]={1,2,3,4,5};
    for(i=0;i<5;i++)
    {
        m[i]=i;
    }
    change(m,5);

    for(i=0;i<5;i++)
        printf("%3d\n",m[i]);
    return 0;
}
```

运行结果：

```
20
20
20
20
20
Press any key to continue
```

【程序分析】

从运行结果来看，change()函数改变了数组 m 中各个元素的值。change()函数修改的是数组 a 中各个元素的值，但形参数组 a 和实参数组 m 指向同一段存储单元，所以对形参数组 a 中各个元素的修改实际就是对实参数组 m 中各个元素的修改。

【例 7-20】 判断一维整型数组 a 中，数组元素为素数的元素，并将其存放在数组 b 中进行输出。采用数组名作为函数参数进行传递。

C 程序代码如下：

```c
#include <stdio.h>
#include <math.h>
#define N 5
int prime(int m[],int n[])          //数组 m 与数组 a 首地址相同,数组 n 与数组 b 首地址相同
{
    int i,j,k=0,t;
    for(i=0;i<N;i++)                //循环遍历数组 m 中每一个元素
    {
        t=sqrt(m[i]);
        for(j=2;j<=t;j++)
        {
            if(m[i]%j==0)
                    //测试当前 m[i]元素是否有因子,有因子则不是素数,直接跳出本次循环
            {
                break;
            }
        }
        if(j>t)
        {
            n[k]=m[i];              //将素数存放到数组 n 中,同时也是存放到数组 b 中
            k++;
        }
    }
    return k;
}
int main()
{   int a[N],b[N],i,j=0;
    printf("请输入数组 a 的%d个元素:\n",N);
    for(i=0;i<N;i++)
```

```
    {
        scanf("%d",&a[i]);
    }
    j=prime(a,b);

    printf("数组 a 中素数有:\n");
    for(i=0;i<j;i++)
        printf("%4d",b[i]);
    printf("\n");
    return 0;
}
```

运行结果：

```
请输入数组a的5个元素:
11
12
13
14
15
数组a中素数有:
  11  13
Press any key to continue
```

【例 7-21】 编写函数 fun,其功能是：统计 a～z 26 个小写字母在字符串中共出现的次数。

C 程序代码如下：

```
#include <stdio.h>
#include <string.h>
int fun(char tt[])
{
    int i,pp=0;
    for(i=0;tt[i]!='\0';i++)
    {
        if(tt[i]>='a'&&tt[i]<='z')
            pp++;
    }
    return pp;

}
int main()
{
    char aa[1000];
    int k;
    printf("\nplease enter a char string:");
    scanf("%s",aa);
    k=fun(aa);
```

```
        printf("%3d",k);
        printf("\n");
        return 0;
    }
```

运行结果：

```
please enter a char string:abcdefg 123 hijk
11
Press any key to continue
```

【例 7-22】 编写函数 fun，其功能是：统计 a～z 26 个小写字母在字符串中各自共出现的次数，并依次存放在 pp 所指的数组中。

C 程序代码如下：

```c
#include <stdio.h>
#include <string.h>
void fun(char tt[],int pp[])
{
    int i;
    for(i=0;i<26;i++)
    {
        pp[i]=0;
    }
    for(i=0;tt[i]!='\0';i++)
    {
        if(tt[i]>='a'&&tt[i]<='z')
            pp[tt[i]-'a']++;
    }
}
int main()
{
    char aa[1000];
    int bb[26],k;
    printf("\nplease enter a char string:");
    scanf("%s",aa);
    fun(aa,bb);
    for(k=0;k<26;k++)
    {
        printf("%3d",bb[k]);
    }
    printf("\n");
    return 0;
}
```

运行结果：

```
please enter a char string:
aaa bbb ddd ee zz yy zx
   3 3 0 3 2 0 0 0 0 0 0 0 0 0 0 0 0 0 0 0 0 0 0 0 0 1 2 3
Press any key to continue
```

7.6　向函数传递二维数组

向函数传递二维数组，二维数组元素和二维数组名都可以作为函数参数。二维数组元素作函数实参同普通变量作函数参数一样，属于值的传递，但在实际应用中二维数组元素作为函数实参进行参数传递的情况使用很少，所以在此不作过多讲解，只对二维数组名作函数实参进行详细分析。

用二维数组名作函数实参，同一维数组名作函数实参，传递给形参的是二维数组的首地址。

【例 7-23】 学生成绩管理系统中 1550422 班级 n 人，m 门课程，求该班级每个学生的总分和平均分、每门课程的总分和平均分。表 7-4 为学生成绩表。

表 7-4　学生成绩表

行 \ 列		$j=0$	$j=1$	$j=2$	$j=3$	$j=4$
	学　号	C	ENGLISH	MATH	每人总成绩	每人平均成绩
$i=0$	155042201	90	80	75	245	81.7
$i=1$	155042202	70	89	90	249	83
$i=2$	155042203	96	85	74	255	85
$i=3$	每门课程总成绩	256	254	239		
$i=4$	每门课程平均成绩	85.3	84.7	79.7		

C 程序代码如下：

```c
#include <stdio.h>
#define STUD_N   40                      /*最多学生人数*/
#define COURSE_N 3                       /*考试科目数*/
int   Read(int score[][COURSE_N], long num[]);
void  AverofStud(int score[][COURSE_N], int sum[], float aver[], int n);
void  Print(int score[][COURSE_N], long num[], int sumS[], float averS[], int n);
int main()
{
    int    score[STUD_N][COURSE_N], sumS[STUD_N], n;
    long   num[STUD_N];
    float averS[STUD_N];
    n=ReadScore(score, num);             /*读入学生成绩*/
    AverofStud(score, sumS, averS, n);   /*计算每个学生的总分平均分*/

    Print(score, num, sumS, averS, n);   /*输出学生成绩*/
    return 0;
}
```

```
/* 函数功能:输入学生的学号及其三门课的成绩,当输入负值时,结束输入,返回学生人数 */
int Read(int score[][COURSE_N], long num[])
{
    int i, j, n;
    printf("Input the total number of the students(n<40):");
    scanf("%d", &n);                          /* 输入参加考试的学生人数 */

    for(i=0; i<n; i++)                        /* 对所有学生进行循环 */
    {
        printf("Input student's ID :\n");
        scanf("%ld", &num[i]);                /* 以长整型格式输入每个学生的学号 */
        printf("Input student's score as: C   EN  MATH:\n");
        for(j=0; j<COURSE_N; j++)             /* 对所有课程进行循环 */
        {
            scanf("%d", &score[i][j]);        /* 输入每个学生的各门课成绩 */
        }
    }
    return i;                                 /* 返回学生人数 */
}
/* 函数功能:计算每个学生的总分和平均分 */
void AverofStud(int score[][COURSE_N], int sum[], float aver[], int n)
{
    int   i, j;
    for(i=0; i<n; i++)
    {
        sum[i]=0;
        for(j=0; j<COURSE_N; j++)             /* 对所有课程进行循环 */
        {
            sum[i]=sum[i]+score[i][j];        /* 计算第 i 个学生的总分 */
        }
        aver[i] = (float)sum[i] / COURSE_N;   /* 计算第 i 个学生的平均分 */
    }
}
/* 函数功能:计算每门课程的总分和平均分 */
void  AverofCourse(int score[][COURSE_N], int sum[], float aver[], int n)
{
    int   i, j;
    for(j=0; j<COURSE_N; j++)
    {
        sum[j]=0;
        for(i=0; i<n; i++)                    /* 对所有学生进行循环 */
        {
            sum[j]=sum[j]+score[i][j];        /* 计算第 j 门课程的总分 */
        }
        aver[j] = (float)sum[j] / n;          /* 计算第 j 门课程的平均分 */
    }
}
```

```
/* 函数功能:打印每个学生的学号、各门课成绩、总分和平均分,以及每门课的总分和平均分 */
void  Print(int score[][COURSE_N], long num[], int sumS[], float averS[], int n)
{
    int  i, j;
    printf("Counting Result:\n");
    printf("Student's ID\t  C \t  EN \t  MATH \t SUM \t AVER\n");
    for(i=0; i<n; i++)
    {
        printf("%12ld\t",num[i]);                /* 以长整型格式打印学生的学号 */
        for(j=0; j<COURSE_N; j++)
        {
            printf("%4d\t", score[i][j]);         /* 打印学生的每门课成绩 */
        }
        printf("%4d\t%5.1f\n", sumS[i], averS[i]);      /* 打印学生的总分平均分 */
    }
    printf("\n");
}
```

运行结果:

```
Input the total number of the students(n<40):3
Input student's ID :
1
Input student's score as: C   EN  MATH:
60 70 80
Input student's ID :
2
Input student's score as: C   EN  MATH:
80 90 70
Input student's ID :
3
Input student's score as: C   EN  MATH:
25 85 95
Counting Result:
Student's ID     C       EN      MATH    SUM     AVER
            1    60       70       80      210    70.0
            2    80       90       70      240    80.0
            3    25       85       95      255    85.0

Press any key to continue
```

7.7 重点内容小结

重点内容小结如表 7-5 所示。

表 7-5 重点内容小结

知 识 点	实 例	备 注
1. 数组的定义:基本数据类型 数组名[常量表达式];	float score[50];	下标运算符优先级最高。 数组是一组具有相同类型的变量的集合,它是一种构造数据类型。 方括号内必须是常量

续表

知 识 点	实 例	备 注
2. 二维数组的定义和初始化方法	float score[5][4]; int a[][4]={1,2,3,4,5,6}; 等价于：int a[2][4]= {{1,2,3,4},{5,6}};	二维数组声明时第一维和第二维都不能省略； 但如果声明的同时即对全部元素初始化，则第一维可以省略,但第二维不可以省略
3. 向函数传递一维数组和二维数组		数组名作为函数参数传递的是数组的首地址； 数组元素作为函数参数传递的是元素的值
4. 字符数组的初始化	char s1[]={'a','b','c'};	数组元素全部初始化,数组长度可以省略,元素个数便是数组的长度
5. 字符串的存放	char s1[]="abc";	将字符串存放于数组中,数组的长度如果省略,则长度是字符串中字符的个数+1
6. 常用算法	排序、查找	排序算法介绍了冒泡排序算法,查找算法介绍了顺序查找和折半查找

习　题

一、单选题

1. 以下能正确定义一维数组的选项是＿＿＿＿。（二级考试真题）

　　（A）int num[];

　　（B）♯define N 100
　　　　 int num[N];

　　（C）int num[0..100];

　　（D）int N=100;
　　　　 int num[N];

2. 若有定义语句：int m[]={5,4,3,2,1},i=4;则下面对数组元素的引用中错误的是＿＿＿＿。（二级考试真题）

　　（A）m[－－i]　　　　（B）m[2＊2]　　　　（C）m[m[0]]　　　　（D）m[m[i]]

3. 以下不能对一维数组 a 进行初始化的语句是＿＿＿＿。（二级考试真题）

　　（A）int a[10]={0,0,0,0,0};

　　（B）int a[10]={};

　　（C）int a[]={0};

　　（D）int a[10]={10＊1};

4. 若有以下调用语句,则不正确的 fun 函数的首部是＿＿＿＿。（二级考试真题）

```
main()
{ …
int a[50],n;
…
fun(n, &a[9]);
…
}
```

　　（A）void fun(int m, int x[])

　　（B）void fun(int s, int h[41])

　　（C）void fun(int p, int ＊ s)

　　（D）void fun(int n, int a)

5. 下列定义数组的语句中错误的是_____。（二级考试真题）

    (A) int x[2][3]={1,2,3,4,5,6};

    (B) int x[][3]={0};

    (C) int x[][3]={{1,2,3},{4,5,6}};

    (D) int x[2][3]={{1,2},{3,4},{5,6}};

6. 以下选项中正确的语句组是_____。（二级考试真题）

    (A) char s[5];s={"BOOK!"};   (B) char s[6];s= "BOOK!";

    (C) char s[5]="BOOK!";   (D) char s[6]="BOOK!";

7. 有以下程序：

```
char s1[10]="abcd!",s2[10]="\n123\\";
printf("%d %d\n",strlen(s1),strlen(s2));
return 0;
```

程序运行的结果是_____。

    (A) 10   7   (B) 10 5   (C) 5   5   (D) 5   8

8. 有以下程序：

```
#include <stdio.h>
int main()
{
    char s[]="abcde";
    s+=2;
    printf("%d\n",s[0]);
    return 0;
}
```

程序运行的结果是_____。（二级考试真题）

    (A) 输出字符 c 的 ASCII 码   (B) 程序出错

    (C) 输出字符 c   (D) 输出字符 a 的 ASCII 码

9. 若要求从键盘读入含有空格字符的字符串,应使用函数_____。（二级考试真题）

    (A) getchar();   (B) getc();   (C) gets();   (D) scanf();

10. 下列选项中,能够满足"只有字符串 s1 等于字符串 s2,则执行 ST"要求的是_____。（二级考试真题）

    (A) if(s1-s2==0)ST;   (B) if(s1==s2)ST;

    (C) if(strcpy(s1,s2)) ST;   (D) if(strcmp(s2,s1)==0)ST;

二、读程序写结果

1. 有以下程序：

```
#include <stdio.h>
int main()
{

    int i,s=0,t[]={1,2,3,4,5,6,7,8,9};
```

```
   for(i=0;i<9;i+=2)
       s+=t[i];
   printf("%d\n",s);
   return 0;
}
```

程序运行的结果是_____。

2. 以下程序执行后输出结果是_____。

```
main()
{
  int p[7]={11,13,14,15,16,17,18}, i=0,k=0;
  while(i<7 &&p[i]%2)
 {
  k =k+p[i]; i++;
 }
 printf("%d\n", k);
}
```

3. 以下程序执行后输出结果是_____。

```
main()
{ int a[3][3]={{1,2},{3,4},{5,6} },i,j,s=0;
  for(i=1;i<3;i++)
  for(j=0;j<=i;j++)s+=a[i][j];
  printf("%d\n",s);
}
```

*4. 若有以下程序：

```
#include <stdio.h>
void main()
{
  int a[4][4]={{1,2,-3,-4},{0,-12,-13,14},{-21,23,0,-24},{-31,32,-33,0}};
  int i,j,s=0;
  for(i=0;i<4;i++)
  {
   for(j=0;j<4;j++)
   {
   if(a[i][j]<0)continue;
   if(a[i][j]==0)break;
   s+=a[i][j];
   }
  }
  printf("%d\n",s);
}
```

执行后输出的结果是_____。

5. 有以下程序：

```
#include <stdio.h>
int main()
{
    char s[]="012xy\08s34f4w2";
    int i,n=0;
    for(i=0;s[i]!='\0';i++)
    {
        if(s[i]>='0'&&s[i]<='9')
            n++;
    }
    printf("%d\n",n);
    return 0;
}
```

程序运行的结果是_____。

6. 以下程序执行后输出结果是_____。

```
#include<stdio.h>
main()
{ char w[][10]={"ABCD","EFGH","IJKL","MNOP"},k;
  for(k=1;k<3;k++)printf("%s\n",w[k]);
}
```

三、程序设计题

1. 将一个数组中的值按逆序重新存放。例如，原来顺序为8,6,5,4,1。要求改为1,4,5,6,8。

2. 已有一个从小到大已排好序的数组，今输入一个数，要求按原来排序的规律将它插入数组中。

3. 打印出以下的杨辉三角形(要求打印出10行)。

$i=1$　　1
$i=2$　　1　1
$i=3$　　1　2　1
$i=4$　　1　3　3　1
…　　　　1　4　6　4　1
　　　　1　5　10　10　5　1

4. 打印以下图案：

```
     *
   * * *
 * * * * *
* * * * * * *
```

5. 用数组求Fibonacci数列前20个数。

6. 用冒泡法对{8,5,4,2,0}5个数据进行非递减排序。

第8章

指　针

【内容导读】

指针是 C 语言提供的一种特殊的数据类型,也是 C 语言的一个重要特色。使用指针可以编写出简洁、优质的程序,可以提高程序的编译效率和执行速度。本章从引入指针的含义入手,由浅入深地介绍指针与变量、指针与数组、指针与函数的关系、应用及编程方法。

【学习目标】

(1) 理解指针的含义;

(2) 掌握指针变量定义、初始化及使用;

(3) 掌握指针与数组、指针与字符串的关系;

(4) 掌握指针作为函数参数的方法及参数传递特点;

(5) 了解指针数组的概念及使用;

(6) 了解指向指针的指针变量。

8.1　指针的含义

为了理解指针的含义,我们先来看一下数据在内存中是如何存储的。

假设有如下定义:

```
int x;
```

这里说明 x 是一个整型的变量,它在 Visual C++ 中占用 4 个字节,每个字节存储单元在内存中都有一个唯一的编号,这个编号就是地址,也称为指针。在程序中访问变量时,编译系统按变量名查找其地址,然后对该地址中的内容进行存取(读写)操作。

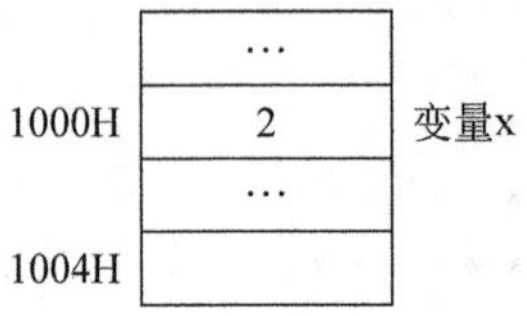

假设该变量 x 被系统分配的内存地址为 1000H、1001H、1002H、1003H,如图 8.1 所示。在程序中一般是通过变量名来引用变量的值,例如:

```
printf("%d\n",x);
```

图 8.1　变量 x 在内存中的存储

实际上,是通过变量名 x 找到存储单元的地址,从而对存储单元进行操作的。程序经过编译以后已经将变量名转换为变量的地址,对变量值的存取都是通过地址进行的。如上面的 printf 语句,是从地址为 1000H~1003H 的存储单元中取出 x 的值 2,然后输出到屏幕上。

这种直接按变量名进行的访问,称为"直接访问"。还有一种方式为"间接访问",是将变量 x 的地址即指针放在另一个变量(假设变量名为 p)中,然后通过该变量 p 找到变量 x 的地址,从而访问 x 变量。这种存放另一个变量地址的变量我们称为指针变量。变量 p 中存放 1000H,p 中的值与 x 变量的地址相同,这时称做变量 p 指向了变量 x。如图 8.2 所示。此时,既可以使用变量名 x 直接访问,也可通过指针变量 p 间接地访问变量 x。先从 p 中取出 x 的地址 1000H,然后到 1000H 开始的存储单元处取出 x 的值 2。

图 8.2　指针变量 p 指向变量 x

如果指针变量 p 指向了变量 x,变量 x 就是变量 p 所指向的对象。变量的指针就是它的地址,是一个常量;而指针变量是指可以存放地址的变量。定义指针的目的,是通过指针来访问该变量的内存单元,指针可以是各种类型变量的地址,包括整型、浮点型、字符型变量的地址,还可以表示数组、数组元素或函数的地址等。

8.2　指针与变量

8.1 节介绍了指针及指针变量的含义,指针的应用体现在指针变量的使用,而指针变量也要遵循先定义后使用的原则。

8.2.1　指针变量的定义

1. 指针变量的定义

指针变量是专门用于存储地址值的变量,它用来指向另一个数据。定义指针变量的一般形式为:

类型标识符　* 指针变量名;

其中,类型标识符代表指针变量要指向的数据的类型,即指针变量的基类型,* 表示定义的是指针变量,指针变量名代表指针变量的名字,需要符合变量标识符的命名原则。通常,一个指针变量只能指向同一种类型的数据,我们不能定义一个指针变量既指向整型数据,又指向双精度数据。

例如:

```
int * p1;        //p1 是一个指针变量,它的值是某个整型变量的地址,或者说 p1 是指向某个
                   整型变量的指针变量
double * p2;     //p2 是一个指针变量,它的值是某个双精度变量的地址
char * p3;       //p3 是一个指针变量,它的值是某个字符变量的地址
```

严格地说,一个指针就是一个地址,是一个常量。而一个指针变量可以赋予不同的地址,是变量。但常把指针变量简称为指针。指针变量的值是指针。为了避免混淆,我们约定,本书中的"指针"指的是地址,"指针变量"指的是取值为地址的变量。

2. 指针变量的初始化

指针变量使用之前不但要定义,而且必须赋予具体的值,没有被初始化或赋值的指针变量是非常危险的。指针变量只能赋予地址,不可赋予其他数据,否则引起错误。在 C 语言中,变量的地址是由编译系统分配的,我们可以用取地址运算符"&"进行取址运算。取变量地址的一般形式为:

&变量名

如"&a"表示取 a 变量的地址。

有以下几种初始化的方式:

(1) 定义指针的同时进行初始化。语法形式如下:

类型标识符 * 指针变量名=地址表达式;

语法的前面仍然是指针变量的定义,这里不再重复说明。这里的"地址表达式"可以是普通变量的地址,可以是已经赋值了的另一个指针变量,也可以是其他地址常量。

例如:

```
int a=1;              //定义了整型变量 a
int * pa=&a;          //定义指针变量 pa,同时将 a 的地址赋值给指针变量 pa,pa 指向变量 a
int * pb=pa;          //定义指针变量 pb,同时将 pa 的值赋给 pb,即 pa 与 pb 同时指向变量 a
```

上面的语句也可合并成一行,如下:

```
int a=1, * pa=&a, * pb=pa;
```

(2) 定义指针变量后利用赋值语句进行初始化,如:

```
int a=1;
int * pa;             //定义指针变量 pa
pa=&a;                //将 a 的地址赋值给指针变量 pa
```

注意:不允许将一个数或变量赋予指针变量,下面的赋值是错误的。

```
int a, * p;
p=1;                  //错误!
p=a;                  //错误!
```

(3) 定义静态或全局的指针变量,若没初始化,其值自动被初始化成 NULL。NULL 为"空"的意思,也就是 0。C语言规定,当指针值为零时,指针不指向任何有效数据,称其为空指针。

8.2.2　指针变量的引用

1. 指针相关的运算符

与指针相关的运算符有两个:

（1）& 运算符

& 运算符称为取地址运算符，其为单目运算符，结合性自右至左，其功能是取变量的地址。在前面的内容"指针变量的初始化"中已介绍过，在此不再赘述。

（2）* 运算符

* 运算符称为指针运算符。其为单目运算符，结合性也是自右至左。其功能是取出指针变量所指向数据的值。用法如下：

* 指针变量名

如：

```
int a=1,b, * pa=&a;    \ * " * pa"表示定义一个指针变量 * \
b= * pa;               \ * " * pa"表示取出指针变量 pa 所指向的变量的值,即变量 a 的值 1 赋予 b * \
```

注意：在定义指针变量时，用符号"*"表示其后面的变量是指针类型，但是作为指针运算符，在表达式中出现时，其后跟的变量必须是已经定义的指针变量，它与指针变量合起来，表示该指针变量所指向的变量。此外，更常见的是，"*"作为乘号出现在表达式中。

2. 指针变量的引用

指针变量的引用有 3 种形式：

（1）写指针变量，即对指针变量进行赋值，如：

```
pa=&a;              //"pa"是指针变量,将普通变量 a 的地址赋值给"pa"
```

指针变量 pa 的值是变量 a 的地址，pa 指向 a。

（2）读指针变量，即引用指针变量的值。如：

```
int * pb=pa;        //定义的指针变量"pb",读出"pa"的值赋予"pb"
```

（3）通过指针运算符 *，读写指针变量指向的变量的值，如：

```
int a=1;
int * pa=&a;
printf("%d", * pa);    //以整数的形式输出指针变量 pa 所指向的变量 a 的值,输出 1
* pa=2;               //将整数 2 赋值给 pa 所指向的变量 a,所以 a 的值变为 2
```

3. 变量的直接与间接访问

前面我们提到过直接与间接访问，有时也称为直接与间接引用。在本章之前所学的访问变量的方式称为直接访问。如语句 a＝a＋1，就是直接访问变量 a 所在存储区域的数据。通过指针变量访问变量的方式，称为间接访问，比如访问 * pa，首先要读指针变量 pa 的值，即 pa 指向变量的地址，然后再通过该地址去读写变量的值。无论是直接访问或者间接访问，所访问的值是相同的，即 * pa 与 a 是等价的。间接访问比直接访问要多花费一些时间，但是间接访问也有好处，就是灵活，指针变量的值可以改变，用来访问不同的数据，这种灵活性可以使得程序员编写简洁高效的程序代码。

【例 8-1】 使用指针变量，通过间接引用输出变量的值。

C 程序代码如下：

```
#include<stdio.h>
```

```
int main()
{
    int a=1,b=2;
    char c='A';
    int * pa=&a, * pb=&b;        //定义指针变量 pa,pb,同时初始化,使 pa 指向变量 a,pb 指向变量 b
    char * pc=&c;                //定义指针变量 pc,同时初始化,使 pc 指向变量 c
    * pa=3;                      //间接访问变量 a,修改 a 的值为 3
    * pb= * pa;                  //间接访问变量 a,b,修改 b 的值与 a 的值相等
    printf("a 的值为%d, a 的地址为%p,pa 的值为%p, * pa 的值为%d\n",a,&a,pa, * pa);
    printf("b 的值为%d, b 的地址为%p,pb 的值为%p, * pb 的值为%d\n",b,&b,pb, * pb);
    printf("c 的值为%c, c 的地址为%p,pc 的值为%p, * pc 的值为%c\n",c,&c,pc, * pc);
    return 0;
}
```

运行结果:

```
a的值为3, a的地址为0018FF44,pa的值为0018FF44,*pa的值为3
b的值为3, b的地址为0018FF40,pb的值为0018FF40,*pb的值为3
c的值为A, c的地址为0018FF3C,pc的值为0018FF3C,*pc的值为A
Press any key to continue
```

【程序分析】

如程序运行结果所示,将该变量 a 的地址值存储到指针变量 pa 中,程序中通过间接引用 * pa,修改指针变量 pa 所指向的变量 a 的值,输出 * pa 的值也是输出 a 的值,这说明我们可以像使用普通变量 a 一样来使用 * pa,即 * pa 与 a 是等价关系,直接使用 a,是直接引用, * pa=3 是间接引用变量 a。程序中输出地址的格式符是％p,这里的地址值是用一个十六进制的无符号数据表示的,其字长一般与主机字长相同。

【例 8-2】 输入 a 和 b 两个整数,按先大后小的顺序输出两个数。

C 程序代码如下:

```
#include<stdio.h>
int main()
{
    int a,b, * pa, * pb,t;
    pa=&a;                       //将 a 的地址赋值给指针变量 pa,pa 指向变量 a
    pb=&b;                       //将 b 的地址赋值给指针变量 pb,pb 指向变量 b
    scanf("%d%d",pa,pb);
                    //从键盘输入两个整数,存入 pa 和 pb 指向的存储区域中,即输入 a,b 的值
    if(a<b)
    {
        t= * pa; * pa= * pb; * pb=t;   //此三句将 pa 指向变量的值与 pb 指向变量的值互换
    }
    printf("从大到小的顺序是:%d %d\n",a,b);
    return 0;
}
```

输入 35 65 后运行结果如下:

```
35 65
从大到小的顺序是：65 35
Press any key to continue
```

【程序分析】

从键盘输入 35 65 后,a 的值为 35,b 的值为 65,a<b 成立,将 pa 指向的变量的值与 pb 指向的变量值互换,即 a 与 b 的值互换,输出结果为 65 35。此例使用了指针变量的间接访问,也可以只互换地址值,即 pa 与 pb 的值,读者可自行尝试编程。

8.3 指针与数组

一个变量有地址,一个数组包含若干个数组元素,每个数组元素在内存中都占用存储单元,它们都有相应的地址。指针变量既然可以指向变量,当然也可以指向数组元素。所谓数组元素的指针就是数组元素的地址,数组的指针是指数组占用的内存单元的起始地址。可以用指针变量指向一维数组,也可以指向多维数组,下面分别讨论。

8.3.1 指针与一维数组

一维数组有多个类型一致的、连续存储的数组元素,我们可以用一个指针变量指向一维数组。

1. 定义指向一维数组元素的指针变量

一维数组的数组名不代表整个数组,只代表数组首元素的地址。定义一个指针变量,将数组的首元素的地址赋予这个指针变量,那么这个指针变量就指向了这个一维数组。例如:

```
int a[5]={0,1,2,3,4 };
int * pa;               //定义了一个指向整型数据的指针变量
pa=a;                   //数组首元素的地址赋予了指针变量 pa
```

"pa=a"将数组名赋予指针变量,指针变量 pa 就指向了这个一维数组,如图 8.3 所示。下面两个语句是等价的。

```
pa=a;                   //pa 的值是数组 a 首元素(即 a[0])的地址
pa=&a[0];               //pa 的值是 a[0]的地址
```

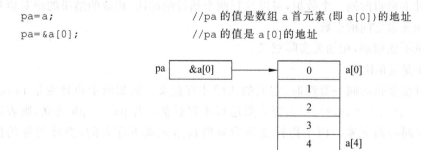

图 8.3 指针变量 pa 指向一维数组 a

可以在定义指针变量时对其初始化,如:

```
int * pa=a;
```

或

```
int * pa=&a[0];
```

2. 指针变量在指向数组元素时的运算

C语言规定,在指针变量指向数组元素时,可以对指针变量进行以下运算:

(1) 指针变量加一个整数(用+或+=),如 pa+1;

如果指针变量 pa 指向数组中的一个元素,则 pa+1 指向数组中的下一个元素,pa+i 是指向数组中的第i个元素,如果 pa 是指向数组首元素,pa+i 就是指向数组元素 a[i],pa+i 的值是数组元素 a[i] 的地址。因为 pa=a,所以 a+1 也指向数组元素 a[1] 的地址,a+i 是数组元素 a[i] 的地址。如图 8.4 所示。

如果 pa 指向数组 a 的首元素,那么 * pa 和 * a 的值与 a[0] 相等,*(pa+1)和 *(a+1)的值与 a[1] 相等,*(pa+i) 和 *(a+i)与 a[i] 的值相等。

(2) 指针变量减一个整数(用−或−=),如 pa-1;

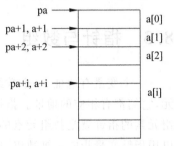

图 8.4 指针变量做加法

与 pa+1 正好相反,pa−1 是表示指向数组中的上一个元素,pa−i 是表示指向数组中的上 i 个元素,前提条件是相减的结果仍然指向数组中的元素。

(3) 自增运算,如 pa++,++pa;

自增运算,如 pa++,相当于 pa=pa+1;pa 的值增加了 1,pa 指向了数组中的下一个元素。

注意:不能对数组名执行自增运算,如 a++,++a 是错误的。因为数组名表示一个常量,常量不能做自增自减运算。

(4) 自减运算,如 pa−−,−−pa;

自减运算,如 pa−−,相当于 pa=pa−1;pa 的值减少了 1,pa 指向了数组中的上一个元素。

(5) 两个指针变量的减法。

如果两个指针变量指向同一个数组,可以执行两个指针的减法,相减的结果的绝对值是两个指针变量指向元素之间的个数。

两个指针变量不能相加,相加无实际意义。

(6) 两个指针变量相比较。

如果两个指针变量指向同一数组时,它们的比较才有意义。例如两个指针变量 pa,pb 指向同一数组,则>、<、>=、<=、==等关系运算才有意义。若 pa==pb 成立,则表示 pa,pb 指向数组中同一的元素。两个指针变量指向的数组元素下标大的,指针变量的值就大。

3. 通过指针变量引用数组元素

根据前面的叙述可知,引用一个数组元素,除了可以用常规的下标法外,还可以用指针变量或数组名来引用数组元素。如 *(a+i)或 *(pa+i),表示引用 a[i],其中 a 是数组名,pa 是指向数组首元素的指针变量。

指向数组元素的指针也可以表示成数组的形式,也就是说,允许指针变量带下标,例如 pa[i] 与 *(pa+i)等价。

【例 8-3】 对数组中的全部元素进行输入输出,用下标引用元素。

C 程序代码如下:

```c
#include<stdio.h>
int main()
{
    int a[10];
    int i;
    printf("请输入数组的 10 个元素的值:");
    for(i=0;i<10;i++)
        scanf("%d",&a[i]);
    printf("数组的 10 个元素的值是:");
    for(i=0;i<10;i++)
        printf("%d ",a[i]);                //用数组下标法引用数组元素
    printf("\n");
    return 0;
}
```

运行结果:

```
请输入数组的10个元素的值: 0 1 2 3 4 5 6 7 8 9
数组的10个元素的值是: 0 1 2 3 4 5 6 7 8 9
Press any key to continue
```

【例 8-4】 对数组中的全部元素进行输入输出,用数组名加整数来引用数组元素。

C 程序代码如下:

```c
#include<stdio.h>
int main()
{
    int a[10];
    int i;
    printf("请输入数组的 10 个元素的值:");
    for(i=0;i<10;i++)
        scanf("%d",a+i);                   //用数组名加元素序号计算元素地址
    printf("数组的 10 个元素的值是:");
    for(i=0;i<10;i++)
        printf("%d ",*(a+i));              //通过元素地址取元素的值
    printf("\n");
    return 0;
}
```

运行结果与例 8-3 相同。

【例 8-5】 对数组中的全部元素进行输入输出,用指针变量引用数组元素。

C 程序代码如下:

```
#include<stdio.h>
int main()
{
    int a[10];
    int * pa;
    printf("请输入数组的 10 个元素的值:");
    for(pa=a;pa<a+10;pa++)
        scanf("%d",pa);                    //指针变量的值为元素的地址
    printf("数组的 10 个元素的值是:");
    for(pa=a;pa<a+10;pa++)
        printf("%d ", * pa);               //通过指向数组元素的指针变量求出元素值
    printf("\n");
    return 0;
}
```

运行结果与例 8-3 相同。

【程序分析】

上面三种方法都可用来访问数组元素,主要有以下不同:

(1)下标法引用数组元素最直观,可以直接看出是第几个元素。

(2)例 8-3 与例 8-4 执行效率是相同的,C 编译系统是将 a[i]转换为 * (a+i)处理的,即先计算元素地址。而例 8-5 使用的是指针 pa++,用指针变量直接指向元素,不必每次都重新计算地址,自加操作是比较快的,所以执行效率要略高于前两个例子。

【例 8-6】 使用指针编程,将一整型数组中存放的数据逆序存放。

C 程序代码如下:

```
#include<stdio.h>
int main()
{
    int a[10]={0,1,2,3,4,5,6,7,8,9},t, * pa, * pb;
    pa=a;                                  //"pa"指向数组首元素 a[0]
    pb=a+9;                                //"pb"指向数组最后一位元素 a[9]
    printf("逆序之前的数组元素是:");
    for(;pa<a+10;pa++)
        printf("%d ", * pa);               //通过指针变量输出数组元素的值
    printf("\n");
    pa=a;                                  //重新将 pa 指向数组首元素
    for(;pa<pb;pa++,pb--)
    {
        t= * pa;
        * pa= * pb;
        * pb=t;                            //三个语句实现前后两个元素的值交换
    }
    printf("逆序之后的数组元素是:");
    for(pa=a;pa<a+10;pa++)
        printf("%d ", * pa);               //通过指针变量输出数组元素的值
    printf("\n");
```

```
    return 0;

}
```

运行结果：

```
逆序之前的数组元素是: 0 1 2 3 4 5 6 7 8 9
逆序之后的数组元素是: 9 8 7 6 5 4 3 2 1 0
Press any key to continue
```

【程序分析】

程序使用两个指针变量 pa 和 pb 分别指向数组的开头和结尾，并使用循环语句进行前后数组元素的值交换。第一次循环时先将 pa 指向的数组元素的值 0 赋予临时变量 t(语句 t＝∗pa;)，然后将 pb 指向的数组元素的值 9 取出赋予 pa 指向的数组元素(语句 ∗pa＝∗pb;)，再将临时变量 t 中的数据赋予 pb 指向的数组元素(语句 ∗pb＝t;)，实现了第一次值的交换。见图 8.5 中的"第一次循环后"。在执行第二次循环语句前先执行循环语句的表达式 3 语句 pa＋＋,pb－－使指针变量 pa 指向下一个元素，使 pb 指向上一个元素。即 pa 指向了 a[1],pb 指向了 a[8]，然后再执行三条语句实现 a[1] 和 a[8] 的值交换。就这样循环一直下去，直到循环条件(pa＜pb)为假时循环结束。在第五次循环后，再次执行 pa＋＋,pb－－,使 pa 指向 a[5],pb 指向 a[4],pa＜pb 不成立，循环结束。

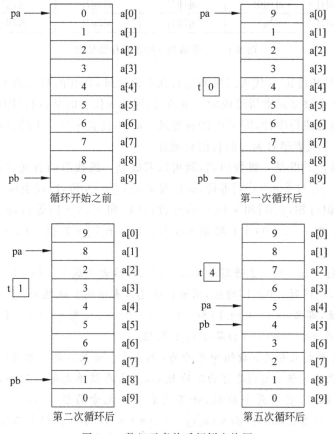

图 8.5 数组元素前后颠倒变换图

8.3.2 指针与二维数组

1. 二维数组的地址

在 C 语言中,可将一个二维数组看成是由若干个一维数组构成的。例如有下面的定义:

```
int a[3][4];
```

其二维数组的逻辑存储结构如图 8.6 所示。由图可知二维数组 a 有三行四列,每一行又是一个一维数组,每一行的行标相同,第 0 行 a[0],第 1 行 a[1],第 2 行 a[2],二维数组 a 可以看成是由这三个元素构成的,即 a[0]、a[1]、a[2],这三个元素既是三个一维数组的名,又是三个一维数的地址。如 a[0]包含 a[0][0]、a[0][1]、a[0][2]、a[0][3]这四个元素,这四个元素的地址是 &a[0][0]、&a[0][1]、&a[0][2]、&a[0][3],同时可以表示成:a[0]、a[0]+1、a[0]+2、a[0]+3。因此,*(a[0]+0)代表元素 a[0][0],*(a[0]+1)代表元素 a[0][1],*(a[0]+2)代表元素 a[0][2],*(a[0]+3)代表元素 a[0][3],那么对应的任何一个二维数组元素 a[i][j],其地址为 &a[i][j]或 a[i]+j,其值为 a[i][j]或 *(a[i]+j)。

	第0列	第1列	第2列	第3列
第0行 a[0]	a[0][0]	a[0][1]	a[0][2]	a[0][3]
第1行 a[1]	a[1][0]	a[1][1]	a[1][2]	a[1][3]
第2行 a[2]	a[2][0]	a[2][1]	a[2][2]	a[2][3]

图 8.6 二维数组 a 的逻辑存储结构

从二维数组的角度讲,a 代表二维数组首元素的地址,现在的首元素不是一个简单的整型元素,而是由 4 个整型元素所组成的一维数组,因此 a 代表的是首行(即序号为 0 的行)首地址,也称为行地址或行指针,即 a[0]的首地址。a+1 代表序号为 1 的行的首地址,即 a[1]的行首地址。a+2 代表序号为 2 的行的首地址。

a[0]、a[1]和 a[2]既是一维数组名,就可以看成是一维数组的首元素的地址,也称为列地址或列指针。a[0]与 &a[0][0]等价,a[1]与 &a[1][0]等价,以此类推。

由前面的知识可知,a[0]和 *(a+0)等价;a[1]和 *(a+1)等价,a[i]和 *(a+i)等价,因此 a[0]+1 和 *(a+0)+1 都是 &a[0][1]。a[1]+2 和 *(a+1)+2 的值都是 &a[1][2]。

注意:不要将 *(a+1)+2 错写成 *(a+1+2),后者变成了 *(a+3)了,相当于 a[3]。

进一步分析,欲得到 a[0][1]的值,用地址法怎么表示呢?既然 a[0]+1 和 *(a+0)+1 是 a[0][1]的地址,那么,*(a[0]+1)和 *(*(a+0)+1))或 *(*a+1)也是 a[0][1]的值。*(a[i]+j)或 *(*(a+i)+j)是 a[i][j]的值。

对于 a[i],从形式上看是 a 数组中序号为 i 的元素。如果 a 是一维数组名,则 a[i]代表 a 数组序号为 i 的元素的值。a[i]是有物理地址的,是占存储单元的。但如果 a 是二维数组,则 a[i]是一维数组名,它只是个地址,并不代表某一元素的值。a,a+i,a[i],*(a+i),*(a+i)+j,a[i]+j 都是地址。而 *(a[i]+j)和 *(*(a+i)+j)都是二维数组元素 a[i][j]的值,见表 8-1。

表 8-1 二维数组 a 的地址

表 示 形 式	含 义
a	二维数组名,指向一维数组 a[0],即 0 行首地址
a[0],＊(a+0),＊a	0 行 0 列元素地址
a+1,&a[1]	1 行首地址
a[1],＊(a+1),&a[1][0]	1 行 0 列元素 a[1][0]的地址
a+i,&a[i]	i 行首地址
a[i],＊(a+i),&a[i][0]	i 行 0 列元素 a[i][0]的地址
a[i]+j,＊(a+i)+j,&a[i][j]	i 行 j 列元素 a[i][j]的地址
＊(a[i]+j),＊(＊(a+i)+j),a[i][j]	i 行 j 列元素 a[i][j]的值

关于二维数组的地址的表示方法总结如下:

(1) a+i 表示第 i 行的首地址,a[i]+j 表示第 i 行第 j 列元素的地址。

(2) 每行首地址与每行 0 列的地址值相等。如 a 的值与 a[0]、＊a 值相同,a+1 的值与 a[1]、＊(a+1)的值相同。它们都是二维数组中地址的不同表示形式。

(3) a[i]、＊(a+i)和 &a[i][0]等价;a[i]+j,＊(a+i)+j 和 &a[i][j]等价。

二维数组中的地址比较复杂,要仔细消化,反复思考。

2. 指向二维数组元素的指针变量

(1) 指向数组元素的指针变量

指向数组元素的指针变量的定义与通过指针访问一维数组的方式相同。如有以下定义:

```
int a[3][4],＊pa=a[0];
```

则 pa+1 指向下一个元素。若用 pa 访问数组元素 a[i][j],其格式为:

```
＊(pa+(i＊4)+j)
```

【例 8-7】 通过指向数组元素的指针变量输出二维数组的全部元素。

第一种方法:

C 程序代码如下:

```
#include<stdio.h>
int main()
{
    int a[3][4]={0,1,2,3,4,5,6,7,8,9,10,11},＊pa=a[0],i,j;
    for(i=0;i<3;i++)
    {
        for(j=0;j<4;j++)
        {
            printf("%2d\t",＊(pa+(i＊4+j)));  //指针值不变,通过下标变化取元素的地址
        }
        printf("\n");
    }
```

```
        return 0;
    }
```

运行结果：

```
0           1           2           3
4           5           6           7
8           9           10          11
Press any key to continue
```

第二种方法：

C程序代码如下：

```
#include<stdio.h>
int main()
{
    int a[3][4]={0,1,2,3,4,5,6,7,8,9,10,11},*pa=a[0];
    for(;pa<a[0]+12;pa++)                    //使pa依次指向下一个元素
    {
        if(((pa-a[0])%4==0)&&(pa!=a[0]))    //pa移动四次后换行,第一次不换行
        {
            printf("\n");
        }
        printf("%2d\t",*pa);                 //输出p指向的元素的值
    }
    printf("\n");
    return 0;
}
```

程序运行结果与上面相同。

【程序分析】

两种方法不同的是指针值是否改变。第一种方法指针值不变,通过下标变化计算元素的地址 $pa+(i*4+j)$,通过取指针运算 $*(pa+(i*4+j))$ 访问元素的值。第二种方法是每次使指针变量的值加1,使 pa 指向下一个元素,从而访问指针变量指向的数组元素的值。第一种方法计算复杂,第二种方法不直观。下面介绍的方法能避免这两种方法的缺点,就是使用指向一维数组的指针变量来访问二维数组。

(2) 指向由 m 个元素组成的一维数组的指针变量

指向由 m 个元素组成的一维数组的指针变量,定义的形式如下：

数据类型标识符   (* 指针变量名)[m];

注意：指针变量名外的圆括号不能少,否则成了指针数组了,意义就完全不同了。如 int(*pa)[4];表示(*pa)有 4 个元素,每个元素为整型。也就是 pa 所指的对象是有 4 个整型元素的数组,即 pa 是指向一维数组的指针,见图 8.7 所示。此时 pa 只能指向一个包含 4 个元素的一维数组,不能指向一维数组中的某一元素,pa 的值就是该一维数组的起始地址。pa+1,是指向下一个一维数组,pa 的增值是以一维数组的长度为单位,即 pa 为行指针。这

里注意区分指向一维数组的指针变量与指向一维数组元素的指针变量。

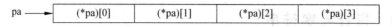

图 8.7 指向一维数组的指针变量

pa 指向一维数组的例子如下：

```
int a[4]={0,1,2,3};                    //定义一维数组,包含 4 个元素
int(*pa)[4];                           //定义指向包含 4 个元素的一维数组的指针变量
pa=&a;                                 //pa 指向一维数组
printf("%d %d %d %d\n",(*pa)[0],(*pa)[1],(*pa)[2],(*pa)[3]);
                                       //输出 a[0]、a[1]、a[2]、a[3]的值
```

注意：上面的代码"pa＝&a;"不应写成"pa＝a;",如果这样写,那么 pa 的值是 &a[0],即指向 a[0],是不对的。"pa＝&a;"表示 pa 指向一维数组(行),(*pa)[0]是 p 所指向的行中序号为 0 的元素。

二维数组名就是一个指向一维数组的指针常量。如果有：

```
int a[3][4];
int(*pa)[4];
pa=a;
```

则指针变量 pa 指向二维数组的 0 行,pa+i 指向第 i 行,那么 *(pa+i)就是 a[i],a[i]的值是 a 数组中 i 行 0 列元素 a[i][0]的地址。*(pa+i)+j 就是 a[i]+j,是 a 数组 i 行 j 列的地址。因此,*(*(pa+i))是 a[i][0]元素的值,*(*(pa+i)+j)是 a[i][j]元素的值。因此使用 pa 访问数组元素 a[i][j]的格式为：

((pa+i)+j),或者 pa[i][j],或者 *(pa[i]+j),或者(*(pa+i))[j]

【例 8-8】 通过指向一维数组的指针变量输出二维数组的全部元素。

C 程序代码如下：

```
#include<stdio.h>
int main()
{
    int a[3][4]={0,1,2,3,4,5,6,7,8,9,10,11},i,j;
    int(*pa)[4]=a;                     //定义指向一维数组的指针变量
    for(i=0;i<3;i++)
    {
        for(j=0;j<4;j++)
        {
            printf("%2d\t",*(*(pa+i)+j));   //输出 a[i][j]的值
        }
        printf("\n");
    }
    return 0;
}
```

运行结果与例 8-7 相同。

8.3.3 指针与字符串

1. 字符串的引用方式

前面的章节介绍过字符串,没有字符串变量,用字符数组处理字符串。引用一个字符串除了以前介绍的方法外,还可以用指针变量来引用字符串。下面分别介绍这两种方法。

(1) 可以通过前面章节介绍的方法,用数组的引用方法来引用字符串。例如:

```
char s[]="a string";
```

定义字符数组 s,并对它初始化,由于在初始化时字符的个数是确定的,因此可不必指定数组的长度。用数组名 s 和输出格式符%s 可以输出整个字符串。如 printf("%s\n", s);用数组名和下标可以引用任一数组中的字符。如 s[3] 代表字符 t。

(2) 用字符指针变量指向一个字符串常量,通过字符指针变量引用字符串常量。例如,

```
char * cp;                              //定义字符指针变量 cp
cp="a string";                          //字符串常量的首地址赋值给 cp *
```

也可以写成一条语句:

```
char * cp="a string";
```

我们可以通过 cp 来访问字符串,如图 8.8 所示,如 * cp 或 cp[i]是字符串中的某一字符。通过指针变量名和格式声明符"%s"输出该字符串。

【例 8-9】 通过字符指针变量输出一个字符串。
C 程序代码如下:

```
#include<stdio.h>
int main()
{
    char * s="a string";               //定义字符指针变量 s,并把字符串首地址赋给 s
    printf("%s\n",s);
    return 0;
}
```

图 8.8 字符指针指向字符

运行结果:

```
a string
Press any key to continue
```

【程序分析】

%s 是输出字符串时所用的格式符,在输出时,系统会输出指针变量 s 所指向的字符串的第 1 个字符,然后自动使 s 加 1,使之指向下一个字符,再输出该字符……如此直到遇到字符串结束标志\0'为止。注意,在内存中,字符串的最后被自动加了一个'\0',因此在输出时能确定输出的字符到何时结束。

【例 8-10】 用字符数组存储输入的字符串,用字符指针变量查询有没有字符'c'。

C 程序代码如下:

```c
#include<stdio.h>
int main()
{
    char s[100], * cp=s;
    printf("请输入字符串:");
    gets(s);                        //输入字符串函数,可以换成 gets(cp);
    while( * cp!='\0')              //判断指针变量是否到达字符串末尾
    {
        if( * cp=='c')             //判断指针变量所指向的字符是否是'c'
        {
            printf("找到了 c!\n");
            break;
        }
        cp++;
    }
    if( * cp=='\0')                 //判断指针变量所指向的字符是否是字符串末尾
    {
        printf("没有找到 c\n");
    }
    return 0;
}
```

运行结果:

```
请输入字符串:code
找到了c!
Press any key to continue
```

【程序分析】

此例中如果不定义数组,改成如下语句:

```c
char * cp;
printf("请输入字符串:");
gets(cp);
```

那么编译器将提出警告,运行时会出现错误。指针变量 cp 没有被初始化,输入的字符串存到以 cp 值为首地址的空间是危险的。

2. 用字符数组和字符指针变量引用字符串的区别

用字符数组和字符指针都可以访问字符串,但两者是有区别的。

(1) 存放内容不同。字符数组由若干元素组成,每个元素可以放一个字符。字符指针变量只是一个变量,用于存放字符串的首字符地址。

(2) 赋值方式不同。字符指针变量既可以先定义再赋值,也可以在定义的同时初始化,但字符数组只能在定义的同时初始化。这是因为指针变量的值可以改变;数组名是地址常

量,其值不能改变。数组可以在定义的同时对数组内的元素赋初值,例如下面的语句是合法的:

```
char s[20]="a string";
```

但用赋值语句的形式对数组赋值就属于非法,比如下面的语句:

```
char s[20];
s[]="a string";                    //企图对数组所有元素整体赋值,非法
s="a string";                      //企图改变数组的地址,非法
```

而指针变量,存放的是可变的地址,以下语句是合法的:

```
char * cp;
cp="a string";
```

两条语句也可以合成一条,即

```
char * cp ="a string";
```

(3) 安全性不同。将字符串保存在字符数组中,字符串的地址是确定的,是安全的方式,如例 8-10。指针变量指向一个字符串常量总是安全的,即使指针变量未初始化,那么语句 cp="a string";也会将字符串常量的地址赋给指针变量。但指针变量如果未初始化,想在指针变量所指的地方存放字符串,运行时输入字符串都是一种危险的行为,如 gets(cp)。因为指针变量的值是不确定的。

(4) 可变性不同。使用字符数组存放字符串,字符串内容可以改变。当使用字符指针指向字符串常量时,不能通过字符指针改变字符串内容。如:

```
char s[]="string";                 //定义字符数组 s
char * cp="string";                //定义字符指针变量 cp 指向字符串常量的第一个字符
s[3]='o';                          //合法,o 取代 s 数组元素 s[3]中的原值 i
cp[3]='o';                         //不合法,字符串常量不能改变
```

8.3.4　指针数组和指向指针的指针

一个数组,若其元素都是指针类型数据,并且所指向的数据对象的类型都相同,我们称这个数组为指针数组。也就是说,指针数组中的每一个元素都存放地址,每一个元素都是指针变量。

1. 指针数组的定义

数据类型标识符　*数组名[数组长度];

其中数据类型标识符表示指针变量所指向的变量的类型。例如,int * pa[3] 表示 pa 是一个数组,它有 3 个元素,每个元素值都是一个指针,指向整型变量。

有如下语句:

```
int a[3][3]={0,1,2,3,4,5,6,7,8};
int * pa[3] ={a[0],a[1],a[2]};
```

图 8.9 表示了以上语句间的指向关系。

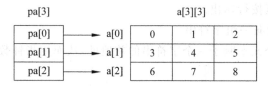

图 8.9 指针数组的基本结构

指针数组和指向一维数组的指针变量的定义有些类似,但又不同,大家注意区分。指向一维数组的指针变量是单个变量,其一般形式中"(*指针变量名)"两边的括号不可少。而指针数组表示的是多个指针(一组有序的指针),在一般形式中"*指针数组名"两边不能有括号。例如:int(*pa)[3];表示一个指向一维数组的指针变量,该一维数组的长度为 3。int *pa[3]表示 pa 是一个指针数组,有 3 个元素,pa[0],pa[2],pa[2]均为指针变量。

2. 指针数组的应用

指针数组主要用于处理多个字符串和二维数组。

(1) 可用一个指针数组指向一个二维数组。指针数组中的每一个元素被赋予二维数组每一行的首元素的地址。

【例 8-11】 通过指针数组引用所指向的二维数组。

C 程序代码如下:

```c
#include<stdio.h>
int main()
{
    int a[3][3]={0,1,2,3,4,5,6,7,8},i;
    int * pa[3] ={a[0],a[1],a[2]};    //定义指针数组,并赋初值
    for(i=0;i<3;i++)
    {
        printf("%d\t%d\t%d\n",* pa[i],* (pa[i]+1),* (pa[i]+2));
                            //访问二维数组第 i 行第 0,1,2 元素
    }
    return 0;
}
```

运行结果:

```
0       1       2
3       4       5
6       7       8
Press any key to continue
```

【程序分析】

本例程序中,pa 是一个指向二维数组 a 的指针数组,并将各行首元素的地址赋给三个元素。通过一个循环输出二维数组各元素的值。当 i=0 时,pa[0]的值是二维数组 0 行的首元素地址,* pa[0]的值是第 0 行第 0 个元素的值即 pa[0][0]或 a[0][0]。pa[0]+1,相当于 a[0]+1,* (pa[0]+1)的值是第 0 行第 1 个元素的值即 pa[0][1]或 a[0][1],同理

*（pa[0]＋2)是 pa[0][2]或 a[0][2]的值。这样将第 0 行的 3 个元素的值都输出。循环能将二维数组的所有元素按行输出。

（2）用指针数组指向一组字符串。

将指针数组的每个元素赋予一个字符串的首地址，从而用指针数组访问一组字符串。例如：

```
char * name[] = {"Illegal day","Monday","Tuesday", "Wednesday", "Thursday",
"Friday","Saturday", "Sunday"};
```

表示定义一个字符型指针数组 name，其每个数组元素都是一个指向字符串的指针变量。定义的同时完成了初始化赋值，使得 name[0]指向字符串"Illegal day"，name[1]指向字符串"Monday"……name[7]指向字符串"Sunday"。

【例 8-12】 将 5 个国家英文名按字母表顺序排列后输出。

C 程序代码如下：

```c
#include<stdio.h>
#include<string.h>
int main()
{
    char * ps;
    char * cs[]={"China", "England","America", "Finland","Singapore"};
                                    //定义指针数组指向字符串
    int i,j;
    for(j=0;j<4;j++)                 //进行 4 次循环,实现 4 趟比较
    {
        for(i=0;i<4-j;i++)           //在每一趟中进行 4-j 次比较
        {
            if(strcmp(cs[i],cs[i+1])>0)        //相邻字符串进行比较
            {
                ps=cs[i];        //如果前一个比后一个大就进行交换,交换的是字符串的地址
                cs[i]=cs[i+1];
                cs[i+1]=ps;
            }
        }
    }
    printf("五个国家名称排序后为:\n");
    for(i=0;i<5;i++)
    {
        puts(cs[i]);                 //输出当前已排好序的字符串
    }

    return 0;
}
```

运行结果：

五个国家名称排序后为：
America
China
England
Finland
Singapore
Press any key to continue

【程序分析】

本例程序主要使用冒泡排序法，strcmp 是系统提供的字符串比较函数，所以在程序开头添加"♯include＜string.h＞"头文件。当执行外循环第 1 次循环时，j＝0，然后执行第 1 次内循环，此时 i＝0，在 if 语句中将 cs[0]和 cs[1]所指向的字符串进行比较，如果前者大就进行交换。执行第 2 次内循环时，i＝1，将 cs[1]和 cs[2]所指向的字符串进行比较……执行最后一次内循环时，i＝3，比较 cs[3]和 cs[4]所指向的字符串。这时冒泡排序的第 1 趟过程就完成了。

当执行第 2 次外循环时，j＝1，开始第 2 趟过程。内循环继续的条件是 i＜4-j，由于 j＝1，因此相当于 i＜3，即 i 由 0 变到 2，要执行内循环 3 次。其余类推。

这里如果 cs[i]比 cs[i＋1]大，要进行交换，交换的是字符串的地址，而不是字符串本身。循环完毕使得指针数组元素指向的字符串从小到大排列。

3. 指向指针的指针

可以定义一个指针变量 p1，让它指向另外一个指针变量 p，这时称变量 p1 为指向指针的指针变量，有时也称为二级指针。指向指针的指针变量的定义格式如下：

类型标识符 ＊＊指针变量名；

例如有如下语句：

```
int a=10,* p,**p1;
p=&a;
p1=&p;
```

其中，a 是一个普通整型变量；p 是一个指针变量，指向变量 a；p1 就是一个指向指针的指针变量，指向了指针变量 p，p1 的值就是变量 p 的地址，如图 8.10 所示。

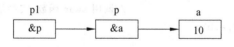

图 8.10 指向指针的指针变量

之前介绍的指针数组，如 int ＊ pa[3]，pa 也是一个二级指针，因为 pa 中存放的是指针数组的地址，指针数组元素又指向某个变量。除了指向指针的指针之外，可以定义更多级的指针，如指向指针的指针的指针，即三级指针。三级指针的定义在二级指针定义的基础上多加一个"＊"，如 int ＊＊＊pp，更多级的指针以此类推。

8.4 指针与函数

函数是 C 语言程序的基本单位,函数由函数的名字、函数的形参、函数的返回值类型以及函数体构成,其中函数的形参、函数的返回值等都可以使用指针变量,本节将讨论指针与函数。

8.4.1 简单指针变量作为函数参数

函数的参数不仅可以是整型、字符型、浮点型等普通变量,还可以是指针变量。普通变量在实参与形参之间的传递方式遵循值传递规则,被调函数无法改变实参的值。指针作为函数参数同样如此。虽然被调函数无法改变实参的值,但被调函数指针变量形参和主调函数指针变量实参有相同的值,它们指向同一个对象。在被调函数中可以通过指针变量形参间接改变那个对象的值。下面的例子,分别将普通变量和指针变量作为形参进行对比。

【例 8-13】 编程交换两个输入的整数,交换功能由函数实现,该函数用普通变量作形参。

C 程序代码如下:

```
#include<stdio.h>
void swap(int x,int y)
{
    int temp;
    temp=x;
    x=y;
    y=temp;
}
int main()
{
    int a,b;
    printf("输入两个整数:");
    scanf("%d%d",&a,&b);
    swap(a,b);                          //调用 swap 函数,实参是普通变量
    printf("%d %d\n",a,b);
    return 0;
}
```

运行结果:

```
输入两个整数: 3 6
3 6
Press any key to continue
```

【程序分析】

该程序虽然能运行,但不能达到交换的目的。在主程序中输入两个整数,如输入 3 和 6,如图 8.11(a)所示。在调用 swap 函数时,实参 a 和 b 的值传递给 swap 中的形参 x 和 y,如

图 8.11(b)所示,其箭头表示传递方向。在执行 swap 函数时,交换 x 和 y 的值,如图 8.11(c)所示。swap 函数执行结束,返回主程序继续执行。主程序中的 a 和 b 仍未改变,输出 a 和 b 的值还是 3 和 6,如图 8.11(d)所示。

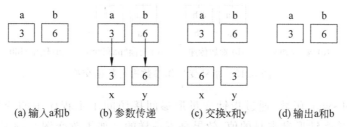

(a)输入a和b   (b)参数传递   (c)交换x和y   (d)输出a和b

图 8.11 普通变量作参数进行数据交换

【例 8-14】 编程交换两个输入的整数,交换功能由函数实现,该函数用指针变量作形参。

C 程序代码如下:

```c
#include<stdio.h>
void swap(int * pa,int * pb)            //形参是指针变量
{
    int temp;
    temp= * pa;                        //交换指针变量所指向的数据的值
    * pa= * pb;
    * pb=temp;
}
int main()
{
    int a,b;
    printf("输入两个整数:");
    scanf("%d%d",&a,&b);
    swap(&a,&b);                       //调用 swap 函数,实参是 a 和 b 的地址
    printf("%d %d\n",a,b);
    return 0;
}
```

运行结果:

```
输入两个整数: 3 6
6 3
Press any key to continue
```

【程序分析】

该程序能达到交换的目的。在主程序中输入两个整数,比如输入 3 和 6,如图 8.12(a)所示。调用 swap 函数时,a 和 b 的地址作为实参传递给 swap 函数中的 pa 和 pb,如图 8.12(b)所示,其中箭头表示指针指向。swap 函数交换 * pa 和 * pb 的值,即交换了主程序中的 a 和 b 的值,如图 8.12(c)所示。swap 函数执行结束,返回主程序继续执行。主程序中的 a 和 b 已经交换。主程序输出 a 和 b 的值,如图 8.12(d)所示。

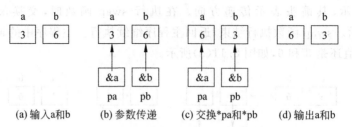

(a) 输入a和b　　(b) 参数传递　　(c) 交换*pa和*pb　　(d) 输出a和b

图 8.12　指针变量作参数进行数据交换

该程序中的 swap 函数,通过指针变量形参间接访问了主程序中的变量。需要注意的是,如果改变的是指针形参本身的值,效果是不一样的。如果改变例 8-14 中的 swap 函数为以下语句:

```
void swap(int * pa,int * pb)          //形参是指针变量
{
    int * temp;
    temp=pa;                          //交换指针变量所指向的数据的值
    pa=pb;
    pb=temp;
}
```

那么 swap 函数执行后,pa 将指向 b,pb 将指向 a,但 a 和 b 的值仍未交换。

综上所述,如果想通过函数调用得到 n 个要改变的值,可以这样做:

① 在主调函数中设 n 个变量,可以用 n 个指针变量指向它们;

② 设计一个被调用函数,有 n 个指针形参,在这个被调函数中改变 n 个形参指向的变量的值;

③ 在主调函数中调用这个函数,在调用时将这 n 个指针变量(没有定义指针变量时用 n 个变量的地址)作实参,将它们的地址传给该函数的形参;

④ 在执行被调函数的过程中,通过形参指针变量,改变它们所指向的 n 个变量的值;

⑤ 主调函数中就可以使用这些改变了值的变量。

8.4.2　指向数组的指针变量作为函数参数

一维数组名可以作为函数的参数,多维数组名也可作为函数参数。除了用指针变量作形参,接受实参数组名传递来的地址外,还可以用指向一维数组的指针变量作形参。

【例 8-15】　用指向一维数组的指针变量作形参,完成 3 行 4 列二维数组的输入和输出。C 程序代码如下:

```
#include<stdio.h>
void input(int(* pa)[4])              //二维数组的输入函数
{
    int i,j;
    printf("请依次输入 12 个整数:");
    for(i=0;i<3;i++)
    {
```

```
        for(j=0;j<4;j++)
        {
            scanf("%d",pa[i]+j);       //或 * (pa+i)+j
        }
    }
}
void output(int( * pa)[4])                  //二维数组的输出函数
{
    int i,j;
    for(i=0;i<3;i++)
    {
        for(j=0;j<4;j++)
        {
            printf("%d\t",pa[i][j]); //或 * ( * (pa+i)+j)
        }
        printf("\n");
    }
}
int main()
{
    int a[3][4];
    int( * pa)[4];                          //定义指向一维数组的指针
    pa=a;                                   //将二维数组首行地址赋予指针变量
    input(pa);                              //调用输入函数
    output(pa);                             //调用输出函数
    return 0;
}
```

运行结果：

```
请依次输入12个整数:0 1 2 3 4 5 6 7 8 9 10 11
0           1           2           3
4           5           6           7
8           9           10          11
Press any key to continue
```

【程序分析】

主程序中定义了 int(* pa)[4];它是指向包含 4 个整型元素的一维数组的指针变量,并将二维数组的首行地址传给了 pa,使 pa 指向了二维数组的首行。在调用函数 input 时,将主程序的实参 pa 传给了函数的形参 pa,即函数中的形参 pa 也指向了二维数组。那么 pa[i]+j 就是 a[i]+j,是数组 a[i][j]元素的地址,pa[i][j]是数组 a[i][j]元素的值。

注意：实参与形参如果是指针类型,应当注意它们的类型必须一致,不应把 int * 型变量(指向整型的指针变量)传给 int(*)[4]型(指向一维数组的指针变量)指针变量,反之亦然。

8.4.3 指针数组作为函数参数

指针数组的每一个元素都是地址,并且指向的数据对象的类型也都相同。指针数组除了前面介绍的使用方式外,还可以作为函数的形参来使用。下面修改一下例 8-12。

【例 8-16】 将 5 个国家英文名按字母表顺序排列后输出。(用指针数组作为函数参数)
C 程序代码如下:

```c
#include<stdio.h>
#include<string.h>
int main()
{

    void sort(char * cs[],int n);
    void print(char * cs[],int n);
    char * cs[]={"China","Japan","America","England","Korean"};
                                    //定义指针数组指向字符串

    int n=5;
    sort(cs,n);
    printf("五个国家名称排序后为:\n");
    print(cs,n);
    return 0;
}
void sort(char * cs[],int n)
{
    char * ps;
    int i,j,p;
    for(i=0;i<n;i++)
    {
        p=i;
        ps=cs[i];                   //ps 指向当前要排序的字符串
        for(j=i+1;j<n;j++)
        {
            if(strcmp(cs[j],ps)<0)   //使用字符串比较函数对字符串进行比较
            {
                ps=cs[j];
                    //如果 ps 指向的字符串比 cs[j]指向的字符串大,那么 ps 就指向 cs[j]
                p=j;                //将小的字符串的序号记到 p 中
            }
        }
        if(p!=i)
            //如果找到的小的字符串不和当前字符串序号相同,则进行交换,交换的是指针值
        {
            ps=cs[i];
            cs[i]=cs[p];
            cs[p]=ps;
        }
    }
}
```

```
void print(char * cs[],int n)
{
    int i;
    for(i=0;i<n;i++)
        puts(cs[i]);
}
```

运行结果：

```
五个国家名称排序后为：
America
China
England
Japan
Korean
Press any key to continue
```

【程序分析】

本例与例 8-12 不同之处，是定义了两个函数，sort 函数用于完成排序，print 函数用于排序后输出字符串。两个函数的形参都用到了指针数组 cs，接受实参传过来的 cs 数组 0 行的起始地址，因此形参 cs 数组和实参 cs 数组指的是同一数组。sort 函数使用的仍然是选择排序法，思路与例 8-12 相同，不再赘述。print 函数的作用是输出各个字符串，cs[0]～cs[4]分别是各字符串（按从小到大顺序排好序的各个字符串）的首字符的地址，使用 puts 函数就可以输出这些字符串。

8.4.4 返回值为指针的函数与函数指针变量

1. 返回值为指针的函数

一个函数的返回值可以为 int 型、float 型、char 型等，也可以为指针类型，这种返回值为指针类型的函数也称为指针型函数。指针型函数的定义格式如下：

数据类型标识符 * 函数名([形参表]){函数体语句}

其中函数名之前的"*"号表明这是一个指针型函数，其返回值是一个指针。数据类型标识符表示了返回的指针值所指向的数据类型。

例如，int * f(int x, int y)；f 是函数名，f 前面有"*"表明其是指针型函数，调用它可以得到一个 int * 型的指针，即整数型数据的地址。x 和 y 是函数 f 的形参，为整型。

这里需要注意 *f 两侧没有括号，在 f 的两侧分别为 * 运算符和()运算符。而()运算符的优先级高于 * 运算符，因此 f 先与()结合，就是函数的形式。

【例 8-17】 通过指针型函数，输入一个 1～7 之间的整数，输出对应的星期名。

C 程序代码如下：

```
#include<stdio.h>
char * week(int n)                    //week 是指针型函数,返回值是一个字符串的首地址
{
    static char * name[] ={"非法数据","星期一","星期二","星期三","星期四","星期五",
    "星期六","星期日"};                 //name 是静态指针数组,指向八个字符串
```

```
        return((n<1||n>7)?name[0]:name[n]);
                //条件表达式,条件成立返回"非法数据"字符串的地址,否则返回各个星期字符串的地址

}
int  main()
{
    int i;
    printf("请输入一个 1—7 之间的整数:\n");
    scanf("%d",&i);
    printf("数字%d 对应的是%s\n",i,week(i));    //调用指针型函数 week,输出各个字符串
    return 0;
}
```

运行结果:

```
请输入一个1-7之间的整数:
3
数字3对应的是星期三
Press any key to continue
```

【程序分析】

程序定义了一个指针型函数 week,它的返回值是一个字符串的首地址,即指向字符串的指针。该函数中定义了一个静态指针数组 name。name 数组初始化赋值为 8 个字符串的地址。8 个字符串表示各个星期名及出错信息。形参 n 表示与星期名所对应的整数。在主函数中,把输入的整数 i 作为实参,在 printf 语句中调用 week 函数并把 i 值传送给形参 n。week 函数中的 return 语句包含一个条件表达式,n 值若大于 7 或者小于 1 则把 name[0]指针返回,主函数输出出错提示字符串"非法数据";否则返回各个星期字符串的指针,主函数输出对应的星期名。

定义 name 数组是静态数组,位于全局(静态)数据区,在多次函数调用的场合下,其执行效率更高。如果将 static 删除,那么数组将作为自动局部变量位于栈区,每次执行完函数会释放资源,每次调用时又重新分配资源,执行效率会降低。

2. 函数指针变量

(1) 函数指针变量的定义

和变量、数组相同,函数也有地址。函数是一段代码,函数名是地址常量,其值是函数的首条指令的地址(或称入口地址)。可以定义一种特殊的指针变量来保存某个函数的起始地址,然后通过指针变量找到并调用这个函数。我们把这种指向函数的指针变量称为"函数指针变量"。函数指针变量的定义格式如下:

数据类型标识符(＊函数指针变量名)(函数参数类型表列);

其中数据类型标识符表示被指函数返回值的类型。"(＊函数指针变量名)"表示"＊"后面的变量是定义的函数指针变量。这里的括号不能少,少了就变成了指针型函数了。最后的括号表示指针变量所指向的是一个函数,括号内的函数参数类型表只需列出函数各个参数的数据类型。如果将函数参数名也列出,语法上虽然没有错,但是会被编译器忽略,所以也就

没有意义。

例如,int(＊p)(int,int);这里 p 是函数指针变量,表示指向函数返回值为整型且有两个整型参数的函数。

(2) 给函数指针变量赋值

现定义一个指向函数的指针变量:

```
int(＊p)(int,int);
```

并声明了一个函数:

```
int func(int ,int);
```

使用两种方式给函数指针变量赋值:

```
p=&func;
p=func;
```

表示将 func 的入口地址赋给了指针变量 p。这里的取地址运算符 & 不是必需的。函数名会被编译器翻译成地址。函数名是地址常量,是函数的首条指令的地址(入口地址),跟数组名相似。

注意:① 定义了函数指针变量并不意味着这个指针变量可以指向任何函数,它只能指向在定义时指定了类型的并且参数个数和类型一致的函数。如有以下函数声明:

```
float fun2(int,int);
int(＊p)(int,int);
p=fun2;                    //错误
```

语句 p＝fun2 是错误的,因为 p 指向的函数与 p 类型不同。

② 在给函数指针变量赋值时,只需给出函数名而不必给出参数。例如:

```
p=func;
p=func(a,b);                //错误
```

前者是给函数指针变量 p 赋值,后者表示是调用 func 函数并将返回值赋给 p 了。那么意义就不对了。

(3) 通过函数指针变量调用函数

由前面的声明语句:

```
int func(int ,int);         //函数声明
int(＊p)(int,int);          //函数指针变量定义
int a,x=3,y=4;              //定义了一个整型变量
```

那么通过 p 调用函数的方式有如下两种:

```
a=(＊p)(x,y);
```

或

```
a=p(x,y);
```

这两种方式都可以,前者用得更多,因为它明确指出是通过指针而非函数名来调用函数的。

用函数名调用函数,只能调用所指定的一个函数,而通过指针变量调用函数比较灵活,可以根据不同情况先后调用不同的函数,见例 8-18。

【例 8-18】 输入两个整数,然后让用户选择 1 或者 2,选 1 时调用 max 函数,输出二者中的大数,选 2 时调用 min 函数,输出二者中的小数。

C 程序代码如下:

```c
#include<stdio.h>
int main()
{
    int max(int,int);                //最大值函数声明
    int min(int,int);                //最小值函数声明
    int(*p)(int,int);                //定义指向函数的指针变量
    int a,b,c,n;
    printf("请输入 a 和 b 的值:");
    scanf("%d %d",&a,&b);
    printf("\n请选择 1.求两个数的最大值 2.求两个数的最小值:");
    scanf("%d",&n);
    if(n==1)
        p=max;                       //给函数指针变量 p 赋值为 max 函数的入口地址
    else
        if(n==2)
            p=min;                   //给函数指针变量 p 赋值为 min 函数的入口地址
    c=(*p)(a,b);
    printf("a=%d,b=%d\n",a,b);
    if(n==1)
        printf("最大值为:%d\n",c);
    else
        printf("最小值为:%d\n",c);
    return 0;
}
int max(int x,int y)
{
    return(x>y?x:y);                 //返回 x 和 y 中值最大的

}
int min(int x,int y)
{
    return(x<y?x:y);                 //返回 x 和 y 中值最小的
}
```

运行结果:

```
请输入a和b的值: 3 6

请选择1.求两个数的最大值 2.求两个数的最小值:2
a=3,b=6
最小值为: 3
Press any key to continue
```

【程序分析】

在主程序中先声明了两个函数 max 和 min,然后定义了函数指针变量 p,并根据判断分别给 p 赋值为 max 和 min。调用函数的语句"c=(*p)(a,b)",使用函数指针变量调用 p 指向的那个函数。

指针型函数和函数指针变量这两者在写法和意义上是有区别的,如 int(*p)() 和 int *p() 是两个完全不同的量。int(*p)() 是一个变量说明,说明 p 是一个指向函数入口的指针变量,该函数的返回值是整型量,(*p)两边的括号不能少。int *p() 则不是变量说明而是函数声明,声明 p 是一个指针型函数,其返回值是一个指向整型量的指针,*p 两边没有括号。

8.5 重点内容小结

1. 指针变量类型小结

指针是变量、数组、字符串、函数等在内存的地址。指针变量是存放指针的变量。指针变量按定义格式大致可分为:指向变量的指针变量、指针数组、指向一维数组的指针变量、返回指针值的函数、函数指针变量等,如表 8-2 所示。

表 8-2 指针变量类型小结

定 义	含 义
int i;	定义整型变量 i
int * p;	定义指向整型变量的指针变量 p
int a[n];	定义由 n 个整型数据组成的数组 a
int * p[n];	定义由 n 个指向整型数据的指针组成的指针数组 p
int(*p)[n];	定义指向由 n 个整型元素组成的一维数组的指针变量 p
int f();	定义返回值为整型的函数 f
int * p();	定义一个函数 p,该函数的返回值是指向整型数据的指针
int(*p)();	定义一个指向函数的指针变量 p,该函数的返回值是整型数据
int * * p;	定义一个指向指针的指针变量 p

2. 指针运算小结

指针相关的运算符包括"&"取地址运算符和"*"指针运算符。指针运算如表 8-3 所示。

表 8-3　指针运算小结

指 针 运 算	含　　义
取地址运算,如 p=&a;	将变量 a 的地址赋给 p
指针运算 b= * p;	将 p 指向的数据的值赋给 b
指针变量加(或减)一个整数,如 p+n;	指针向后(或向前)移动 n 个数据单元
p++或++p	指针向后移动 1 个数据单元,即指向下一个数据
p--或--p	指针向前移动 1 个数据单元,即指向上一个数据
p=array;	array 为数组名,将数组首元素的地址赋给 p
p=&array[i];	将数组 array 第 i 个元素的地址赋给 p
p=max;	max 为已定义的函数名,将 max 的入口地址赋给 p
p1=p2;	p1 和 p2 都是指针变量,将 p2 的值赋给 p1
p=NULL;	NULL 是整数 0,将 p 赋值 0,p 不指向任何变量
两个指针变量相减,如 p1-p2	p1 和 p2 指向同一数组时,它俩之差是两个指针之间的元素的个数
两个指针变量比较,如 p1<p2	p1 和 p2 指向同一数组时,指向前面的元素的指针变量"小于"指向后面的元素的指针变量

3. 指针与一维数组

用指针指向一维数组时,数组的引用变得灵活,方便。指针与数组之间的关系如表 8-4 所示。

设有如下定义:

```
int a[10],i, * pa=a;
```

表 8-4　指针与一维数组

一 维 数 组	指针引用方式
元素的地址	a+i、pa+i、&a[i]
元素的值	a[i]、* (a+i)、* (pa+i)、pa[i]
数组首地址	a、pa、&a[0]

4. 指针与二维数组

设有如下定义:

```
int a[3][4], * pa=a[0],( * pb)[4]=a,i,j;
```

则用指针去引用二维数组的方法小结如表 8-5 所示。

表 8-5　指针与二维数组

二 维 数 组	指针引用方式
每行地址	a+i、&a[i] pb+&pb[i]

二 维 数 组	指针引用方式
每行首元素地址	$*(a+i)$、$a[i]$、$\&a[i][0]$; $pa+i*4$ $*(pb+i)$、$pb[i]$、$\&pb[i][0]$
元素 a[i][j]的地址	$*(a+i)+j$、$a[i]+j$、$\&a[i][0]+j$、$\&a[i][j]$ $pa+i*4+j$ $*(pb+i)+j$、$pb[i]+j$、$\&pb[i][0]+j$、$\&pb[i][j]$
元素 a[i][j]的值	$*((a+i)+j)$、$*(a[i]+j)$、$*(\&a[i][0]+j)$、$a[i][j]$ $*(pa+(i*4)+j)$ $*((pb+i)+j)$、$*(pb[i]+j)$、$*(\&pb[i][0]+j)$、$pb[i][j]$

5. 指针与字符串

可以用字符数组存放一个字符串,使用数组名和下标引用字符串,也可以使用字符指针变量指向一个字符串常量,通过字符指针变量引用字符串常量,或者定义一个指针数组指向一组字符串常量。使用字符数组存放字符串,字符串内容可以改变。当使用字符指针,或指针数组指向字符串常量时,不能改变字符串内容。

6. 指针与函数

指针作为函数的参数时,在函数间传递的是变量的地址。简单指针变量作函数参数,是指针作函数参数中最基本的内容,它的作用是实现一个简单变量的地址在函数中的传递。数组名是数组的地址,与指针具有一些相同的性质,用指向一维数组的指针变量作函数参数和用数组名作函数参数有很多相同之处。指针数组的元素是指针变量,用指针数组可以方便地实现对一组字符串的处理。函数返回值是指针类型的函数称为指针函数,使用指针函数可以获得更多的处理结果。需要特别注意的是,对于指针函数,用 return 返回的值必须是一个指针值。用函数名调用函数,只能调用所指定的一个函数,而通过函数指针调用函数比较灵活,可以根据不同情况先后调用不同的函数。

习 题

一、单选题

1. 设已有定义 int *p,i=10;p=&i;则以下含义正确的语句是( )。

    (A) p=10;   (B) i=p;   (C) i=*p;   (D) p=2*p+1;

2. 设已有定义 float x;则下列对指针变量 p 进行定义且赋初值的语句中正确的是( )。(二级考试真题)

    (A) int *p=float(x);   (B) float *p=&x;

    (C) float p=&x;   (D) float *p=1024;

3. 若有定义语句 double a,*p=&a;下列叙述中错误的是( )。

    (A) 定义语句中的 * 是一个指针运算符

    (B) 定义语句中的 * 是一个说明符

    (C) 定义语句中的 p 只能存放 double 类型变量的地址

(D) 定义语句中，＊p＝&a 把变量 a 的地址作为初值赋给指针变量 p

4. 若有定义语句 double x,y,＊px,＊py;执行了 px＝&x,py＝&y;之后,正确的输入语句是(　　　)。(二级考试真题)

  (A) scanf("%lf %lf",px,py);   (B) scanf("%f %f",&x,&y);

  (C) scanf("%f%f",x,y);   (D) scanf("%lf %lf",x,y);

＊5. 有以下程序：

```
#include<stdio.h>
void swap(char * x,char * y)
{
    char t;
    t= * x;
    * x= * y;
    * y=t;
}
void main()
{
    char s1[]="abc",s2[]="123";
    swap(s1,s2);
    printf("%s,%s\n",s1,s2);
}
```

程序的运行结果是：(　　　)。

  (A) 321,cba   (B) abc,123   (C) 123,abc   (D) 1bc,a23

6. 设有以下函数：void fun(int n,char ＊ s){……},则下列对函数指针定义和赋值均正确的是(　　　)。(二级考试真题)

  (A) void(＊ pf)(int ,char); pf＝&fun;

  (B) void ＊ pf();pf＝fun;

  (C) void ＊ pf(); ＊ pf＝fun;

  (D) void(＊ pf)(int,char ＊);pf＝fun;

＊7. 若有定义 int w[3][5];则以下不能正确表示该数组元素的表达式是(　　　)。(二级考试真题)

  (A) ＊(&w[0][0]＋1)   (B) ＊(＊ w＋3)

  (C) ＊(＊(w＋1))   (D) ＊(w＋1)[4]

＊8. 有以下程序：

```
#include<stdio.h>
void fun(char * * p)
{
    ++p;
    printf("%s\n", * p);
}
void main()
{
```

```
        char * a[]={"Morning","Afternoon","Evening","Night"};
        fun(a);
    }
```

程序运行的结果是(   )。

    (A) orning   (B) fternoon   (C) Afternoon   (D) Morning

9. 若有定义语句 int a[2][3], * p[3];则以下语句中正确的是(   )。

    (A) p＝a;   (B) p[0]＝a;

    (C) p[0]＝&a[1][2];   (D) p[1]＝&a;

10. 下述程序执行后的输出结果是(   )。

```
#include<stdio.h>
void func(int * A,int B[ ])
{
  B[0]= * A+6;
}
main()
{
    int A,B[5];
    A=0;
    B[0]=3;
    func(&A,B);
    printf("%d\n",B[0]);
}
```

    (A) 6   (B) 7   (C) 8   (D) 9

二、填空题

1. 以下程序的执行结果是_____。

```
main()
{
  char s[]="abcdefg";
 char * p;   p=s;
 printf("ch=%c\n", * (p+5));
 }
```

* 2. 以下程序的执行结果是_____。

```
#include<stdio.h>
main()
{
    int a[12]={1,2,3,4,5,6,7,8,9,10,11,12}, * p[4],i;
    for(i=0;i<4;i++)
        p[i]=&a[i * 3];
    printf("%d\n",p[3][2]);
}
```

3. 若有以下定义和语句：int a[4]={0,1,2,3}, * p; p=&a[1]; 则++(* p)的值是_____。

4. 若有以下定义和语句：int s[2][3]={0,1,2,3,4,5},(* p)[3]; p=s; 则 * (* (p+1)+1)的值是_____。

5. 下面程序段的运行结果是_____。

```
char str[]="abc\0def\0ghi";
char * p=str;
printf("%s",p+5);
```

三、程序设计题

1. 编写一个程序，输入 3 个整数，将它们按由小到大的顺序输出。要求用指针实现。

2. 用指向数组的指针变量输出一维数组的全部元素。

3. 编写一个函数，用于统计一个字符串中字母、数字、空格的个数。在主函数中输入该字符串后，调用上述函数，并输出统计结果。要求用指针实现。

4. 编写一个函数(参数用指针)将一个 3×3 矩阵转置。

*5. 利用指向行的指针变量求 5×3 数组各行元素之和。

*6. 编写一函数，完成一个字符串的拷贝，要求用字符指针实现。在主函数中输入任意字符串，并显示原字符串，调用该函数之后输出拷贝后的字符串。

第 9 章

用户自定义数据类型

【内容导读】

本章继续以学生管理系统中某一个班级学生基本信息、成绩的表示、平均成绩的求解来引出构造数据类型——结构体。本章主要介绍在 C 语言中如何使用结构体、共用体来处理数据类型不相同的多个数据；最后讲解函数调用时，如何将某些结构体变量、结构体数组进行参数传递。

【学习目标】

(1) 理解结构体数据类型的构造的意义；

(2) 理解共用体数据类型、枚举数据类型、定义数据类型的别名；

(3) 掌握结构体类型变量、结构体数组、结构体指针的定义与初始化方法；

(4) 掌握结构体成员的引用、成员选择运算符、指向运算符；

(5) 掌握结构体类型变量、数组、指针作函数参数进行参数传递。

9.1 为什么引入结构体

在程序里表示一个人(学号、姓名、性别、年龄、多门课成绩、家庭地址)，怎么表示？

这个对于大家来说很简单，按照实际类型进行声明变量即可。

```
long num;               //学号
char name[20];          //姓名
char sex;               //性别
int year;               //出生年
float score[5];         //5 门课成绩
char addr[30];          //家庭住址
```

那如果想表示多个人呢？比如表 9-1 中的学生信息表，如何表示该表格中的 4 个学生的信息，并进行管理呢？

表 9-1　学生信息表

学　号	姓名	性别	出生年	C 语言	高数	英语	大学物理	体育	家庭住址
155042201	张三	男	1997	85	90	85	79	95	河北石家庄
155042202	李四	男	1996	88	75	80	82	90	浙江金华
155042203	王梦	男	1997	74	86	88	81	85	山东济南
155042204	陈雪	女	1998	89	91	92	84	80	河南郑州

因为各个值类型一致,可以使用数组进行存储:

```
long num[4];
char name[4][10];
char sex[4];
int year[4];
float score[4][5];
char addr[4][30];
```

对表 9-1 中的信息进行存储:

```
long num[4]={155042201,15042202,155042203,155042204};
char name[4][10]={"张三","李四","王梦","陈雪"};
char sex[4]={'M','M','M','F'};
int year[4]={1997,1996,1997,1998};
float score[4][5]{{85,90,85,79,95},{88,75,80,82,90},{74,86,88,81,85},{89,91,92,
    84,80}};
char addr[4][30]={"河北石家庄"," 浙江金华"," 山东济南"," 河南郑州"};
```

数据的内存管理方式:

学号	姓名	性别	出生年	C 语言
155042201	张三	男	1997	85
155042202	李四	男	1996	88
155042203	王梦	男	1997	74
155042204	陈雪	女	1998	89

高数	英语	大学物理	体育	家庭住址
90	85	79	95	河北石家庄
75	80	82	90	浙江金华
86	88	81	85	山东济南
91	92	84	80	河南郑州

如果按照上述的存储方式来存储,有以下缺点:

(1) 分配内存不集中,寻址效率不高;

(2) 对数组赋初值时,易发生错位;

(3) 结构显得零散,不易管理。

那么在 C 语言中有没有这样的数据类型,可将表 9-1 中的数据,每个学生的学号、姓名、性别、年龄、5门课成绩、家庭地址等若干项集中存放在内存中的连续空间内呢? 像下面表格中,将一个学生的基本信息集中存放在一起,组成一个组合数据,统一分配内存,各数据反映它们之间的内在联系。

155042201	155042202	155042203	155042204
张三	李四	王梦	陈雪
男	男	男	女
1997	1996	1997	1998
85	88	74	89
90	75	86	91
85	80	88	92
79	82	81	84
95	90	85	80
河北石家庄	浙江金华	山东济南	河南郑州

这样存放结构紧凑,易于管理;便于查找学生的全部信息;赋值时只对某个学生操作,即便输入错误也不会影响其他人的信息。那么这样的数据为什么不能使用数组来完成呢? 数组要求所有数据具有相同的数据类型,但表中表示学生基本信息的数据显然具有不同的数据类型。所有我们需要根据实际需要来构造一种数据类型——结构体类型。

9.2 结构体类型

9.2.1 结构体类型的定义

定义:将不同类型数据成员组成的组合型的数据结构,称为结构体。通常都是用户自己建立的。

关键字:struct

```
struct 结构体名
{ 类型标识符 成员名;
  类型标识符 成员名;
      ⋮
};
```

结构体类型由关键字 struct 及其后的结构体名组成的。分号(;)是结构体声明的结束标志,不能省略。结构体中的各个信息项是在花括号内声明的,称作结构体成员。每个结构体成员都有一个名字和相应的数据类型。结构体成员的命名必须遵从变量的命名规则。

例如表 9-1 中的学生信息可以定义一个组合型的数据类型——结构体类型:

```
struct student
{   long num;
    char name[20];
```

```
    char sex;
    int year;
    float C;
    float Math;
    float English;
    float Phy;
    float PE;
    char addr[30];
};
```

可以将 5 门课程成绩以数组的形式来存放,上面的结构体类型简写为:

```
struct student
{   long num;
    char name[20];
    char sex;
    int year;
    float score[5];
    char addr[30];
};
```

说明:

(1) 由程序设计者指定了一个结构体类型 struct student;

(2) 它包括 num,name,sex,year,score,addr 等不同类型的成员。

注意: 这只是声明一种数据类型并没有定义变量,因而编译器不为其分配内存。

9.2.2 用 typedef 命名数据类型

有时候用户自己定义的结构体类型名很长或者复杂,写起来不方便,能否用一个简单的名字代替这个类型名呢? typedef 关键词便有这个功能。

typedef 的功能:用于为系统固有的或程序员自己定义的数据类型定义一个简写的类型名,即别名。数据类型的别名通常使用大写字母,但不是必需的,只是为了与已有的数据类型相区分。

类型定义简单形式:

```
typedef   数据类型   别名;
```

例如下面语句:

```
struct student
{   long num;
    char name[20];
    char sex;
    int year;
    float score[5];
    char addr[30];
};
```

```
typedef struct student STU;
```

等价于：

```
typedef struct student
{   long num;
    char name[20];
    char sex;
    int year;
    float score[5];
    char addr[30];
}STU;
```

关于 typedef 关键词，作如下说明：

typedef 与 define 的区别：typedef 是为一种已经存在的数据类型定义一个别名，并未定义一个新的数据类型，也不能为变量定义一个别名；关键词 define 用来进行宏定义，使用方法：♯define N 10，其含义是定义一个符号常量 N，在当前文件中此宏定义后出现的 N 都用字符串 10 来代替。

9.3 结构体类型变量的定义及初始化

9.3.1 结构体变量的定义和初始化

1. 结构体变量的定义

```
struct 结构体名
{ 类型标识符 成员名;
  类型标识符 成员名;
        ⋮
};
struct 结构体名 变量名表列;
```

（1）先定义结构体类型，再定义结构体变量名

使用 typedef 对用户定义的结构体类型 struct student 定义别名 STU：

```
typedef struct student
{   long num;
    char name[20];
    char sex;
    int year;
    float score[5];
    char addr[30];
}STU;
```

struct student 与 STU 是同义词，所以使用 STU 定义结构体变量与使用 struct student 定义结构体变量都是一样的。所以下面两条语句是等价的，二者都能用于定义结构体变量。

```
STU stu;

struct student stu;
```

(2) 在定义结构体类型的同时定义结构体变量

```
struct student
{   long num;
    char name[20];
    char sex;
    int year;
    float score[5];
    char addr[30];
}stu;
```

(3) 直接定义结构体变量(不指定结构体类型名)

```
struct
{   long num;
    char name[20];
    char sex;
    int year;
    float score[5];
    char addr[30];
}stu;
```

以下结构体变量定义中合法的是:

(1) struct   student   stu1,stu2;

(2) student stu1,stu2;

(3) struct   stu1,stu2;

(4) STU stu1,stu2;

(1)(4)是合法的。STU与struct student类型是同义词。

2. 结构体变量的初始化

结构体变量的初始化有三种形式,与结构体变量定义的三种形式相对应。

(1) 先定义结构体类型,在定义变量名的同时即对变量初始化

```
struct 结构体名
{ 类型标识符   成员名 1;
  类型标识符 成员名 2;
        ⋮
};
struct 结构体名 结构体变量={初始数据};
struct student
{   long num;
    char name[20];
    char sex;
    int year;
```

```
        float score[5];
        char addr[30];
};
struct  student  stu={155042201,"张三",'男',1997,85,90,85,79,95,"河北石家庄"};
```

结构体变量 stu 的各个成员被依次初始化。

（2）定义结构体类型的同时定义结构体变量并对变量初始化

```
struct 结构体名
{   类型标识符 成员名 1;
    类型标识符 成员名 2;
        ⋮
} 结构体变量={初始数据};
struct student
{   long num;
    char name[20];
    char sex;
    int year;
    float score[5];
    char addr[30];
} stu={155042201,"张三",'男',1997,85,90,85,79,95,"河北石家庄"};
```

（3）直接定义结构体变量并对变量初始化

```
struct
{   类型标识符 成员名;
    类型标识符 成员名;
        ⋮
}结构体变量={初始数据};
struct
{   long num;
    char name[20];
    char sex;
    int year;
    float score[5];
    char addr[30];
}stu={155042201,"张三",'男',1997,85,90,85,79,95,"河北石家庄"};
```

3. 嵌套的结构体

嵌套的结构体就是在一个结构体内的成员又是另一个结构体。

如果将表 9-1 中的出生年修改为包含出生年、月、日信息的日期，则需要定义一个具有年、月、日成员的结构体类型，先声明一个日期结构体类型：

```
typedef struct date
{
    int year;
    int month;
```

```
    int day;
}DATE;
```

然后,STU 结构体类型可以修改为

```
typedef struct student
{   long num;
    char name[20];
    char sex;
    DATE birth;
    float score[5];
    char addr[30];
}STU;
```

这里,在结构体 STU 的定义中出现了另一个 DATE 结构体类型的变量 birth 作为其成员,因此 STU 是一个嵌套的结构体。该结构体类型对应于如图 9.1 所示的结构。

学号	姓名	性别	出生日期			数学	英语	C 语言	物理	大学语文	家庭住址
			年	月	日						

图 9.1 学生信息表

4. 结构体变量的引用

在定义一个结构体变量之后,如何对它进行初始化,如何引用这个变量及其成员呢?

C 语言规定,不能将一个结构体变量作为一个整体进行输入、输出操作,只能对每个具体的成员进行输入输出操作。访问结构体变量的成员必须使用成员选择运算符"."(也称圆点运算符)。当结构体成员又是一个结构体类型时该怎么引用? 下面分别介绍成员是基本数据类型和结构体类型时的引用方法。

(1) 结构体成员是基本数据类型

```
结构体变量名.成员名
typedef struct date
{
    int year;
    int month;
    int day;
}DATE;
struct student
{   long num;
    char name[20];
    char sex;
    DATE birth;
    float score[5];
    char addr[30];
}stu;
```

对于结构体成员类型为基本数据类型时,对其引用可以像其他普通变量一样进行赋值等运算。

例如：

```
stu.num=155042201;
stu.age++;
stu.score[0]=85.5;
stu.score[1]+=10;
```

下面结构体变量初始化正确与否：

① scanf("%d,%f",&stu);   (×)
② scanf("%d,%f",&stu.num, &stu.score[0]);(√)
③ printf("%d,%f",stu);   (×)
④ printf("%d,%f" , stu.num, stu.score[0]);(√)

分析：①③错误，不能直接使用结构体变量名进行初始化或者引用，必须是对结构体变量的某个成员进行初始化或者引用。②④正确。

(2) 结构体成员的数据类型本身又是一个结构体类型

当出现结构体嵌套定义时，必须以级联方式访问结构体成员，即通过成员选择运算符逐级找到最底层的成员时再引用。例如，下面的语句用于对结构体变量 stu 的 birth 成员进行赋值，必须找到最底层的成员 year，month，date 才能进行赋值。

```
stu.birth.year=1997;
stu.birth.month=5;
stu.birth.date=24;
```

接下来探讨，如果定义了两个结构体变量 stu_1 和 stu_2，可否这样进行赋值操作：stu_2＝stu_1？下面使用例 9-1 来演示这种结构体变量赋值是否正确。

【例 9-1】 结构体类型变量的初始化。

```
#include  <stdio.h>
typedef struct date
{
    int   year;
    int   month;
    int   day;
}DATE;
typedef struct student
{
    long num;                    //学号
    char name[20];               //姓名
    char sex;                    //性别
    DATE  birth;                 //出生日期
    float score[5];              //5门课成绩
    char addr[30];               //家庭住址
}STU;

int main()
{
```

```
        STU stu_1={155042201,"张三",'M',{1997,1,1}, {85,90,85,79,95},"河北石家庄"};
        STU stu_2;
        printf("学生学号\t 姓名\t 性别\t 出生年 月 日 \n\n 5 门课成绩\t\t\t 家庭住址 \n");
        printf("stu_1:%10ld, %s, %3c, {%4d/%2d/%2d} \n\n {%.2f,%.2f,%.2f,%.2f,%.2f},
           \"%10s\"\n",
            stu_1.num, stu_1.name, stu_1.sex,
            stu_1.birth.year, stu_1.birth.month, stu_1.birth.day,
            stu_1.score[0], stu_1.score[1], stu_1.score[2], stu_1.score[3],stu_1.score
            [4],stu_1.addr);

        stu_2=stu_1;                        /* 同类型的结构体变量之间的赋值操作 */

        printf("stu_2:%10ld, %s, %3c, {%4d/%2d/%2d} \n\n {%.2f,%.2f,%.2f,%.2f,%.2f},
           \"%10s\"\n",
            stu_2.num, stu_2.name, stu_2.sex,
            stu_2.birth.year, stu_2.birth.month, stu_2.birth.day,
            stu_2.score[0], stu_2.score[1], stu_2.score[2], stu_2.score[3],stu_2.score
            [4],stu_2.addr);
        return 0;
    }
```

程序运行结果：

```
学生学号        姓名    性别    出生年 月 日

5 门课成绩                    家庭住址
stu_1: 155042201, 张三,     M, {1997/ 1/ 1}

{85.00,90.00,85.00,79.00,95.00},"河北石家庄"
stu_2: 155042201, 张三,     M, {1997/ 1/ 1}

{85.00,90.00,85.00,79.00,95.00},"河北石家庄"
Press any key to continue
```

在输出函数中,输出月和日期的格式符使用%2d,则输出的格式为"1997/ 1/ 1",1 的左面补一个空格。如果希望生日的输出格式是下图中所示的 1997/01/01,该怎么控制输出格式呢？

```
stu_2: 155042201, 张三,     M, {1997/01/01}

{85.00,90.00,85.00,79.00,95.00},"河北石家庄"
Press any key to continue
```

为了能保证月和日期是两位数据,应使用格式符%02d,2d 前面的 0 表示输出数据时如果不足两位则补 0,于是输出日期为"1997/01/01"。

【程序分析】

从结果来看,C 语言允许对具有相同结构体类型的变量进行整体赋值。使用赋值语句,将一个结构体类型变量的值对同类型的另一个结构体变量赋值时,实际上是按结构体的成员顺序逐一对相应成员进行赋值的,赋值后的结果就是两个结构体变量的成员值都是相同的数据。因此,语句:

stu_2=stu_1;等价于：

stu_2.num=stu_1.num;

strcpy(stu_2.name, stu_1.name);

　　　　　　　　　　//成员 name 是字符型数组,所以不能使用"="运算符进行赋值。

stu_2.sex=stu_1.sex;

stu_2.birth.year=stu_1.birth.year;

stu_2.birth.month=stu_1.birth.month;

stu_2.birth.day=stu_1.birth.day;

stu_2.score[0]=stu_1.score[0];

stu_2.score[1]=stu_1.score[1];

stu_2.score[2]=stu_1.score[2];

stu_2.score[3]=stu_1.score[3];

stu_2.score[4]=stu_1.score[4];

strcpy(stu_2.addr, stu_1.addr);

　　　　　　　　　　//成员 addr 是字符型数组,所以不能使用"="运算符进行赋值。

【例 9-2】　在例 9-1 的基础上,采用从键盘输入的形式完成结构体类型变量的初始化。

```c
#include <stdio.h>
int main()
{
    typedef struct date
    {
        int   year;
        int   month;
        int   day;
    }DATE;
    typedef struct student
    {
        long num;               //学号
        char name[20];          //姓名
        char sex;               //性别
        DATE  birth;            // 出生日期
        float score[5];         //5 门课成绩
        char addr[30];          //家庭住址
    }STU;
    STU stu_1,stu_2;
    int i;

    printf("请输入学生信息:\n 学生学号  姓名  性别 出生年 月 日\t          5 门课成绩\t
        家庭住址\n");
    scanf("%ld",&stu_1.num);
    getchar();                  //清空输入缓冲区中的回车符
    gets(stu_1.name);
    fflush(stdin);              //清空输入缓冲区
```

```
        stu_1.sex=getchar();
        scanf("%d,%d,%d",&stu_1.birth.year,&stu_1.birth.month,&stu_1.birth.day);
        for(i=0;i<5;i++)
            scanf("%f",&stu_1.score[i]);
        getchar();
        scanf("%s",stu_1.addr);

        printf("学生信息如下:\n 学生学号\t 姓名\t 性别\t 出生年 月 日\t       5 门课成绩\t
            家庭住址\n");
        printf("stu_1:\n%10ld, %s, %3c, {%4d/%02d/%02d},{%.2f,%.2f,%.2f,%.2f,%.2f},
            \"%10s\"\n",
            stu_1.num, stu_1.name, stu_1.sex,
            stu_1.birth.year, stu_1.birth.month, stu_1.birth.day,
            stu_1.score[0], stu_1.score[1], stu_1.score[2], stu_1.score[3],stu_1.
            score[4],stu_1.addr);

        stu_2=stu_1;                      /* 同类型的结构体变量之间的赋值操作 */

        printf("stu_2:\n%10ld, %s, %3c, {%4d/%02d/%02d},{%.2f,%.2f,%.2f,%.2f,%.2f},
            \"%10s\"\n",
            stu_2.num, stu_2.name, stu_2.sex,
            stu_2.birth.year, stu_2.birth.month, stu_2.birth.day,
            stu_2.score[0], stu_2.score[1], stu_2.score[2], stu_2.score[3],stu_2.
            score[4],stu_2.addr);
        return 0;
    }
```

【程序分析】

结构体类型的声明既可放在所有函数体的外部,也可放在函数体内部。在函数体外声明的结构体类型可为所有函数使用,称为全局声明;在函数体内声明的结构体类型只能在本函数体内使用,离开该函数,声明失效,称为局部声明。在例 9-1 中结构体类型的声明属于全局声明,在例 9-2 中的结构体类型的声明属于局部声明。

9.3.2 结构体数组的定义和初始化

1. 结构体数组的定义

一个结构体类型的变量只能表示一个学生的信息,那如果想表示 2 个学生信息时,可以声明 2 个结构体类型的变量,比如 stu_1,stu_2,那如果想表示 20 个,甚至更多个学生信息时,再声明 20 个结构体变量,那对变量的初始化、引用等操作将会变得很复杂。既然每个学生的信息都是用相同的数据类型来表示,显然应该使用数组来表示多个学生信息,这就是结构体数组。结构体数组与前面介绍过的数值型、字符型数组不同之处在于,每个数组元素都是一个结构体类型的数据,它们都分别包括各个成员。

定义结构体数组有如下 3 种形式:

（1）先声明结构体类型，再定义结构体数组

```
typedef struct date
{
    int year;
    int month;
    int day;
}DATE;
struct student
{   long num;
    char name[20];
    char sex;
    DATE birth;
    float score[5];
    char addr[30];
};
struct student stu[20];
```

结构体数组 stu 的定义形式与下面形式等价：

```
typedef struct student STU;          //将 struct student 类型用别名 STU 来表示
STU stu[20];
```

说明：数组 stu 是一个有 20 个元素的结构体数组，每个元素的类型都是 struct student。

（2）声明一个结构体类型时直接定义一个结构体数组

```
typedef struct date
{
    int year;
    int month;
    int day;
}DATE;

struct student
{   long num;
    char name[20];
    char sex;
    DATE birth;
    float score[5];
    char addr[30];
}stu[20];
```

（3）直接定义一个结构体数组（不指定结构体类型名）

```
typedef struct date
{
    int year;
    int month;
```

```
    int day;
}DATE;

struct                        //省略了结构体类型名
{   long num;
    char name[20];
    char sex;
    DATE birth;
    float score[5];
    char addr[30];
}stu[20];
```

结构体数组元素的引用：如访问第 1 个学生的学号：stu[0]. num，访问第 4 个学生的出生年：stu[3]. birth. year。

2. 结构体数组的初始化

（1）结构体数组声明时即初始化

struct 结构类型名 结构数组名[数组长度]={初始数据};

```
typedef struct date
{
    int year;
    int month;
    int day;
}DATE;
struct student
{   long num;
    char name[20];
    char sex;
    DATE birth;
    float score[5];
    char addr[30];
};
struct student stu[3]={{155042201,"张三",'男',1997,1,1,{85,90,85,79,95},"河北石家
                        庄"},
                       {155042202,"李四",'M',1996,2,2,{88,75,80,82,90},"浙江金
                        华"},
                       {155042203,"王梦",'M',1997,3,3,{74,86,88,81,85},"山东济
                        南"}};
```

（2）定义数组时初始化

```
typedef struct date
{
    int year;
    int month;
    int day;
}DATE;
```

```
struct student
{    long num;
     char name[20];
     char sex;
     DATE birth;
     float score[5];
     char addr[30];
}stu[3]={{155042201,"张三",'男',1997,1,1,{85,90,85,79,95},"河北石家庄"},
         {155042202,"李四",'M',1996,2,2,{88,75,80,82,90},"浙江金华"},
         {155042203,"王梦",'M',1997,3,3,{74,86,88,81,85},"山东济南"}};
```

（3）使用输入函数对各个成员进行初始化

```
for(i=0;i<3;i++)
{
    printf("input 第%d 个学生信息：\n",i+1);
    scanf("%ld",&stu[i].num);
    scanf("%s",stu[i].name);
    scanf(" %c",&stu[i].sex);
    scanf("%d",&stu[i].birth.year);
    scanf("%d",&stu[i].birth.month);
    scanf("%d",&stu[i].birth.day);
    for(j=0;j<5;j++)
        scanf("%f",&stu[i].score[j]);
    scanf("%s",stu[i].addr);
}
```

【例 9-3】 某班级某一学期共有 N 个学生修读了 5 门课，每个学生信息包括：学号、姓名、性别，计算该班级每个学生的总成绩、平均成绩。

【设计思路】 因为每个学生信息的数据类型不同，所以需要将学生信息设计为结构体类型，又因有 N 个学生，所以使用一个结构体数组 stu 来表示。数组 stu 中包含 N 个元素，每个元素中的信息应包括学生的学号、姓名、性别、5 门课成绩。还需要考虑每个学生的总成绩和平均成绩的计算，将这两个数据设计在结构体中作为其中的成员来完成。

C 程序代码如下：

```
#include  <stdio.h>
#define N 3                        //学生总人数
#define M 5                        //课程数目
typedef struct student            //表示学生信息的结构体类型定义
{
    long num;
    char sex;
    char name[10];
    float score[M];
    float sum;
    float ave;
}STU;
```

```
int main()
{
    int i, j;
    STU stu[N]={{155042201,'M',"张三",{85,90,85,79,95},0,0},
    {155042202,'M',"李四",{88,75,80,82,90},0,0},
    {155042203,'M',"王梦",{74,86,88,81,85},0,0}};
                        /*定义结构体数组并初始化,注意总成绩和平均成绩均初始化为0*/

    printf("学生学号\t性别 姓名 C语言 高数 英语 大学物理 体育   总分    平均分\n");
    for(i=0; i<N; i++)
    {

        for(j=0; j<M; j++)
        {
            stu[i].sum=stu[i].sum+stu[i].score[j];      //计算每人的总成绩
        }
        stu[i].ave=stu[i].sum/5;                        //计算每人的平均成绩

        printf("%ld\t%c%8s,%.2f %.2f %.2f %.2f %.2f, sum=%6.2f,ave=%.2f \n",
            stu[i].num,
            stu[i].sex,
            stu[i].name,
            stu[i].score[0],
            stu[i].score[1],
            stu[i].score[2],
            stu[i].score[3],
            stu[i].score[4],
            stu[i].sum,
            stu[i].ave);                                //输出数组所有元素中的信息
    }
    return 0;
}
```

运行结果:

```
学生学号       性别 姓名 C语言 高数 英语 大学物理 体育  总分     平均分
155042201       M    张三,85.00 90.00 85.00 79.00 95.00, sum=434.00,ave=86.80
155042202       M    李四,88.00 75.00 80.00 82.00 90.00, sum=415.00,ave=83.00
155042203       M    王梦,74.00 86.00 88.00 81.00 85.00, sum=414.00,ave=82.80
Press any key to continue
```

【程序分析】

在本例中注意每个学生的总成绩和平均成绩在求解前均应初始化为0,还应注意在对结构体数组元素进行初始化时,应对各个成员对应赋值。

9.3.3 结构体指针的定义及初始化

1. 指向结构体变量的指针

在前面例题中已经声明了 STU 结构体类型,那么定义一个指向该结构体类型数据的指针变量的方法为:

定义形式:

struct 结构体名 *结构体指针名;

例如:

struct student *p;

等价于:

STU *p;

与前面章节指针变量类似,此处只是定义了一个指向 STU 结构体类型的指针变量 p,但是由于没有为其赋值,所以此时的 p 并没有指向一个确定的存储单元,其值是一个随机值。

2. 结构体指针变量的初始化

上述定义的结构体类型指针变量 p,为使 p 指向一个确定的存储单元,在使用指针变量 p 之前需要对其进行初始化:

例如:

```
struct student
{   long num;
    char sex;
    char name[20];
    int year;
    float score[5];
    char addr[30];
};
struct student stu,*p; p=&stu;
```

或者定义指针变量 p 的同时对其初始化:struct student *p = &stu;

上面两种方法中,p 的值是结构体变量 stu 在内存中的起始地址,即 p 是指向结构体变量 stu 的指针。结合例 9-4,可以在编译环境中显示变量 stu 的地址、指针变量 p 的地址和值,变量 stu 和指针变量 p 在内存中的存储示意如图 9.2 所示。

【例 9-4】 结构体指针变量的初始化。

C 程序代码如下:

```
int main()
{
    struct student stu,*p=&stu;
    printf("&stu=%p\n",&stu);
```

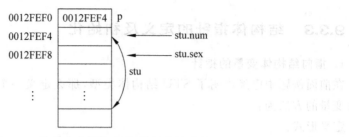

图 9.2　结构体类型的变量、指针存储示意图

```
printf("&p=%p\n",&p);
printf("p=%p\n",p);
return  0;
}
```

运行结果：

```
&stu=0012FEF4
&p=0012FEF0
p=0012FEF4
Press any key to continue
```

3. 结构体指针变量引用成员

如何访问结构体指针变量所指向的结构体成员呢？

```
STU  stu;
STU  * p=&stu;
```

以下三种形式等价：

（1）通过 stu 和成员选择运算符访问结构体成员：结构体变量名. 成员名

```
stu. num=155042201;
```

（2）通过 p 和指向运算符访问结构体成员：结构体指针名->成员名

```
p ->num=155042201;
```

（3）通过 p 和指向运算符访问结构体成员：(* 结构体指针名). 成员名

```
( * p). num=155042201;
```

因为"（）"的优先级比成员选择运算符"."优先级高，所以先将(* p)作为一个整体，取出 p 指向的结构体的内容，再将其看成一个结构体变量，利用成员选择运算符访问它的成员。

其中这两条语句是等价的：p -> num = 155042201；等价于：(* p). num = 155042201；（后者书写麻烦，不常用）

当结构体嵌套时，如何访问结构体指针变量所指向的结构体成员？

```
STU  stu;
STU  * p=&stu;
stu. birthday. year=1999;
( * p). birthday. year=1999;
p ->birthday. year=1999;
```

4. 指向结构体数组的指针

假设已声明了 STU 结构体类型,并且已定义了一个有 20 个元素的结构体数组 stu,则定义结构体指针变量 p 并将其指向结构体数组 stu 的方法如下。

(1) 声明结构体指针变量时进行初始化

```
STU * p=stu;
```

stu 是结构体数组的首地址,也是结构体数组元素 stu[0] 的首地址,所以上面的初始化方法等价于:STU * p＝&stu[0];。

(2) 先声明结构体指针变量,再对其初始化

```
STU * p;
p=stu;
```

那么使用指向结构体数组的指针怎么来引用结构体数组元素的成员呢?

```
p->score[0];  等价于:stu[0].score[0];
```

p+1 指向的是下一个结构体数组元素 stu[1] 的首地址,p+3 指向的是 stu[3] 的首地址,所以指向结构体数组的指针可以进行加减计算。

9.4　向函数传递结构体

像其他普通的数据类型一样,既可以定义结构体类型的变量、数组、指针,也可以将结构体作为函数参数的类型和返回值的类型。将结构体传递给函数时,作为函数参数的方式有如下几种:结构体成员、结构体变量、结构体数组、结构体指针。用结构体变量的成员作参数。例如,用 stu[2].name 作函数实参,将实参值传给形参。用法和用普通变量作实参是一样的,属"值传递"方式。在函数内部对其进行操作,不会引起结构体成员值的变化。

结构体的一个成员作为函数实参进行参数传递的形式很少使用,本书不进行详细介绍。下面介绍结构体变量、结构体指针、结构体数组作为函数实参进行参数传递的方法。

9.4.1　结构体变量作函数参数

用结构体变量作函数实参,向函数传递结构体的完整结构,即将结构体各个成员的内容复制给被调用函数中形参的各个成员。这种传递方式也是值的传递,所以在被调用函数内对形参结构体成员值进行修改,不会影响实参结构体成员的值。

【例 9-5】　调用 change 函数将学生的出生日期修改为 1998 年 6 月 25 日。使用结构体类型变量作函数参数实现值的传递,能否成功?

C 程序代码如下:

```
#include <stdio.h>
typedef struct date
{
```

```
    int    year;
    int    month;
    int    day;
}DATE;
typedef struct student
{
    long   num;                                          /*学号*/
    char   sex[4];                                       /*性别*/
    char   name[20];                                     /*姓名*/

    DATE   birth;                                        /*出生日期*/
    float score[5];                                      /*4门课程的成绩*/
    char addr[30];                                       /*家庭住址*/
}STU;
void change(STU s)
{
    s.birth.year=1998;
    s.birth.month=6;
    s.birth.day=25;
}
int main()
{
    STU stu={155042201,"男","张师钒",{1997,1,1},{85,90,85,79,95},"河北石家庄"};
    change(stu);                                         /*调用change函数修改stu_1
的各个成员的值*/
    printf("学生学号  性别 姓名 出生年   月    日   C语言 高数 英语 大学物理 体育 家庭住址\
n");
    printf("%ld,%3s,%s,{%4d/%2d/%2d} %.2f,%.2f,%.2f,%.2f,%.2f ,\"%10s\"\n",
        stu.num, stu.sex, stu.name,
        stu.birth.year, stu.birth.month, stu.birth.day,
        stu.score[0], stu.score[1], stu.score[2], stu.score[3],stu.score[4],stu.
            addr);
    return 0;
}
```

运行结果：

```
学生学号  性别 姓名 出生年  月   日   C语言 高数 英语 大学物理 体育 家庭住址
155042201,  男,张师钒,{1997/ 1/ 1} 85.00,90.00,85.00,79.00,95.00 ,"河北石家庄"
Press any key to continue
```

【程序分析】

形参 s 和实参 stu 具有相同的结构体类型，调用 change()函数时使用 STU 类型的结构体变量 stu 作为函数的实参，向函数 change()传递的是结构体 stu 的所有成员的值，由于是值的传递，结构体变量实参 stu 和形参 s 分别占用不同的存储单元，因此在函数 change()内对形参 s 的成员 birth 的各个成员：year, month, day 进行修改不会影响实参 stu 中成员 birth 的各个成员值。上述运行结果也验证了这一分析结果。

9.4.2 结构体指针作函数参数

用指向结构体变量的指针作参数,将结构体变量的地址传给形参,属于地址传输的范畴。

【例9-6】 调用change函数将学生的信息改为{155042209,"童年","男",{1998,6,25},{90,90,90,90,90},"陕西省西安"}。使用指向结构体类型变量的指针作函数参数实现地址的传递,能否成功?

C程序代码如下:

```
#include  <stdio.h>
typedef struct date
{
    int   year;
    int   month;
    int   day;
}DATE;
typedef struct student
{
    long   num;                                    /*学号*/
    char   sex[4];                                 /*性别*/
    char   name[20];                               /*姓名*/
    DATE   birth;                                  /*出生日期*/
    float score[5];                                /*5门课程成绩*/
    char addr[30];                                 /*家庭住址*/
}STU;
void change(STU * p)
{
    int i;
    p->num=155042209;
    strcpy(p->sex,"男");
    strcpy(p->name,"童年");
    p->birth.year=1998;
    p->birth.month=6;
    p->birth.day=25;
    printf("请输入5门课程成绩:C语言 高数 英语 大学物理 体育 \n");
    for(i=0;i<5;i++)
        scanf("%f",&p->score[i]);
    strcpy(p->addr,"陕西省西安");
}
int main()
{
    STU stu={155042201,"男","张师钒",{1997,1,1}, {85,90,85,79,95},"河北石家庄"};
    change(&stu);                            /*调用change函数修改stu的各个成员的值*/
    printf("学生学号   性别 姓名 出生年   月    日 C语言 高数 英语 大学物理 体育 家庭住址\n");
    printf("%ld,%3s,%s,{%4d/%2d/%2d} %.2f,%.2f,%.2f,%.2f,%.2f ,\"%10s\"\n",
        stu.num, stu.sex, stu.name,
```

```
        stu.birth.year, stu.birth.month, stu.birth.day,
        stu.score[0], stu.score[1], stu.score[2], stu.score[3], stu.score[4], stu.
        addr);
    return 0;
}
```

运行结果：

```
请输入5门课成绩：C语言 高数 英语 大学物理 体育
90
90
90
90
90
学生学号  性别 姓名 出生年  月  日C语言 高数 英语 大学物理 体育 家庭住址
155042209，男,童年，{1998/ 6/25} 90.00,90.00,90.00,90.00,90.00 ,"陕西省西安"
Press any key to continue
```

【程序分析】

从运行结果来看,stu 的信息已经被更改为要求的数据。

调用 change()函数时使用的结构体变量的地址 &stu 作为函数的实参,因此传递给被调用函数的是这个结构体变量的地址值,被调函数 change()必须使用结构体指针变量 p 作为函数的形参才能接收地址值。由于 p 指向了 stu,因此在函数 change()内部对 p 指向的结构体成员值的修改,其实就是对实参 stu 的各个成员值的修改。在 change()函数内部,使用指向运算符来引用结构体指针 p 所指向的结构体的成员值。

9.4.3 结构体数组作函数参数

用结构体数组作实参,将结构体数组的首地址传给形参,属于地址传输的范畴。

实参是结构体数组,形参是结构体数组怎样完成?

实参是结构体数组,形参是结构体类型的指针变量又怎样完成?

【例 9-7】 调用 add(STU s[],int n)函数和 output(STU s[],int n)函数将结构体类型数组元素进行输入输出,调用 totalAve(STU s[],int n);函数计算该班级每个学生的总成绩、平均成绩。

【设计思路】 使用结构体类型数组名作为函数的实参实现地址的传递。设计结构体类型时将总成绩和平均成绩作为结构体成员来进行。totalAve(STU s[],int n)函数完成总成绩和平均成绩的求解。

C 程序代码如下：

```c
#include <stdio.h>
#define N 40
#define M 5
typedef struct date
{
    int    year;
    int    month;
    int    day;
```

```
}DATE;
typedef struct student
{
    long num;                        //学号
    char sex[4];                     //性别
    char name[20];                   //姓名
    DATE  birth;                     //出生日期
    float score[M];                  //5 门课成绩
    char addr[30];                   //家庭住址
    float sum;                       //总成绩
    float ave;                       //平均成绩
}STU;

void add(STU s[],int n)              /*形参数组 s 与实参数组 stu 占用同一段内存*/
{
    int i;
    printf("请输入学号  性别  姓名  出生年 月 日 C 语言 高数 英语 大学物理 体育:\n");
    for(i=0;i<n;i++)
    {
        printf("第%d 个学生信息:\n",i+1);
        scanf("%ld%s%s%d,%d,%d,%f,%f,%f,%f,%f",
            &s[i].num,
            s[i].sex,
            s[i].name,
            &s[i].birth.year,
            &s[i].birth.month,
            &s[i].birth.day,
            &s[i].score[0],
            &s[i].score[1],
            &s[i].score[2],
            &s[i].score[3],
            &s[i].score[4]);
    }
}
void totalAve(STU s[],int n)   /*形参数组 s 与实参数组 stu 占用同一段内存,对数组 s 中各
                                 个元素成员的修改便是对实参数组 stu 各个元素成员的修
                                 改*/
{
    int i,j;

    for(i=0; i<n; i++)
    {
        s[i].sum=0;
        s[i].ave=0;
        for(j=0; j<M; j++)
        {
            s[i].sum=s[i].sum+s[i].score[j];
        }
```

```
            s[i].ave=s[i].sum / 5;
        }
    }
    void output(STU s[],int n)                    /*形参数组 s 与实参数组 stu 占用同一段内存*/
    {
        int i;
        printf("学生学号  性别 姓名 出生年 月 日 C语言 高数 英语 大学物理 体育 总成绩 平均成
            绩\n");
        for(i=0;i<n;i++)
        {
            printf("stu[%d]:\n",i);
            printf("%ld, %s,%s, {%4d/%02d/%02d}{%.2f,%.2f,%.2f,%.2f,%.2f},%6.2f,%6.2f\n",
            s[i].num,s[i].sex,s[i].name,
            s[i].birth.year, s[i].birth.month, s[i].birth.day,
            s[i].score[0], s[i].score[1], s[i].score[2],s[i].score[3],s[i].score[4],
                s[i].sum,s[i].ave);
        }
    }
    int main()
    {
        STU stu[N];
        int n;
        printf("请输入学生人数:\n");
        scanf("%d",&n);
        add(stu,n);
        totalAve(stu,n);
        output(stu,n);
        return 0;
    }
```

运行结果：

【程序分析】

totalAve(STU s[],int n)函数完成每个学生的总成绩和平均成绩的求解，需要注意在求解之前必须先将成员 sum、ave 初始化为 0。形参数组 s 与实参数组 stu 占用同一段内存，对数组 s 中各个元素成员的修改便是对实参数组 stu 各个元素成员的修改。

【例9-8】 调用 add(STU ＊p,int n)函数和 output(STU ＊p,int n)函数将结构体类型数组元素进行输入输出,调用 totalAve(STU ＊p,int n)函数计算该班级每个学生的总成绩、平均成绩。

【设计思路】 使用结构体类型数组名作为函数的实参实现地址的传递。设计结构体类型时将总成绩和平均成绩作为结构体成员来进行。totalAve(STU ＊p,int n)函数完成总成绩和平均成绩的求解。

C 程序代码如下:

```c
#include <stdio.h>
#define N 40
#define M 5
typedef struct date
{
    int    year;
    int    month;
    int    day;
}DATE;
typedef struct student
{
    long num;                       //学号
    char sex[4];                    //性别
    char name[20];                  //姓名
    DATE   birth;                   //出生日期
    float score[5];                 //5门课成绩
    char addr[30];                  //家庭住址
    float sum;                      //总成绩
    float ave;                      //平均成绩
}STU;

void add(STU ＊p,int n)             //p 指向结构体学生信息数组
{
    int i;
    printf("请输入学号  性别  姓名  出生年 月 日 C语言 高数 英语 大学物理 体育:\n");
    for(i=0;i<n;i++)                /＊此处的 n 控制循环次数＊/
    {
        printf("第%d个学生信息:\n",i+1);
        scanf("%ld%s%s%d,%d,%d,%f,%f,%f,%f,%f",
            &p->num,
            p->sex,
            p->name,
            &p->birth.year,
            &p->birth.month,
            &p->birth.day,
            &p->score[0],
            &p->score[1],
```

```
                &p->score[2],
                &p->score[3],
                &p->score[4]);
        p++;         /*通过指针应用结构体中各个元素,所以指针p应不断地执行加1操作*/
    }
}
void totalAve(STU * p,int n)              //p指向结构体学生信息数组
{
    int i,j;

    for(i=0; i<n; i++)
    {
        p->sum=0;
        p->ave=0;
        for(j=0; j<5; j++)
        {
            p->sum=p->sum+p->score[j];
        }
        p->ave=p->sum / 5;
        p++;
    }
}


void output(STU * p,int n)
{
    int i;
    printf("学生学号  性别 姓名 出生年 月 日 C语言 高数 英语 大学物理 体育 总成绩 平均成
        绩\n");
    for(i=0;i<n;i++)
    {
        printf("stu[%d]:\n",i);
        printf("%ld, %s,%s, {%4d/%02d/%02d}{%.2f,%.2f,%.2f,%.2f,%.2f},%6.2f,%6.2f\n",
        p[i].num,p[i].sex,p[i].name,
        p[i].birth.year, p[i].birth.month, p[i].birth.day,
        p[i].score[0], p[i].score[1], p[i].score[2],p[i].score[3],p[i].score[4],
        p[i].sum,p[i].ave);
    /*指向数组的指针对数组元素的引用与下面的表达方式等价
        printf("stu[%d]:%10ld, %3s, %10s, {%6d/%02d/%02d} {%.2f,%.2f,%.2f,%.2f,
        %.2f},总成绩:%6.2f,平均成绩:%6.2f\n",i,
        p->num,     p->name,p->sex,
        p->birth.year, p->birth.month, p->birth.day,
        p->score[0], p->score[1],p->score[2],p->score[3],p->score[4],p->sum,
        p->ave);
        p++;
        */
```

```
        }
    }

    int main()
    {
        STU stu[N];
        int n;
        printf("请输入学生人数:\n");
        scanf("%d",&n);
        add(stu,n);
        totalAve(stu,n);
        output(stu,n);
        return 0;
    }
```

运行结果：

```
请输入学生人数:
2
请输入学号 性别 姓名 出生年 月 日 C语言 高数 英语 大学物理 体育:
第1个学生信息:
42201 男 张三 1997,1,1,60,70,80,90,100
第2个学生信息:
42202 男 李四 1998,2,2,65,75,85,95,99
学生学号 性别 姓名 出生年 月 日C语言 高数 英语 大学物理 体育 总成绩 平均成绩
stu[0]:
42201, 男,张三, {1997/01/01}{60.00,70.00,80.00,90.00,100.00},400.00, 80.00
stu[1]:
42202, 男,李四, {1998/02/02}{65.00,75.00,85.00,95.00,99.00},419.00, 83.80
Press any key to continue_
```

【程序分析】

totalAve(STU * p,int n)函数完成每个学生的总成绩和平均成绩的求解,需要注意在求解之前必须先将成员 sum,ave 初始化为 0。

注意：使用结构体指针变量来引用数组元素各个成员：p->num 或者 p[i].num,如果使用 p->num,需要注意 p 的变化：添加语句 p++;,如果没有该语句,程序输出结果将始终是第一个元素的各个成员值。

*9.5 共用体

1. 共用体类型

共用体,也称联合体(Union),是将不同类型的数据组织在一起共同占用同一段内存的一种构造数据类型。结构体也是将不同类型数据组织在一起,但共用体与结构体不同的是,共用体是从同一起始地址开始存放成员的值,即所有成员共享同一段内存单元,如图 9.3 所示。共用体与结构体的类型声明方法类似,但使用的关键字是 union。

共用体类型定义形式：

```
union   共用体名
{   类型标识符    成员名;
```

图 9.3 共用体类型与结构体类型内存分配示意图比较

　　类型标识符　　成员名;
　　　　　　⋮
};

注意：类型定义不分配内存

例：

```
union data
{   int a;
    char b;
    float c;
};
```

2. 共用体变量的定义

（1）先定义共用体类型，再定义共用体变量、指针、数组

```
union data
  { int a;
    char b;
    float c;
    };
    union data m,n, * p,q[3];
```

（2）在定义共用体类型的同时定义共用体变量

```
union data
  { int a;
    char b;
    float c;
  } m,n;
```

（3）直接定义共用体变量（不指定共用体类型名）

```
union
  { int a;
    char b;
    float c;
  } m,n;
```

说明：

图 9.4、图 9.5 中共用体变量 m 和 n,语句：m.a=1;表示目前 4 个字节是为成员 a 分配的内存空间。

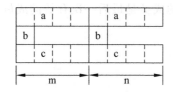

图 9.4 共用体变量 m,n 内存分配示意图

 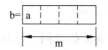

图 9.5 共用体变量 m 初始化

如果再执行下面语句：m.b='a'；

则表示成员 a 的内容被改变，此时成员 b 占用分配内存空间的 1 个字节。

执行完语句：m.c=1.5；

则表示成员 b 的内容被改变，此时成员 c 占用分配内存空间的 4 个字节。从上述分析来看，共用体使用覆盖技术来实现内存的共用，即在每一时刻起作用的成员就是最后一次被赋值的成员，不能为共用体的所有成员同时进行初始化。

3. 共用体变量的引用方式

只有先定义了共用体变量才能引用它，但应注意：不能引用共用体变量，只能引用共用体变量中的成员。

3 种方式等价：

(1) 共用体变量名.成员名

(2) 共用体指针名→成员名

(3) (*共用体指针名).成员名

例如：

```
union data
  { int a;
    char b;
    float c;
  };
union data m,n,* p,q[3];
                  //定义了 m,n 为共用体变量,p 为共用体类型的指针,q 为共用体类型的数组
```

基于以上定义，则下面的引用方式是正确的：

```
m.a,m.b,m.c
p->a,p->b,p->c
(*p).a,(*p).b,(*p).c
q[0].a,q[0].b,q[0].c
```

共用体类型数据的特点：

(1) 同一个内存段可以用来存放几种不同类型的成员，但在每一瞬时只能存放其中一种，而不是同时存放几种。

（2）共用体变量中起作用的成员是最后一次存放的成员。

例如：

```
m.a=1;
m.c='a';
m.c=1.5;
printf("%d",m.a);          /*编译通过,运行结果不对*/
printf("%f",m.c);          /*用法正确*/
```

（3）共用体变量和它的各成员的地址都是同一地址。

（4）不能对共用体变量名赋值,也不能在定义共用体变量时初始化。但可以用一个共用体变量为另一个变量赋值。

例如：

```
union
{ int a;
  char b;
  float c;
}m={1,'a',1.5};      /*错误,不能在定义共用体变量时初始化*/
    m=1;             /*错误,不能对共用体变量名赋值*/
    n=m;             /*错误,n类型不确定,故不可以n=m*/
```

例如：

```
float  x;
   union
    { int a;   char b;   float c;
    }m,n;
    m.a=1;   m.b='a';   m.c=1.5;
    n=m;                /*正确,可以用一个共用体变量为另一个变量赋值*/
    x=m.c;              /*正确,可以将共用体变量成员的值赋值给与成员数据类型相同的变量*/
```

（5）不能把共用体变量作为函数参数,也不能使函数带回共用体变量,但可以使用指向共用体变量的指针(与结构体变量的这种用法相仿)。

（6）共用体类型可出现在结构体类型定义中,也可以定义共用体数组。反之,结构体也可出现在共用体类型定义中,数组也可作为共用体的成员。如表 9-2 所示,职工信息表可以设计为结构体类型数组,出生年月日类型应为结构体类型,政治面貌类型应为共用体类型。

表 9-2　职工基本信息表

姓名	性别		出生年月日			政治面貌					...
	男	女	年	月	日	群众	团员	预备党员	党员	民主党派	...

表 9-2 中职工基本信息表的数据类型设计为：

```
union state                              //职工政治面貌
```

```
{
    char    masses[4];                      //群众
    char    leaguemember[4];                //团员
    char    probationary[4];                //预备党员
    char party[4];                          //党员
    char democratic[4];                     //民主党派
};
struct date                                 //职工出生年月日
{
    int year;
    int month;
    int day;
};
struct teacher                              //职工基本信息
{
    char name[20];
    char sex[4];
    struct date birth;
    union state politicalstatus;
};
```

在结构体类型 struct teacher 中有结构体类型的成员 struct date birth 和共用体类型的成员 union state politicalstatus。

*9.6 枚举数据类型

1. 枚举数据类型

"枚举"是指将变量的值一一列举出来,变量的值只限于列举出来的值的范围内。枚举数据类型是 ANSI C 新标准所增加的。

2. 枚举数据类型及变量的定义

如果一个变量只有几种可能的值,可以定义为枚举数据类型,需要使用关键字 enum 来定义。

枚举类型定义形式:

```
enum   枚举类型名 {枚举元素列表};
enum weekday
    {sun,mon,tue,wed,thu,fri,sat};
```

枚举类型变量的定义形式:

```
enum   枚举类型名 {枚举元素列表} 枚举变量列表;
enum weekday
    {sun,mon,tue,wed,thu,fri,sat} workday,week_end;
```

上面的语句等价于:

```
enum weekday
    {sun,mon,tue,wed,thu,fri,sat};
enum weekday  workday,week_end;
```

当枚举类型和枚举变量放在一起定义时,枚举类型名可省略,上述的定义可简写为:

```
enum
    {sun,mon,tue,wed,thu,fri,sat} workday,week_end;
```

其中 weekday 是枚举类型,"{}"中的 sun,mon,…,sat 都是整型常量,称为枚举常量或枚举元素。除非特别指定,一般情况下第 1 个枚举常量的值为 0,第 2 个枚举常量的值为 1,第 3 个枚举常量的值为 2,以后依次递增 1。

语句 enum weekday workday,week_end;定义了两个 weekday 枚举类型的变量 workday,week_end。

也可定义枚举类型数组。例如:

```
enum weekday workday[5];
```

C 语言还允许在枚举类型定义时明确地指定每一个枚举常量的值,例如:

```
enum weekday
    {sun=-1,mon=1,tue=0,wed=2,thu,fri,sat};
```

这里,前面 4 个枚举常量的值被明确地设置为-1,1,0,2,后面的常量值依次递增 1。

说明:

(1) 在编译中,对枚举元素按常量处理,它们不是变量,不能对它们赋值。

(2) 枚举元素作为常量,它们是有值的,语言编译按定义时的顺序使它们的值为 0,1,2,…。

(3) 枚举值可以用来做判断比较。例如:

```
if(workday==mon)…
if(workday>sun)…
```

(4) 一个整数不能直接赋给一个枚举变量。应先进行强制类型转换才能赋值。如:

```
workday = (enum workday)2;
```

(5) 虽然枚举类型后面花括号内的标识符代表枚举型变量的可能取值,但其值是整型常量,不是字符串,因此只能作为整型值而不能作为字符串来使用。例如,下面的语句是正确的:

```
workday=mon;              /* 正确,给 workday 赋值为枚举常量 mon 的值,也就是 1 */
printf("%d",workday);     /* 正确,输出 workday 的值为 1 */
```

如果将 workday 的值按照字符串来输出是错误的,不能达到输出字符串"mon"的目的。

```
printf("%s",workday);     /* 错误,不能作为字符串来使用 */
```

* 9.7　动态数据结构——单向链表

1. 引入链表的原因

使用数组存放数据时,必须先定义好数组的长度。在教学管理系统中,每个班级学生人数不同,有的班级 30 人,有的班级 50 人,有的班级最多人数难以确定,如果数组长度定义小了,会造成数据溢出,如果将数组定义的足够大,又很容易造成内存浪费。我们把上述内存的分配方式称作静态内存分配。如果能有一种存储结构,能够根据实际需求多少来分配内存,增加数据时程序可以自动申请内存空间,删除数据时程序可以自动释放占用的内存空间,这样就可以更合理地使用系统资源,避免内存空间浪费的问题。上述内存分配形式称作动态内存分配。链表就是动态分配内存的数据结构,链表和数组相似,也是线性结构。

2. 链表的定义

图 9.6 表示最简单的一种链表结构。链表中每一个元素称为"结点",每一个结点除了存放实际的数据,还需要存放下一个结点的地址,所以需要使用指针变量来存放下一结点地址。head 是一个指针变量,指向该链表,通过 head 的值可以从链表的第一个结点,依次找到链表的最后一个结点。若干个结点链接成一个链表(因为只包含一个指针域,故又称线性链表或单向链表)。

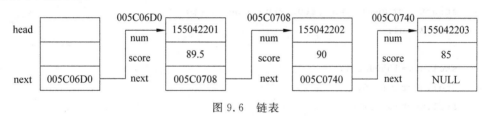

图 9.6　链表

链表的存储结构类型定义如下:

```
struct  student
{
    long num;
    float  score;
    struct  student * next;     //next 指向结构体类型的变量
};
```

数据部分:可由若干项(整型、实型、字符型、结构体类型等)组成;

指针变量:下一结点的地址,最后一个结点(表尾)的地址部分为 NULL。

从图 9.6 中可以看出,链表中的每一个元素用一个结点来表示,结点在内存中的地址可以是连续的,也可以是不连续的。但是如果要查找某个元素,必须从链表的头结点开始,也就是从 head 指向的结点开始。如果不提供头指针 head,则整个链表都无法访问。

3. 静态单向链表的建立

【例 9-9】　建立一个如图 9.7 所示的简单链表,它由三个学生信息的结点组成。

【提示】　三个学生信息可以使用结构体类型的变量存储数据,后一个元素的首地址存放在前面元素的 next 成员中。

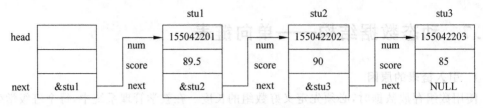

图 9.7　静态单向键表的建立

C 程序代码如下：

```
#include <stdio.h>
#define   NULL    0
struct   student
{
long num;
float   score;
 struct   student * next;
};
int main( )
{
    struct   student   stu1,stu2,stu3, * head, * p;
    head=&stu1;

    stu1.num=155042201;
    stu1.score=89.5;
    stu1.next=& stu2;

    stu2.num=155042202;
    stu2.score=90;
    stu2.next=& stu3;

    stu3.num=155042203;
    stu3.score=85;
    stu3.next=NULL;

    return 0;
}
```

每个结点都属于 struct   student 类型，它的 next 成员存放下一个结点的地址，这样一环扣一环，将各结点紧密地扣在一起，形成一个链表。

本例所有结点是在程序中定义的，不是临时开辟的，用完也不能释放，这种链表称作"静态链表"。

4. 单向链表的输出

找到链表的头指针，依次访问每个结点的信息，直到访问到链尾结束。

【例 9-10】 编写一个函数 print(),将例 9-9 链表中的信息输出。

【设计思路】 每个结点都属于 struct student 类型,它的 next 成员存放下一个结点的地址。调用 print()函数时,使用结构体变量地址 &stu1 作函数的实参,形参应是结构体类型的指针变量,使用 head 表示接收到的是链表的第一个结点的地址。然后设一个工作指针变量 p,将 head 的值赋值给 p,p 指向第一个结点,输出 p 指向的结点(第一个结点)的数据,然后,执行 p=p->next;语句,p->next 是下一个结点的首地址,将其重新赋值给 p,那么 p 指向下一个(第二个)结点,称作工作指针 p 向后移,如此每个元素的数据都将输出。最后一次循环,p=p->next 将 stu3 结点的地址赋给 p,这时 p 指向 stu3 结点,然后将 stu3 结点的 num,score 输出,之后 p=p->next 实际上将 stu3 结点的 next 内容,即 NULL 赋给 p 再进行判断,p!=NULL 条件不成立,循环结束。

C 程序代码如下:

```c
#include <stdio.h>
#define   NULL   0
struct   student
{
    long num;
    float   score;
    struct   student * next;
};

void print(struct student * head)
{
    struct student * p;
    p=head;
    printf("学生信息如下:\n   学号     成绩:\n");
    do{
        printf("%ld   %5.1f\n",p->num,p->score);
        p=p->next;
    }while(p!=NULL);

}
int main(  )
{
    struct   student   stu1,stu2,stu3;

    stu1.num=155042201;
    stu1.score=89.5;
    stu1.next=& stu2;

    stu2.num=155042202;
    stu2.score=90;
```

```
        stu2.next=& stu3;

        stu3.num=155042203;
        stu3.score=85;
        stu3.next=NULL;

        print(&stu1);
        return 0;
}
```

运行结果：

```
学生信息如下:
    学号      成绩:
155042201    89.5
155042202    90.0
155042203    85.0
Press any key to continue
```

5. 动态单向链表的建立

建立动态链表：指没有预先声明变量在程序执行过程中从无到有地建立起一个链表，即一个一个地开辟结点和输入各结点数据，并建立起前后相链的关系。

【例 9-11】 写一函数 creat()建立一个有若干名学生信息的单向动态链表，具体人数由键盘输入。

C 程序代码如下：

```
#include <stdio.h>
#include <stdlib.h>
#define    NULL     0
typedef struct   student
{
    long num;
    float   score;
    struct   student * next;
}STU;
/ * 函数功能:调用 creat()函数建立链表
函数参数:n 是人数
函数返回值:建立链表的头指针
* /
STU * creat(int n)
{
    STU * head, * pr, * p;
    int i;
    head=NULL;
    for(i=1;i<=n;i++)
```

```
    {
        p=(STU * )malloc(sizeof(STU));
        do
        {
            printf("请输入学号>0  成绩(0—100),用逗号隔开:\n");
            scanf("%d,%f",&p->num,&p->score);
        }while(p->num<0||p->score<0);
        p->next=NULL;

        if(i==1)
            head=pr=p;
        else
        {
            pr->next=p;
            pr=p;
        }
    }

    return head;
}
void print(STU * head)
{
    struct student * p;
    p=head;
    printf("学生信息如下:\n    学号        成绩:\n");
    do{
        printf("%ld  %5.1f\n",p->num,p->score);
        p=p->next;
    }while(p!=NULL);

}
int main( )
{
    STU * head=NULL;
    int n;
    do
    {
    printf("请输入学生人数(n>0):\n");
    scanf("%d",&n);
    }while(n<0);
    head=creat(n);
    print(head);
    return 0;
}
```

运行结果：

```
请输入学生人数(n>0)：
5
请输入学号>0  成绩(0—100)，用逗号隔开：
155042201, 89
请输入学号>0  成绩(0—100)，用逗号隔开：
155042202, 78
请输入学号>0  成绩(0—100)，用逗号隔开：
155042203, 95
请输入学号>0  成绩(0—100)，用逗号隔开：
155042204, 88
请输入学号>0  成绩(0—100)，用逗号隔开：
155042205, 75
学生信息如下：
    学号   成绩：
155042201   89.0
155042202   78.0
155042203   95.0
155042204   88.0
155042205   75.0
Press any key to continue
```

9.8 重点内容小结

重点内容如表 9-3 所示。

表 9-3 重点内容小结

知 识 点		示　　例	说　　明

类型的定义	结构体类型的定义	struct student
		{ long num;
		  char name[20];
		  char sex;
		  int year;
		  float score[5];
		  char addr[30];
		};
			结构体类型 struct student 的定义，此时没有结构体类型的变量

	共用体类型的定义	union state　　　　　　//职工政治面貌
		{char masses[4];　　　//群众
		 char leaguemember[4]; //团员
		 char probationary[4]; //预备党员
		 char party[4];　　　　//党员
		 char democratic[4];　　//民主党派
		};
			定义共用体类型 union state

	枚举类型的定义	enum weekday {sun, mon, tue, wed, thu, fri, sat};	定义枚举类型 enum weekday

	用 typedef 定义数据类型	typedef struct student
		{ long num;
		  char name[20];
		  char sex;
		  int year;
		  float score[5];
		  char addr[30];
		}STU;
			使用 typedef 将结构体类型 struct student 命名为别名：STU

续表

知 识 点		示 例	说 明
指向结构体的指针	指向结构体变量的指针	STU stu; STU * p = &stu;	将结构体变量首地址赋值给结构体指针变量
	指向结构体数组的指针	STU stu[20]; STU * p = stu;	将结构体数组名赋值给结构体指针变量
结构体中使用的运算符	成员选择运算符	stu.num=155042201;	结构体变量采用选择运算符
	指向运算符	p->num=155042201	结构体指针采用指向运算符
函数调用	结构体变量作函数参数	STU stu; Read(&stu); void Read(STU * p)	形参是结构体指针,实参是结构体变量的首地址,属于按地址调用
	结构体指针作函数参数	STU stu[20]; Read(stu); void Read(STU * p)	形参是结构体指针,实参是结构体数组,属于按地址调用
	结构体数组作函数参数	STU stu[20]; Read(stu); void Read(STU p[])	形参、实参都是结构体数组,属于按地址调用

习　题

一、单选题

1. 若有定义

```
typedef  int * T;
T  a[10];
```

则 a 的定义与下面(　　)语句等价。(二级考试真题)

(A) int （* A)[10];　　　　　　　　(B) int * a[10];

(C) int * a;　　　　　　　　　　　(D) int a[10];

2. 以下结构体说明和变量定义中,正确的是(　　)。(二级考试真题)

(A) typedef struct abc

　　{

　　int n;

　　double m

　　}ABC;

　　ABC x,y;

(B) struct　abc

　　　{

　　　int　n;

　　　double　m

　　　};

　　struct　abc　x,y;

(C) struct　ABC

　　　{

　　　int　n;

　　　double　m;

　　　}

　　struct　ABC　x,y;

(D) struct　abc

　　　{

　　　int　n;

　　　double　m

　　　};

　　abc　x,y;

3. 以下叙述中正确的是(　　)。(二级考试真题)

(A) 结构体类型中各个成分的类型必须是一致的

(B) 结构体类型中的成分只能是 C 语言中预先定义的基本数据类型

(C) 在定义结构体类型时,编译程序就为它分配了内存空间

(D) 一个结构体类型可以由多个称为成员的成分组成

4. 若有以下程序：

```c
#include <stdio.h>
typedef struct stu
{
    char name[10],gender;
    int score;

}STU;
void f(STU a,STU b)
{
    b=a;
    printf("%s,%c,%d,",b.name,b.gender,b.score);
}
main()
{
    STU a={"Zhao",'m',290},b={"Qian",'f',350};
    f(a,b);
    printf("%s,%c,%d\n",b.name,b.gender,b.score);
}
```

执行后则程序的输出结果是(　　)。(二级考试真题)

  (A) Qian,f,350,Qian,f,350　 (B) Zhao,m,290,Zhao,m,290

  (C) Zhao,m,290,Qian,f,350　 (D) Zhao,m,290,Zhao,f,350

5. 若有以下程序:

```c
#include  <stdio.h>
#include <stdlib.h>
#include <string.h>
typedef struct stu
{
    char name[10],gender;
    int score;

}STU;
void f(char * p)
{
    strcpy(p,"Qian");
}
main()
{
    STU a={ "Zhao",'m',290},b;
    b=a;
    f(b.name);
    b.gender='f';
    b.score=350;
    printf("%s,%c,%d,",a.name,a.gender,a.score);
    printf("%s,%c,%d\n",b.name,b.gender,b.score);
}
```

执行后则程序的输出结果是(　　)。(二级考试真题)

  (A) Zhao,m,290,Qian,f,350　 (B) Zhao,m,290,Zhao,f,350

  (C) Qian,f,350,Qian,f,350　 (D) Qian,m,290,Qian,f,350

6. 若有以下程序:

```c
#include  <stdio.h>
#include <stdlib.h>
#include <string.h>
typedef struct stu
{
    char * name,gender;
    int score;

}STU;
void f(char * p)
{
```

```
        strcpy(p,"Qian");
    }
    main()
    {
        STU a={NULL,'m',290},b;
        a.name=(char *)malloc(10);
        strcpy(a.name,"Zhao");
        b=a;
        f(b.name);
        b.gender='f';
        b.score=350;
        printf("%s,%c,%d,",a.name,a.gender,a.score);
        printf("%s,%c,%d\n",b.name,b.gender,b.score);
    }
```

执行后则程序的输出结果是(　　　)。(二级考试真题)

  (A) Zhao,m,290,Qian,f,350   (B) Zhao,m,290,Zhao,f,350

  (C) Qian,f,350,Qian,f,350   (D) Qian,m,290,Qian,f,350

 7. 在第 6 题的基础上,将 f() 函数修改为:

```
    void f(char * p)
    {
        p=(char *)malloc(10);
        strcpy(p,"Qian");
    }
```

执行后则程序的输出结果是(　　　)。(二级考试真题)

  (A) Zhao,m,290,Qian,f,350   (B) Zhao,m,290,Zhao,f,350

  (C) Qian,f,350,Qian,f,350   (D) Qian,m,290,Qian,f,350

 8. 有以下程序:

```
    #include  <stdio.h>
    struct S
    {
        int a;
        int b;
    };
    main()
    {
        struct S a, * p=&a;
        a.a=99;
        printf("%d\n",_____);
    }
```

 程序要求输出结构体成员 a 的数据,以下不能填入横线处的内容是(　　　)。(二级考试真题)

(A) a. a   (B) ＊p. a   (C) p->a   (D) (＊p). a

9. 以下叙述中正确的是( )。(二级考试真题)

(A) 结构体数组名不能作为实参传递给函数

(B) 结构体变量的地址不能作为实参传递给函数

(C) 结构体中可以含有指向本结构体的指针成员

(D) 即使是同类型的结构体变量,也不能进行整体赋值

10. 为了建立如图所示的存储结构(即每个结点含两个域,data 是数据域,next 是指向结点的指针域),则在下面程序中的横线处应填入的选项是( )。(二级考试真题)

```
struct link
{
    char data;
    _____;
}node;
```

```
┌─────┬─────┐
│     │     │
└─────┴─────┘
data next
```

(A) link next;   (B) struct link ＊next;

(C) link ＊next;   (D) struct link next;

二、读程序写结果

1. 以下程序段执行后运行结果为_____。

```
struct ord
{
    int x,y;
}dt[2]={1,2,3,4};
int main()
{
    struct ord ＊p=dt;
    printf("%d,",++(p->x));
    printf("%d\n",++(p->y));
    return 0;
}
```

2. 以下程序段执行后运行结果为_____。

```
typedef struct
{
    int b;
    int p;
}A;
void f(A c)
{
    int j;
    c.b+=1;
```

```
      c.p+=2;
}
int main()
{
   int i;
   A a={1,2};
   f(a);
   printf("%d,%d\n",a.b,a.p);
}
```

3. 以下程序段执行后运行结果为_____。

```
struct S
{
   int a,b;
}data[2]={10,100,20,200};
int main()
{
   struct S p=data[1];
   printf("%d\n",++(p.a));
   return 0;
}
```

4. 以下程序段执行后运行结果为_____。

```
struct S
{
   int n;
   int a[20];
};
void f(struct S *p)
{
   int i,j,t;
   for(i=0;i<p->n-1;i++)
       for(j=i+1;j<p->n;j++)
           if(p->a[i]>p->a[j])
           {
               t=p->a[i];p->a[i]=p->a[j];p->a[j]=t;
           }
}
main()
{
   int i;
   struct S s={10,{2,3,1,6,8,7,5,4,10,9}};
   f(&s);
   for(i=0;i<s.n;i++)
```

```
        printf("%d,",s.a[i]);
    }
```

5. 以下程序段执行后运行结果为_____。

```
#include <string.h>
typedef struct
{
    char name[9];
    char sex;
    int score[2];
}STU;
STU f(STU a)
{
    STU b={"Zhao",'m',85,90};
    int i;
    strcpy(a.name,b.name);
    a.sex=b.sex;
    for(i=0;i<2;i++)
        a.score[i]=b.score[i];
    return a;
}
main()
{
    STU c={"Qian",'f',95,92},d;
    d=f(c);
    printf("%s,%c,%d,%d,",d.name,d.sex,d.score[0],d.score[1]);
    printf("%s,%c,%d,%d\n",c.name,c.sex,c.score[0],c.score[1]);
}
```

6. 下列程序段执行后输出结果是_____。

```
union myun{ struct { int x, y, z; } u;int k;} a;
int main()
{
    a.u.x=4; a.u.y=5; a.u.z=6;
    a.k=0;
    printf("%d\n",a.u.x);
}
```

7. 下列程序段执行后输出结果是_____。

```
struct st  { int x; int * y;} * p;
int dt[4]={ 10,20,30,40 };
struct st aa[4]={ 50,&dt[0],60,&dt[0],60,&dt[0],60,&dt[0],};
int main()
{
    p=aa;
```

```
    printf("%d\n",++(p->x));
}
```

8. 下列程序段执行后输出结果是_____。

```
int main()
{
    union { int  i[2];  long k; char c[4]; }r, * s=&r;
    s->i[0]=0x39;
    s->i[1]=0x38;
    printf("%c\n",s->c[0]);
}
```

9. 下列程序段执行后输出结果是_____。

```
typedef union {long x[2]; int y[4]; char z[8]; }MYTYPE;
MYTYPE them;
int main()
{
    printf("%d\n",sizeof(them));
}
```

10. 已知字符'0'的 ASCII 码的十进制数为 48,则下列程序段执行后输出结果_____。

```
int main()
{
    union{unsigned char c; unsigned int i[4]; }z;
    z.i[0]=0x39;
    z.i[1]=0x36;
    printf("%c\n",z.c);
}
```

11. 阅读下面程序,写出程序运行结果_____。

```
main()
{
union {short a;char ch;}   M;
M.a=100;M.ch ='A';
printf("%d,%d,%c \n",sizeof(M),M.a,M.ch);
}
```

12. 阅读下列程序,写出程序的运行结果_____。

```
#include "stdio.h"
main()
{
    enum em { em1=3, em2=1, em3 };
    char * aa[]={"AA","BB","CC","DD" };
    printf("%s %s %s\n",aa[em1],aa[em2], aa[em3]);
}
```

三、程序设计题

学生的数据记录包括学号、姓名和分数,并定义如下。编写 input()和 output()函数分别输入和输出 5 个学生的数据记录。

```
typedef struct student
{ char num[6];
  char name[8];
  int score[4];
}STU;
```

第 10 章

文　件

【内容导读】

　　文件是程序设计中一个重要的概念,也是解决数据长久保存的一种方法。本章从为什么引入文件入手,介绍文件的基本概念、文件的打开、关闭及文件的顺序和随机读写的方法。

【学习目标】

　　(1) 理解文件相关的概念和文件的存储方式;

　　(2) 掌握文件的打开和关闭;

　　(3) 掌握文件的顺序读写和随机读写操作。

10.1　为什么引入文件

　　前几章的示例都是从键盘输入数据,在屏幕上显示数据。程序所使用的数据是存储在计算机内存中的,不能永久保存,当程序结束时,内存中的数据就会丢失。这样每次运行程序时都要重新输入数据。有没有可长久保存数据的方法呢? 这个方法就是使用文件,用文件保存键盘输入和屏幕输出的数据,将数据以文件的形式存放在光盘、磁盘等外存储器上,可达到重复使用、永久保存数据的目的。所谓"文件(File)"一般是指存储在外部介质上的数据的集合。文件是由文件名来标识的,因此只要指明文件名,就可读出或写入数据。只要文件不同名,就不会发生冲突。

　　1. 文件的分类

　　从用户的角度,可以将文件分为普通文件和设备文件。普通文件是指驻留在磁盘上或其他外部介质上的一个有序数据集,可分为程序文件和数据文件。程序文件包括源文件(如文件扩展名为.c 的文件)、目标文件(如文件扩展名为.obj 的文件)、可执行文件(如文件扩展名为.exe 的文件)等。程序文件中的内容主要是程序代码。数据文件可以是一组待输入处理的原始数据,或者是一组输出的结果,如学生的信息数据、企业员工的工资数据等,数据文件是本章主要讨论的文件类型。设备文件是指与主机相连的输入输出设备。例如,终端键盘是输入文件,显示器和打印机是输出文件。一般将显示器定义为标准输出文件,将键盘定义为标准输入文件。stdio.h(标准输入输出库文件)中的函数操作对象都是显示器和键盘。

根据文件的存储方式,文件又可分为 ASCII 码文件和二进制文件。其中 ASCII 码文件又称为文本文件,是以字符的 ASCII 码形式存储的,每一个字节存放一个字符的 ASCII 码;而二进制文件是指数据以二进制形式存储。如整数 12000,如果以 ASCII 码来存储,在磁盘上占 5 个字节(每个字符占一个字节),而用二进制形式来存储只占 4 个字节(用 VC++ 时)。如图 10.1 所示。

ASCII 码形式

00110001	00110010	00110000	00110000	00110000
(1)	(2)	(0)	(0)	(0)

二进制形式

00000000	00000000	00101110	11100000

图 10.1　数据 12000 以 ASCII 码和二进制形式存储的形式

用 ASCII 码形式输出时字节与字符一一对应,一个字节对应一个字符,因而便于对字符逐个处理,也便于输出字符。但一般占存储空间较多,而且要花费转换时间(二进制形式与 ASCII 码之间的转换)。用二进制形式输出数值,可以节省外存空间和转换时间,把内存中的存储单元中的内容原封不动地输出到磁盘(或其他外部介质上),此时每一个字节并不一定代表一个字符。因此程序运行时所产生的中间数据一般以二进制形式存储较为方便。

2. 文件缓冲区

C 语言系统在处理文件时,并不区分类型,都看成是字符流,按字节进行处理,所以一个 C 文件是一个字节流或者二进制流,统称为流式文件。ANSIC 标准采用"缓冲文件系统"处理数据文件,所谓缓冲文件系统是指系统自动地在内存中为每一个正在使用的文件开辟一个缓冲区,称文件缓冲区。当从内存向磁盘输出数据时,必须先装满输出文件缓冲区后,才能一起输出到磁盘中;如果从磁盘文件向内存读入数据,则先从磁盘文件将一批数据输入并充满输入文件缓冲区后,C 程序才从缓冲区为程序变量读取数据。缓冲区大小由具体的 C 编译系统决定,一般为 512 个字节,如图 10.2 所示。

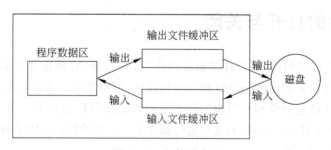

图 10.2　文件缓冲区

3. 文件类型指针

系统除了自动为文件开辟文件缓冲区外,还为每个被操作的文件在内存中开辟一个存储区,用来存放文件操作所需的相关信息,C 语言用一个结构体变量来存放这些信息,结构体中的各个成员即为访问文件所需的各种信息(如文件名、文件状态以及文件当前的位置等)。该结构体类型由系统定义并命名为 FILE,一般称其为文件类型。例如一种 C 的编译环境提供的 stdio.h 头文件中有以下的文件类型声明：

```
typedef struct
{
    short level;                        //缓冲区"满"或"空"的程度
    unsigned flags;                     //文件状态标志
    char fd;                            //文件描述符
    unsigned char hold;                 //若没有缓冲区不读取字符
    short bsize;                        //缓冲区的大小
    unsigned char * buffer;             //数据缓冲区的位置
    unsigned char * curp;               //指针当前的指向
    unsigned istemp;                    //临时文件指示器
    short token;                        //用于有效性检查
} FILE;
```

不同的编译系统的 FILE 类型包含的内容不完全相同，但大同小异。在编写程序时我们可以直接使用 FILE，而不必关心 FILE 结构的细节。通常我们使用 FILE 来定义文件指针变量，通过它来引用这些 FILE 类型变量，这样使用起来更方便。定义文件指针的一般形式为：

```
FILE *指针变量标识符;
```

其中，FILE 由系统定义，FILE 应为大写。例如：

```
FILE *fp;
```

含义是定义指向 FILE 结构的文件指针变量 fp，可以使 fp 指向某一个文件的文件信息区（是一个结构体变量），通过该文件信息区中的信息就能访问该文件。也就是说，通过文件指针变量能够找到与它关联的文件。如果有 n 个文件，应设 n 个指针变量，分别指向 n 个 FILE 类型的变量，以实现对 n 个文件的访问。

10.2 文件的打开与关闭

C 语言规定文件进行读/写操作之前必须先"打开"，读/写操作之后必须"关闭"。所谓"打开"是指为文件建立相应的信息区和文件缓冲区，同时指定一个指针变量指向该文件，通过该指针变量对文件进行读写。所谓"关闭"是指撤销文件信息区和文件缓冲区，使文件指针变量不再指向该文件，也就不能对文件进行操作了。文件的打开关闭是通过调用 fopen() 函数和 fclose() 函数来实现的。

10.2.1 文件的打开

C 语言中，常用函数 fopen() 来打开一个文件，其调用的一般形式为：

```
文件指针名=fopen(文件名,文件打开方式);
```

其中，"文件指针名"必须是被说明为 FILE 类型的指针变量，"文件名"是要打开文件的文件名,是字符串常量或字符串数组。"文件打开方式"是指文件的类型和操作要求。

例如:

```
FILE * fp;                        //定义一个指向文件的指针变量 fp
fp=fopen("file1","r");           //将 fopen 函数的返回值赋予指针变量 fp
```

含义是在当前目录下打开名字为 file1 的文件,文件的打开方式为"只读",打开成功后将返回指向文件的指针并赋予指针变量 fp,这样 fp 就指向 file1 文件了。

又如:

```
FILE * fp1;
fp1=fopen("d:\\file\\file2","w");
```

含义是打开 d 盘 file 目录下的 file2 文件,这里使用两个反斜线"\\",第一个表示转义字符,第二个表示目录路径。打开的文件为"只写",打开成功后将返回指向文件的指针并赋予指针变量 fp1。

上述两例中的文件打开方式除了"r"、"w"外,还有"a"、"rb"等共有 12 种。见表 10-1。

表 10-1　打开文件方式

文件打开方式	说　明	如果指定文件不存在
r(只读)	以"只读"方式打开一个文本文件	出错
w(只写)	以"只写"方式打开一个文本文件	建立新文件
a(追加)	以"追加"方式打开一个文本文件,并在文件末尾追加数据	出错
rb(只读)	以"只读"方式打开一个二进制文件	出错
wb(只写)	以"只写"方式打开一个二进制文件	建立新文件
ab(追加)	以"追加"方式打开一个二进制文件,并在文件末尾追加数据	出错
r+(读写)	以"读/写"方式打开一个文本文件,允许读和写	出错
w+(读写)	以"读/写"方式打开或新建一个文本文件,允许读和写	建立新文件
a+(读写)	以"读/写"方式打开一个文本文件,允许读和在末尾追加数据	出错
rb+(读写)	以"读/写"方式打开一个二进制文件,允许读和写	出错
wb+(读写)	以"读/写"方式打开或新建一个二进制文件,允许读和写	建立新文件
ab+(读写)	以"读/写"方式打开一个二进制文件,允许读和在末尾追加数据	出错

说明:

① 用 r 方式打开一个文件,该文件必须已经存在,且只能从该文件读取数据。

② 用 w 方式打开一个文件,只能向该文件写入数据。若打开的文件不存在,则以指定的文件名建立该文件,若打开的文件已经存在,则将该文件删除,重建一个新文件。

③ 如果要向文件尾追加新的数据,则应该用 a 方式打开文件。此时文件必须存在,否则将返回出错信息。打开时,位置指针移动文件末尾。

④ 用 r+、w+、a+方式打开的文件既可以从文件读取数据,也可以向文件写入数据。

具体区别见表 10-1。

⑤ 打开二进制文件时用 rb、wb、ab、rb＋、wb＋、ab＋的方式。具体区别见表 10-1。

⑥ fopen 函数的返回值。如果打开的文件成功，则 fopen 函数返回被打开文件的文件信息区的首地址，并将该地址赋予文件指针变量。如果打开失败，则返回一个空指针值NULL(在 stdio.h 头文件中，NULL 已被定义为 0)。在程序中可以通过这一信息来判别文件是否打开成功，并作相应处理。常用下面的方法打开一个文件：

```
if((fp=fopen("file1","r"))==NULL)
{
    printf("打开文件失败!\n");
    exit(0);
}
```

如果打开文件失败，则给出提示信息。exit 函数的作用是关闭所有文件，终止正在执行的程序。一般地，exit(0)表示程序正常退出，exit(1)表示程序非正常退出。使用 exit()函数需要引用"stdlib.h"头文件。

10.2.2 文件的关闭

文件使用完毕后，应当使用关闭文件函数将文件关闭，以避免文件数据丢失或误用。"关闭"就是使文件指针变量与文件"脱钩"，解除联系。

关闭文件使用 fclose 函数，其调用的一般形式是：

```
fclose(文件指针);
```

如：

```
fclose(fp);
```

正常完成关闭文件操作时，函数 fclose 返回值是 0，否则返回 EOF。EOF 是在"stdio.h"头文件中定义的符号常量，其值为－1，这里表示文件的结尾。

【例 10-1】 以只读方式打开一个二进制文件，给出操作成功或失败的提示，然后关闭文件。

C 程序代码如下：

```
#include<stdio.h>
#include<stdlib.h>
int main()
{
    FILE * fp;                          //定义指向文件类型的指针变量 fp
    if((fp=fopen("1.dat","rb"))==NULL)  //打开文件
    {
        printf("打开文件失败!\n");       //如果打开出错,输出"打开文件!"失败提示信息
        exit(0);                        //关闭所有文件,终止正在执行的程序。
    }
    printf("打开文件成功!\n");
```

```
                                          //打开成功后可进行其他操作
        fclose(fp);                       //关闭 fp 所指向的文件
        return 0;
    }
```

运行结果：

```
打开文件失败！
Press any key to continue
```

【程序分析】

本程序由 fopen 函数以只读的方式打开当前目录下的 1.dat 文件，并把返回值赋予指针变量 fp。若 fp 为 NULL，则文件打开失败，终止程序运行；否则对文件进行相应操作，操作完成后，由 fclose 函数关闭文件。

【例 10-2】 新建一个二进制文件和文本文件，文件名分别为 2.dat、3.txt。

C 程序代码如下：

```
#include<stdio.h>
#include<stdlib.h>
int main()
{
    FILE   * fp, * fp1;              //定义指向文件类型的指针变量 fp,fp1
    if((fp=fopen("2.dat","wb"))==NULL)   //以可写的方式打开或新建二进制文件
    {
        printf("打开文件失败!\n");
        exit(0);
    }
    if((fp1=fopen("3.txt","w"))==NULL)
                                    //以可写的方式打开或新建文本文件,判断是否成功打开
    {
        printf("打开文件失败!\n");
        exit(0);
    }
    fclose(fp);
    fclose(fp1);
    return 0;
}
```

运行结果：

在当前磁盘目录下新建了两个文件 2.dat 和 3.txt。

【程序分析】

程序中文件的打开方式分别使用了"wb"和"w"，表示打开或新建一个二进制文件和文本文件。若打开的文件不存在，则以指定的文件名建立该文件；若打开的文件已经存在，则将该文件删除，重建一个新文件。

10.3 文件的读写

定义文件指针变量和打开文件之后,就可以对文件进行操作了。常用的文件读写函数主要有以下几种:

字符读写函数 fgetc()和 fputc()

字符串读写函数 fgets()和 fputs()

格式化读写函数 fscanf()和 fprintf()

数据块读写函数 fread()和 fwrite()

以上函数均包含在头文件"stdio. h"中。下面分别对这些函数进行介绍。

10.3.1 文件的字符读写

1. 读字符函数 fgetc()

fgetc()函数的功能是从指定的文件中读取一个字符。其调用形式为:

```
字符变量=fgetc(文件指针);
```

表示从文件指针所指向的磁盘文件的当前位置读取 1 个字符赋值给字符变量。如果成功读取文件则返回读取的字符,如果失败则返回 EOF。

例如:

```
ch=fgetc(fp);
```

说明:

① 在函数 fgetc()调用中,文件指针指向的文件必须是以只读或读写方式成功打开的。

② 读取字符的结果也可以不向字符变量赋值,但是读出的字符不能保存。

③ 在文件内部有一个位置指针,用来指向文件当前读写的字符。在文件打开时,该指针总是指向文件的第一个字节。使用函数 fgetc()后,该位置指针向后移动一个字节。因此可连续多次使用函数 fgetc(),读取多个字符。

注意:文件指针和文件内部的位置指针不是一回事。文件指针是指向整个文件的,需在程序中定义说明,只要不重新赋值,文件指针的值是不变的。文件内部的位置指针(后面我们简称为文件位置指针)用以指示文件内部的当前读写位置,它不需在程序中定义说明,而是由系统自动设置的。

为了知道对文件的读取是否完成,只需看文件位置指针是否移动了末尾。可以用 feof()函数来检查位置指针是否移动了文件的末尾,即磁盘文件是否结束。如 feof(fp)判断 fp 所指向的文件是否结束,如果是,则函数值为 1(真),否则为 0(假)。

2. 写字符函数 fputc()

fputc()函数的功能是把一个字符写入文件指针所指向的磁盘文件的当前位置。其调用形式为:

```
fputc(字符,文件指针);
```

其中字符可以是字符变量或字符常量,例如:fputc('C',fp);其意义是把字符"C"写入 fp 所指向的文件中。如果写入成功会将文件位置指针自动移动到下一个写入位置,并返回写入的字符本身,如果失败,则返回 EOF。

说明:

① 被写入的文件可以用写、读写、追加方式打开,用写或读写方式打开一个已存在的文件时将清除原有的文件内容,写入字符从文件首部开始。如需保留原有文件内容,希望写入的字符从文件末开始存放,必须以追加方式打开文件。被写入的文件若不存在,则创建该文件。

② 每写入一个字符,文件位置指针自动向后移动一个字节。

③ 可以根据函数返回值是否是 EOF 来判断是否写入成功。

【例 10-3】 从键盘上输入若干字符,以回车符作为输入结束。将字符存入文本文件 char.txt 中,再从文件中读取字符显示到屏幕上,同时统计其中大写字母、小写字母、数字和其他字符的个数,输出统计结果。

C 程序代码如下:

```c
#include<stdio.h>
#include<stdlib.h>
int main()
{
    char ch;
    FILE  * fp;                        //定义指向文件类型的指针变量 fp
    int count1=0,count2=0,count3=0,count4=0;
                                       //分别表示大写、小写、数字及其他字符的个数
    if((fp=fopen("file1.txt","w"))==NULL)
                                       //以写的方式打开文件 file1
    {
        printf("打开文件失败!\n");
        exit(0);
    }
    while((ch=getchar())!='\n')        //循环输入字符,直到是回车符回止
    {
        fputc(ch,fp);                  //将输入的字符写到 fp 指向的文件中
    }
    fclose(fp);                        //关闭文件
    if((fp=fopen("file1.txt","r"))==NULL)
                                       //以读的方式打开文件 file1.txt
    {
        printf("打开文件失败!\n");
        exit(0);
    }
    ch=fgetc(fp);
    while(ch!=EOF)                     //判读文件是否读到结尾,注意 EOF 的用法
```

```
    {
        putchar(ch);
        if(ch>='A'&& ch<='Z')                    //统计大写字符
            count1++;
        else if(ch>='a' && ch<='z')              //统计小写字符
            count2++;
        else if(ch>='0' && ch<='9')              //统计数字字符
            count3++;
        else
            count4++;                            //统计其他字符
        ch=fgetc(fp);

    }
    fclose(fp);
    printf("\n 大写字符的个数是:%d\n   小写字符的个数是:%d\n   数字字符的个数是:%d\n   其
        他字符的个数是:%d\n",count1,count2,count3,count4);
    return 0;
}
```

运行结果：

```
12345iiiQEE&&QQw34
12345iiiQEE&&QQw34
大写字符的个数是: 5
小写字符的个数是: 4
数字字符的个数是: 7
其他字符的个数是:2
Press any key to continue
```

【程序分析】

① 在打开文件时,使用 if 语句进行判断是否打开成功,如果失败,函数 fopen 返回 NULL,执行 exit(0)语句,结束程序。②第一个 while 循环语句的条件表达式既实现了字符数据的不断输入,又能不断地判断输入的字符是否是回车符。③fputc 函数实现将字符写入 fp 指向的文件中,在写入时文件位置指针自动地移动到下一个位置。④全部写入完成后,文件位置指针已指向文件末尾,此时执行关闭文件操作,然后再一次打开文件时,文件位置指针指向文件的开始。⑤如果没有执行关闭文件再打开的操作,而是直接使用 fgetc 函数,是不能将字符读出的。因为文件位置指针已处于文件的末尾。后面我们学习文件定位时可以使用 rewind 函数将文件位置指针移到文件开头。⑥使用 fgetc 函数从 fp 所指向的文件中读取字符数,并保存到变量 ch 中,此时文件位置指针自动移到下一个位置。⑦EOF 是符号常量,其值为−1。当 fgetc 函数读取到文件末尾时,已经没有字符可以读取,返回 EOF,我们通过判断读取到的字符是否是 EOF 作为循环的判断条件。⑧在循环语句中判断读取的字符的类型,并相应地计数增值。⑨最后关闭文件、输出各种字符的数量。

10.3.2　文件的字符串读写

前面介绍的文件的字符读写方法实现的是一个一个字符的读写,本小节我们介绍文件读写字符串的方法。

1. 读字符串函数 fgets()

fgets()函数的功能是从指定文件中读取一个指定长度的字符串,并自动在字符串后加上结束标志'\0'。其调用形式为:

```
fgets(str,n,fp);
```

其中 fp 指向要访问的文件,str 一般是字符数组名(或字符指针),用来存放从文件中读取的字符串。系统自动从文件中取了 $n-1$ 个字符,在这 $n-1$ 个字符后加上字符串结束标志'\0'。如果读取成功则返回值为 str 数组首元素的地址,读取失败返回 NULL。

2. 写字符串函数 fputs()

fputs()函数的功能是把字符串写到文件中。其调用形式为:

```
fputs(str,fp);
```

其中,str 为字符数组名、字符串常量或字符指针,fp 是指向文件的指针变量。作用是向 fp 所指向的文件中写入 str 所代表的字符串。如果写入成功则返回 0,否则返回 EOF。

【例 10-4】 从一个文件 file1.txt 中一次读取 5 个字符,并将其与字符数组 chs 的内容比较,若两者不同,则将读取的字符存储到 file2.txt 中。

假设 file1.txt 文件中内容为:

```
12345iiiQEE&&QQw34
```

file2.txt 文件内容为空。

C 程序代码如下:

```
#include<stdio.h>
#include<stdlib.h>
#include<string.h>
int main()
{
    FILE * fp1,* fp2;
    char chs[6],chs1[6];
    if((fp1=fopen("file1.txt","r"))==NULL)        //以只读的方式打开文件
    {
        printf("打开文件失败!\n");
        exit(0);
    }
    if((fp2=fopen("file2.txt","a"))==NULL)        //以追加的方式打开文件
    {
        printf("打开文件失败!\n");
        exit(0);
    }
    gets(chs);                    //从键盘输入 5 个字符存在 chs 字符数组中
    while(!feof(fp1))             //判断文件位置指针是否读到文件 file1.txt 的末尾
    {
```

```
        fgets(chs1,6,fp1);        //从 fp 指向的 file1 文件中读取 5 个字符,放到数组 chs1 中
        if(strcmp(chs,chs1)!=0)                   //比较两个字符串是否相同
            fputs(chs1,fp2);        //两个字符串不相同,将字符串写入文件 file2.txt 中

    }
    fclose(fp1);                                   //关闭文件 file1.txt
    fclose(fp2);                                   //关闭文件 file2.txt
    return 0;
}
```

运行结果:

```
12345
Press any key to continue
```

从键盘上输入 12345 后,文件 file2.txt 的内容如下:

iiiQEE&&QQw34

【程序分析】

① 程序中涉及两个文件的读写,所以两个文件都要打开。对两个文件打开使用的方式是不一样的,对于 file1.txt 使用"只读"的方式打开。对于 file2.txt,因为要将读取的字符写入到文件中,所以使用"追加"的方式打开。② while 循环中的循环判断条件,使用了函数 feof,函数 feof(fp1)的功能是判断文件位置指针是否到达文件尾,如果到达文件尾返回值为 1,否则返回 0。函数的格式为:feof(文件指针);文件指针指向已打开的文件。此时文件刚打开,文件位置指针并没有达到文件尾,所以表达式! feof(fp1)的值为真,程序进入循环体。③调用 fgets 函数时,第二个参数的值需比实际读取的字符个数大 1,所以为 6。第一次执行 fgets 函数后,读出文件 file1.txt 中的"12345"五个字符放入数组 chs1 中,文件 file1.txt 的文件位置指针指向后面的字符"i"。④strcmp 是字符串比较函数,当比较的两个字符串相同时返回值为 0。此时 chs 与 chs1 数组中的字符串相同,if 条件不成立,不执行写入语句。⑤继续判断循环条件,由于此时也没有达到文件尾,循环继续进行。第二次调用 fgets 函数,从文件 file1.txt 中文件位置指针处再读取五个字符"iiiQE"存入数组 chs1,文件位置指针指向后面的字符"E"。⑥执行"if(strcmp(chs,chs1)!=0)"语句,此时两个数组中的字符串不相同,所以条件"strcmp(chs,chs1)!=0"成立,执行"fputs(chs1,fp2);"将读取的五个不同于输入的字符写到文件 file2.txt 中。由于使用追加方式写入文件 file2.txt,所以每次都是从文件结尾处开始写入。⑦然后接着判断循环条件,继续执行循环体,直到文件 file1.txt 的文件位置指针指向文件结尾,循环条件为假,退出循环。最后一次读出文件 file1.txt 中字符不足五个,只能读出的三个字符"w34"。最后关闭打开的两个文件。

10.3.3　文件的格式化读写

前面介绍的两种文件的读写方式都是针对于字符型数据的,那么其他类型的数据可以使用什么样的读写方式呢? 函数 fscanf()和 fprintf()是可以针对于文件中不同数据类型进行读写的函数,与 scanf 和 printf 功能相似,不同点是 fscanf()和 fprintf()函数的读写对象

不是键盘和显示器,而是磁盘文件。这两个函数的调用形式如下:

```
fscanf(文件指针,格式字符串,输入表列);
fprintf(文件指针,格式字符串,输出表列);
```

fscanf 函数的功能是从磁盘文件中按指定的格式读出数据,读取成功返回实际读出的数据的数目,失败返回 EOF 的值。

fprintf 函数将数据按指定的格式写入磁盘文件,写入成功返回实际写入数据的数目;否则返回 EOF 值。

例如:

```
fscanf(fp,"%d,%f",&a,&b);
```

表示从 fp 所指向的文件中读入两个数据,一个是整型,一个是浮点型。文件上如果有数"3,1.2",则从文件中读取 3 赋予整型变量 a,读取 1.2 赋予浮点型变量 b。

例如:

```
fprintf(fp,"%d,%6.2f",a,b);
```

表示将整型变量 a 和浮点型变量 b 的值按%d 和%6.2f 的格式输出到 fp 指向的文件中。若 a=3,b=1.2,则输出到文件的数据形式如下:

```
3,  1.20
```

这与输出到屏幕的情况相似,只是输出到文件中了。

【例 10-5】 从键盘输入小写字母并写入文件 file1.txt,再从刚写入的磁盘文件中读出并将小写字母改成大写字母显示在屏幕上。

C 程序代码如下:

```
#include<stdio.h>
#include<stdlib.h>
int main()
{
    FILE * fp;
    int flag=1,i;                        //flag 是否继续输入的标志
    char str[80],ch;
    if((fp=fopen("file1.txt","w"))==NULL)    //以可写的方式打开文件 file1.txt
    {
        printf("打开文件失败!\n");
        exit(0);
    }

    while(flag)                          //判断 flag 是否为 1,是否继续输入
    {
        printf("请输入小写字符串:");
        scanf("%s",str);
        fprintf(fp,"%s\n",str);          //将 str 字符串以"%s\n"的格式写入文件
```

```
        getchar();                          //清空回车符
        printf("是否继续？(Y/N)");
        ch=getchar();
        if(ch=='N' || ch =='n')
        {
            flag=0;
        }
    }
    fclose(fp);                             //关闭文件
    if((fp=fopen("file1.txt","r"))==NULL)
                                  //以只读的方式打开文件 file1.txt,判断是否成功打开
    {
        printf("打开文件失败!\n");
        exit(0);
    }
    while(fscanf(fp,"%s",str)!=EOF)
                                  //以%s 的格式从文件中读出字符串并放入 str 数组中
    {
        for(i=0;str[i]!='\0';i++)
        {
            if(str[i]>='a' && str[i]<='z')   //判断是否是小写字母
            {
                str[i]-=32;                   //将小写字母转换成大写字母
            }
        }
        printf("%s\n",str);
    }
    fclose(fp);
    return 0;
}
```

运行结果：

```
请输入小写字符串：abc
是否继续？(Y/N)y
请输入小写字符串：word
是否继续？(Y/N)y
请输入小写字符串：hello
是否继续？(Y/N)n
ABC
WORD
HELLO
Press any key to continue
```

【程序分析】

本例中先以可写的方式打开文件 file1.txt,用 fprintf 函数将字符串写入,关闭文件后再以只读的方式打开文件,用 fscanf 函数将字符串读出。为了增强程序的可用性,允许多次

读入字符串,故使用 while 循环控制字符串的输入。

用 fscanf 和 fprintf 函数对磁盘文件读写,使用方便,容易理解,但由于在输入时要将文件中的 ASCII 转换成二进制再保存在内存变量中,在输出时又要将内存中的二进制形式转换成字符,要花费较多时间。因此,在内存与磁盘频繁交换数据的情况下,最好不用 fscanf 和 fprintf 函数,而用下面介绍的数据块读写方法。

10.3.4 文件的数据块读写

C 语言允许用 fread 函数从文件中读一个数据块,用 fwrite 函数向文件写一个数据块。在读写时是以二进制进行的。在向磁盘写入数据时,直接将内存中的一组数据原封不动地、不加转换地复制到磁盘文件上,再读入时也是将磁盘文件中若干字节的内容一起读入内存。

1. 读数据块函数 fread( )

fread( )函数的功能是从指定文件中读取一个数据块。其调用形式为:

```
fread(buffer,size,count,fp);
```

其中 buffer 是一个指针,表示存放输入数据的首地址;size 表示数据块的字节数;count 表示要读取的数据块的块数;fp 是文件指针变量。如果函数调用成功时返回 count 的值,即读取的数据块的个数,如果调用失败返回值为 0。

例如:

```
fread(arr,4,5,fp);
```

其中 arr 是一个 float 型数组名,从 fp 所指向的文件读入 5 个 4 字节的数据,存放到数组 arr 中。实际上读了 4×5＝20 个字节的数据。

2. 写数据块函数 fwrite( )

fwrite( )函数的功能是向指定的文件中写入一个数据块。其调用形式为:

```
fwrite(buffer,size,count,fp);
```

其中,buffer 也是一个指针,表示存放待写入的数据块的首地址;size 表示待写入的数据块的字节数;count 表示待写入的数据块的块数;fp 是文件指针变量。如果函数调用成功返回 count 的值,调用失败返回 0。

例如:

```
fwrite(arr,4,5,fp);
```

其中 arr 是一个 float 型数组名,向 fp 所指向的文件中写入存储在 arr 数组中的 5 个 4 字节的数据。实际上写入了 4×5＝20 个字节的数据。

【例 10-6】 从键盘输入一个学生的数据,包括学号、姓名、性别、年龄、成绩、家庭地址等信息,写入到文件 file1 中,再从该文件中读出该学生的数据,输出到屏幕上。

C 程序代码如下:

```
#include<stdio.h>
#include<stdlib.h>
struct Student
```

```
{    long num;
     char name[20];
     char sex;
     int age;
     float score;
     char addr[30];
}stu,stu1;
int main()
{
     FILE * fp;
     if((fp=fopen("file1","wb"))==NULL)      //以可写的方式打开文件 file1
     {
          printf("打开文件失败!\n");
          exit(0);
     }
     printf("请输入学生的学号:");               //输入学生信息
     scanf("%d",&stu.num);
     printf("请输入学生的姓名:");
     scanf("%s",stu.name);
     getchar();                               //接收键盘缓冲区上一句输入时的回车符
     printf("请输入学生的性别:");
     scanf("%c",&stu.sex);
     printf("请输入学生的年龄:");
     scanf("%d",&stu.age);
     printf("请输入学生的成绩:");
     scanf("%f",&stu.score);
     printf("请输入学生的家庭地址:");
     scanf("%s",stu.addr);
     fwrite(&stu,sizeof(struct Student),1,fp);
                        //将学生信息写入文件中,大小为学生结构体所占字节数,块数为 1
     fclose(fp);                              //关闭文件
     if((fp=fopen("file1","rb"))==NULL)
                        //以只读的方式打开文件 file1,判断是否成功打开
     {
          printf("打开文件失败!\n");
          exit(0);
     }
     fread(&stu1,sizeof(struct Student),1,fp);
                        //从文件中将学生信息读取出来,存放到 stu1 变量所在的起始地址中,
                        //读取块大小为结构体大小,块数为 1
     printf("学生的学号为: %d\n   学生的姓名为:%s\n  学生的性别是:%c\n   学生的年龄
        是:%d\n   学生的成绩是:%.1f\n   学生的家庭住址是:%s\n",stu1.num,stu1.name,
        stu1.sex,stu1.age,stu1.score,stu1.addr);
     fclose(fp);              //关闭文件
     return 0;
}
```

运行结果：

```
请输入学生的学号：125042101
请输入学生的姓名：张婷
请输入学生的性别：F
请输入学生的年龄：19
请输入学生的成绩：95
请输入学生的家庭地址：花园路小区118号
学生的学号为：125042101
学生的姓名为：张婷
学生的性别是：F
学生的年龄是：19
学生的成绩是：95.0
学生的家庭住址是：花园路小区118号
Press any key to continue
```

【程序分析】

在此例中将学生的信息定义成了结构体数据，并定义了两个结构体变量来存放输入的学生信息和从文件中读取出的学生信息。使用 fwrite 函数，将结构体变量 stu 中存放的信息写入文件中，使用 fread 函数将文件中的学生信息读取出来存放到结构体变量 stu1 中。这里也要注意结构体变量的引用方法。

10.4 文件的定位和文件的随机读取

前面介绍过的文件读取方式都是顺序读取方式，即系统自动控制文件位置指针顺序移动，每次读写后都自动移到下一个读写位置。但在实际应用中，也常常需要按某一指定的位置读写文件，实现文件的随机读写。下面介绍几个与文件定位操作有关的函数。

1. 文件位置指针复位函数 rewind()

rewind() 的功能是使文件位置指针重新返回到文件的开头。此函数没有返回值。其调用形式如下：

```
rewind(文件指针);
```

例如：

```
rewind(fp);
```

fp 是指向某文件的指针变量。

【例 10-7】 用 rewind 函数改写例 10-3 从键盘输入数据保存到文件，从文件中读出并统计字母的个数。

C 程序代码如下：

```
#include<stdio.h>
#include<stdlib.h>
int main()
{
    char ch;
    FILE   * fp;                      //定义指向文件类型的指针变量 fp
```

```
        int count1=0,count2=0,count3=0,count4=0;
                                        //分别表示大写、小写、数字及其他字符的个数
        if((fp=fopen("file1.txt","w+"))==NULL)
                                        //以读写的方式打开文件 file1
        {
            printf("打开文件失败!\n");
            exit(0);
        }
        while((ch=getchar())!='\n')     //循环输入字符,直到是回车符回止
        {
            fputc(ch,fp);               //将输入的字符写到 fp 指向的文件中
        }
    rewind(fp);                         //使文件位置指针重新返回到文件的开头
    ch=fgetc(fp);
    while(ch!=EOF)                      //判读文件是否读到结尾,注意 EOF 的用法
    {
        putchar(ch);
        if(ch>='A'&& ch<='Z')           //统计大写字符
            count1++;
        else if(ch>='a' && ch<='z')     //统计小写字符
            count2++;
        else if(ch>='0' && ch<='9')     //统计数字字符
            count3++;
        else
            count4++;                   //统计其他字符
        ch=fgetc(fp);

    }
    fclose(fp);
    printf("\n大写字符的个数是:%d\n   小写字符的个数是:%d\n   数字字符的个数是:%d\n   其
        他字符的个数是:%d\n",count1,count2,count3,count4);
    return 0;
}
```

运行结果：运行结果与例 10-3 相同。

【程序分析】

更改了例 10-3 中打开文件的方式,原来用的是只写方式,在本例中必须改为"w+"读/写方式,因为程序前半段是写文件,后半段是从文件中读取,所以不能只用一种方式。另外将原来程序中间的关闭文件和打开文件部分代码替换成的 rewind 函数,使文件位置指针返回到文件开头,就不用反复打开文件了,起到了一样的作用,但是用 rewind 函数更简练。

2. 文件位置指针定位函数 fseek()

fseek()函数的功能是把文件位置指针移动到指定位置,实现对文件的随机读写操作。

调用格式如下：

```
fseek(文件指针,位移量,起始点);
```

其中文件指针已指向打开的文件,位移量是指相对于起始点的移动的字节数,ANSI C 用 long 型数据来表示。当位移量取正数时,位置指针向文件尾部方向移动,当位移量取 0 时,位置指针不移动;当位移量取负数时,位置指针向文件头部方向移动。起始点表示当前位置指针所处的位置,常用数字 0、1、2 表示,也可用 ANSI C 指定的名字来表示,如表 10-2 所示。

表 10-2　文件位置指针的起始点

起始点	名字表示	数字表示
文件开始位置	SEEK_SET	0
文件当前位置	SEEK_CUR	1
文件末尾	SEEK_END	2

fseek 函数一般用于二进制文件。下面是 fseek 函数调用的几个例子：

① fseek(fp,100L,0);表示将文件位置指针从文件头向文件末尾方向移动 100 个字节;

② fseek(fp,100L,SEEK_SET);表示将文件位置指针从文件头向文件末尾方向移动 100 个字节;

③ fseek(fp,-10L,1);表示将文件位置指针从当前文件位置向文件头方向后退 10 个字节;

④ fseek(fp,-10L,SEEK_END);表示将文件位置指针从文件末尾向文件头方向后退 10 个字节;

⑤ fseek(fp,0L,SEEK_END);表示将文件位置指针从文件末尾向文件头方向后退 0 个字节,即将位置指针移动文件末尾

3. 文件位置指针查询函数 ftell()

ftell()函数的功能是获得文件位置指针当前位置相对于文件头的位移字节数。其调用格式如下：

```
ftell(文件指针);
```

例如：

```
n=ftell(fp);
```

其中 fp 是文件类型指针,指向已打开的文件。函数调用成功,则返回文件位置指针当前位置相对于文件头的位移字节数赋予变量 n。如果调用失败,返回值为"-1L"。L 表示 long 型。

再如：

```
fseek(fp,0L,SEEK_END);    //将文件位置指针移动文件末尾
printf("%ld\n",ftell(fp)); //用 ftell 函数得到文件位置指针的当前值,即文件的长度
```

此时 ftell 函数的值就应该是文件的长度了。

【例10-8】 求出例10-6中的文件file1的长度。

C程序代码如下：

```
#include<stdio.h>
#include<stdlib.h>
int main()
{
    FILE  * fp;                      //定义指向文件类型的指针变量fp
    long length;
    if((fp=fopen("file1","rb"))==NULL)
                                     //以只读的方式打开二进制文件
    {
        printf("打开文件失败!\n");
        exit(0);
    }
    fseek(fp,0L,SEEK_END);           //将文件位置指针移动文件末尾
    length=ftell(fp);                //用ftell函数求出文件长度
    printf("文件的长度为:%ld\n",length);
    fclose(fp);
    return 0;
}
```

运行结果：

```
文件的长度为: 68
Press any key to continue
```

【程序分析】

例10-6中file1存放的是一个学生的信息，是结构体类型的数据，长度是68个字节，所以求出的file1文件的长度也是68个字节。

4. 文件的随机读写

有了rewind和fseek函数，就可以实现文件的随机读写了。下面以简单的例子来说明这两个函数在文件随机读写中的应用。

【例10-9】 从键盘输入5个学生的信息，保存到文件file2中，再从文件中读出第1,3个学生的信息显示在屏幕上。

C程序代码如下：

```
#include<stdio.h>
#include<stdlib.h>
struct Student
{   long num;
    char name[20];
    char sex;
    int age;
    float score;
    char addr[30];
```

```
}stu,stu1;
int main()
{
    FILE * fp;
    int i;
    if((fp=fopen("file2","wb+"))==NULL)
                                //以读/写的方式打开文件file1,判断是否成功打开
    {
        printf("打开文件失败!\n");
        exit(0);
    }
    for(i=0;i<5;i++)
    {
        printf("请输入第%d个学生的学号:",i+1);
                                    //输入学生信息
        scanf("%d",&stu.num);
        printf("请输入第%d个学生的姓名:",i+1);
        scanf("%s",stu.name);
        getchar();                  //接收键盘缓冲区上一句输入时的回车符
        printf("请输入第%d个学生的性别:",i+1);
        scanf("%c",&stu.sex);
        printf("请输入第%d个学生的年龄:",i+1);
        scanf("%d",&stu.age);
        printf("请输入第%d个学生的成绩:",i+1);
        scanf("%f",&stu.score);
        printf("请输入第%d个学生的家庭地址:",i+1);
        scanf("%s",stu.addr);
        fwrite(&stu,sizeof(struct Student),1,fp);
                        //将学生信息写入文件中,大小为学生结构体所占字节数,块数为1
    }
    for(i=0;i<3;i+=2)
    {
        fseek(fp,i * sizeof(struct Student),0);
                                //将文件位置指针从文件头向文件末尾方向移动,
                                    移动的字节数为学生结构体数据类型大小的i倍
        fread(&stu1,sizeof(struct Student),1,fp);
                                //从文件中将学生信息读取出来,存放到stu1变量所在
                                    的起始地址中,读取块大小为结构体大小,块数为1
        printf("第%d个学生的学号为:%d\t  学生的姓名为:%s\t  学生的性别是:%c\t  学生
            的年龄是:%d\t  学生的成绩是:%.1f\t  学生的家庭住址是:%s\n",i+1,stu1.num,
            stu1.name,stu1.sex,stu1.age,stu1.score,stu1.addr);
    }
    fclose(fp);                     //关闭文件
    return 0;
}
```

运行结果：

```
请输入第1个学生的学号：125042101
请输入第1个学生的姓名：张婷
请输入第1个学生的性别：F
请输入第1个学生的年龄：19
请输入第1个学生的成绩：95
请输入第1个学生的家庭地址：花园路小区118号
请输入第2个学生的学号：125042102
请输入第2个学生的姓名：李其中
请输入第2个学生的性别：M
请输入第2个学生的年龄：19
请输入第2个学生的成绩：90
请输入第2个学生的家庭地址：花园路小区120号
请输入第3个学生的学号：125042103
请输入第3个学生的姓名：易淼
请输入第3个学生的性别：F
请输入第3个学生的年龄：19
请输入第3个学生的成绩：96
请输入第3个学生的家庭地址：花园路小区188号
```

```
请输入第4个学生的学号：125042104
请输入第4个学生的姓名：张志刚
请输入第4个学生的性别：M
请输入第4个学生的年龄：19
请输入第4个学生的成绩：90
请输入第4个学生的家庭地址：和平里小区45号
请输入第5个学生的学号：125042105
请输入第5个学生的姓名：李娜
请输入第5个学生的性别：F
请输入第5个学生的年龄：19
请输入第5个学生的成绩：92
请输入第5个学生的家庭地址：和平里小区48号
第1个学生的学号为：125042101    学生的姓名为：张婷    学生的性别是：F 学生的年龄是：19
学生的成绩是：95.0    学生的家庭住址是：花园路小区118号
第3个学生的学号为：125042103    学生的姓名为：易淼    学生的性别是：F 学生的年龄是：19
学生的成绩是：96.0    学生的家庭住址是：花园路小区188号
Press any key to continue
```

【程序分析】

① 用 fopen 函数打开文件时，指定的打开方式为"wb＋"，是以可读可写的方式打开二进制文件，如果没有该文件则建立新的文件；如果有该文件，则删除原有内容，重新建立一个新文件。②在写入文件时，使用 fwrite 函数，没有改变文件指针位置，系统自动以顺序方式写入数据。③在读取文件时，则使用 fseek 函数进行了随机读取。在 fseek 函数调用中，指定起始点为 0，即从文件开头移动文件位置指针。位移量为 i * sizeof(struct Student)，sizeof(struct Student)是学生信息结构体数据类型的长度（字节数）。i 的初值为 0，因此第 1 次执行循环时，文件位置指针从文件头开始向文件尾移动了 0 个字节，即文件位置指针在文件头部。④fread 函数在文件头位置读取一个学生结构体变量长度的数据，刚好读取到第 1 个学生的信息，并输出到屏幕上。在第 2 次循环时，i 的增值为 2，文件位置指针移动量是学生结构类数据类型长度的 2 倍，即跳过一个结构体变量，移动到第 3 个学生的数据区的开头，然后用 fread 函数读入一个结构体变量，即第 3 个学生的信息，存放到变量 stu1 中，并输出到屏幕上。

10.5 重点内容小结

重点内容小结如表 10-3 所示。

表 10-3 重点内容小结

知 识 点	内 容	描 述	说 明
文件的相关概念	概念	"文件(File)"一般是指存储在外部介质上的数据的集合	文件是由文件名来标识的,因此只要指明文件名,就可读出或写入数据。只要文件不同名,就不会发生冲突
文件的分类	根据用户的角度、文件的存储方式进行分类	从用户的角度,可以将文件分为普通文件和设备文件。根据文件的存储方式,文件又可分为 ASCII 码文件和二进制文件	ASCII 码文件又称为文本文件,是以字符的 ASCII 码形式存储的。而二进制文件是数据以二进制形式存储
文件类型指针	FILE * 指针变量标识符;如 FILE * fp;	定义指向 FILE 结构的文件指针变量 fp,可以使 fp 指向某一个文件的文件信息区,通过该文件信息区中的信息就能访问该文件	其中,FILE 由系统定义,FILE 应为大写
文件的打开	FILE * fp; fp=fopen("file1","r");	在当前目录下打开名字为 file1 的文件,文件的打开方式为"只读",打开成功后,将返回指向文件的指针,并赋予指针变量 fp,这样 fp 就指向 file1 文件了	打开的方式除了有"读"外还有"写""追加"等,见表 10-1。这里注意区别打开文本文件与二进制文件的不同方式
文件的关闭	fclose(fp);	正常完成关闭文件操作时,函数 fclose 返回值是 0,否则返回 EOF	文件使用完毕后,应用关闭文件函数将文件关闭,以避免文件数据丢失或误用
文件的字符读写	ch=fgetc(fp); fputc('C',fp);	从文件中读取/写入一个字符。如果成功读取文件则返回读取的字符,如果失败则返回 EOF。如果写入成功,会将文件位置指针自动移动到下一个写入位置,并返回写入的字符本身;如果失败,则返回 EOF	是文本文件的读/写方式,是顺序读/写。读取/写入之前文件是以正确方式打开的

续表

知 识 点	内 容	描 述	说 明
文件的字符串读写	fgets(str,n,fp); fputs(str,fp);	从文件中读取/写入一个字符串。读取时从文件中取了 n-1 个字符,加上'\0',存入数组 str 中,如果读取成功,则返回值为 str 数组首元素的地址;读取失败,返回 NULL。如果写入成功,则返回 0;否则返回 EOF	是文本文件的读写方式,是顺序读/写。读取/写入之前文件是以正确方式打开的
文件的格式化读写	fscanf(文件指针,格式字符串,输入表列); fprintf(文件指针,格式字符串,输出表列);	fscanf 函数的功能是从磁盘文件中按指定的格式读出数据。读取成功,返回实际读出的数据的数目;失败返回 EOF 的值。 fprintf 函数将数据按指定的格式写入磁盘文件;写入成功,返回实际写入数据的数目;否则返回 EOF 值	是文本文件的读写方式,是顺序读/写。读取/写入之前文件是以正确方式打开的
文件的数据块读写	fread(buffer,size,count,fp); fwrite(buffer,size,count,fp);	从指定文件中读取/写入一个数据块。如果读取成功,返回读取的数据块的个数;如果调用失败,返回值为 0。如果写入成功,返回 count 的值;失败返回 0	是二进制文件的读写方式,是顺序读/写。读取/写入之前文件是以正确方式打开的
文件的定位	rewind(fp) fseek(文件指针,位移量,起始点); n=ftell(fp);	文件位置指针用以指示文件内部的当前读写位置;rewind 函数用于文件位置指针复位到文件开头;fseek 函数将文件位置指针移动到指定位置,ftell 函数用于获得文件位置指针当前位置相对于文件头的位移字节数	使用定位函数之前,文件也是以正确方式打开的
文件的随机读写	使用 rewind、fseek 函数定位	使用 rewind、fseek 函数来定位文件位置指针,再用文件读/写函数进行读写	文件要以正确的方式打开。可以随机读/写

习 题

一、单选题

1. 以下叙述中错误的是(　　)。

　　(A) C 语言中对二进制文件的访问速度比文本文件快

　　(B) ANSIC 标准采用"缓冲文件系统"处理数据文件

    (C) 语句 FILE fp；定义了一个名为 fp 的文件指针

    (D) C 语言中的文本文件以 ASCII 码形式存储数据

2. 若要用 fopen 函数打开一个新的二进制文件，该文件要既能读也能写，则打开文件方式字符串应是：(　　)。

    (A) "ab+"　　　　　(B) "wb+"　　　　(C) "rb+"　　　　(D) "ab"

3. fscanf 函数的正确调用形式是(　　)。

    (A) fscanf(fp,格式字符串,输出表列)

    (B) fscanf(格式字符串,输出表列,fp)

    (C) fscanf(格式字符串,文件指针,输出表列)

    (D) fscanf(文件指针,格式字符串,输入表列)

4. 设文件指针 fp 已定义，执行语句 fp=fopen("file","w");后，下列针对文本文件 file 操作叙述正确的是(　　)。(二级考试真题)

    (A) 只能写不能读

    (B) 写操作结束后可以从头开始读

    (C) 可以在原有内容后追加写

    (D) 可以随意读和写

5. 缓冲文件系统的缓冲区位于(　　)。

    (A) 磁盘缓冲区中　　　　　　　(B) 磁盘文件中

    (C) 内存数据区中　　　　　　　(D) 程序中

*6. 有以下程序：

```
#include<stdio.h>
void main()
{
    FILE * fp;
    int a[10]={1,2,3},i,n;
    fp=fopen("dl.dat","w");
    for(i=0;i<3;i++)
    {
        fprintf(fp,"%d",a[i]);
    }
    fprintf(fp,"\n");
    fclose(fp);
    fp=fopen("dl.dat","r");
    fscanf(fp,"%d",&n);
    fclose(fp);
    printf("%d\n",n);
}
```

程序的运行结果是(　　)。(二级考试真题)

    (A) 321　　　　　　(B) 12300　　　　(C) 1　　　　　(D) 123

7. 有以下程序:

```
#include<stdio.h>
void main()
{
    FILE * fp;
    fp=fopen("filea.txt","w");
    fprintf(fp,"abc");
    fclose(fp);
}
```

程序运行前 filea.txt 中文件的内容是:hello,运行后该文件中的内容是(   )。(二级考试真题)

    (A) abclo   (B) abc   (C) helloabc   (D) abchello

8. 在 C 程序中,可把整型数以二进制形式存放到文件中的函数是(   )。

    (A) fprintf 函数   (B) fread 函数   (C) fwrite 函数   (D) fputc 函数

9. 标准函数 fgets(s, n, f)的功能是(   )。

    (A) 从文件 f 中读取长度为 n 的字符串存入指针 s 所指的内存

    (B) 从文件 f 中读取长度不超过 n−1 的字符串存入指针 s 所指的内存

    (C) 从文件 f 中读取 n 个字符串存入指针 s 所指的内存

    (D) 从文件 f 中读取长度为 n−1 的字符串存入指针 s 所指的内存

10. 有以下程序:

```
#include <stdio.h>
void WriteStr(char * fn,char * str)
{
    FILE * fp;
    fp=fopen(fn,"w");
    fputs(str,fp);
    fclose(fp);
}
main()
{
    WriteStr("t1.dat","start");
    WriteStr("t1.dat","end");
}
```

程序运行后,文件 t1.dat 中的内容是(   )。

    (A) start   (B) end   (C) startend   (D) endrt

二、填空题

1. fgetc 函数的作用是从指定文件读入一个字符,该文件的打开方式必须是_____。

*2. 阅读程序,写出执行该程序的输出结果_____。

```
#include <stdio.h>
func()
```

```
    {
        int i;
        char str[10];
        FILE * fp=fopen("f1","r");
        for(i=0;i<10;i++)
        {
            fread(str+i,sizeof(char),1,fp);
            printf("%c",str[i]-32);
        }
    }
main()
    {
        char a[10]={'a','b','c','d','e','f','g','h','i','j'};
        int i;
        FILE    * fp=fopen("f1","w");
        for(i=0;i<10;i+=2)
            fwrite(a+i,sizeof(char),2,fp);
            fclose(fp);
            func();
            printf("\n");
    }
```

*3. 写出执行下述程序的输出结果_____。

```
#include <stdlio.h>
#include <stdlib.h>
main()
{
    int i,n;
    FILE * fp;
    if((fp=fopen("temp.dat","w+"))==NULL)
    {
        printf("Can't open this file.\n");
        exit(0);
    }
    for(i=1;i<=10;i++)
        fprintf(fp,"%3d",i);
    for(i=0;i<5;i++)
    {
        fseek(fp,i * 6L,SEEK_SET);
        fscanf(fp,"%d",&n);
        printf("%3d",n);
    }
    printf("\n");
    fclose(fp);
}
```

4. C语言中文件指针 stdin 与标准输入设备文件即_____相关联。

5. 根据数据的组织形式,C 中将文件分为_____和_____两种类型。

三、程序设计题

1. 从键盘输入一个字符串,将其中的小写字母全部转换成大写字母,然后输出到一个磁盘文件 test 中保存,输入的字符串以！表示结束。

2. 将 10 名职工的数据从键盘输入,然后送入磁盘文件 worker1. rec 中保存。设职工数据包括：职工号、职工名、性别、年龄、工资,再从磁盘调入这些数据,依次打印出来(用 fread 和 fwrite 函数)。

* 3. 将 10 个整数写入数据文件 f3. dat 中,再读出 f3. dat 中的数据并求其和。

第11章

实 验 安 排

11.1 实验1 熟悉 Visual C++ 6.0 集成开发环境和运行过程

一、实验目的

(1) 熟悉 Visual C++ 6.0 集成开发环境;

(2) 掌握在 Visual C++ 6.0 环境中运行 C 源程序的方法;

(3) 理解 C 语言程序的基本结构,学习 C 程序的编写方法;

(4) 学习基本的程序调试方法,分析简单的编译、连接错误。

二、实验准备

(1) 启动 Visual C++ 6.0 集成开发环境,熟悉基本界面。

(2) 编写程序之前,在磁盘上创建一个工作文件夹,如 D：\MyProc,用以保存用户所编写的 C 源程序文件及与其相关的各类文档。

三、实验内容

1. 基础实验

1) 熟悉 VC++ 6.0 集成开发环境

(1) 按照 1.4.2 节所给步骤,在 VC++ 6.0 中编辑、编译、连接、执行例 1-1 中的 C 程序(以文件名 ex1_1.c 保存),并查看运行结果。

若将 printf 函数调用语句改为如下形式:

```
printf("This is my first program.");
```

再次运行程序 ex1_1.c,观察其运行结果。

【思考】 通过对比先后两次的运行结果,试着分析字符'\n'的作用。

(2) 重复上述步骤,编辑、编译、连接、执行例 1-2 中的 C 源程序(以文件名 ex1_2.c 保存),并查看运行结果。

程序 ex1_2.c 的数据输入说明：

程序运行后，在黑色的运行窗口上会有一个光标不停地闪烁，此时应从键盘输入两个整数，并以逗号分隔，按回车确认输入结束。如：

<u>15,7</u>↙ (↙代表回车键 Enter)

注意：应先通过选择菜单【文件】|【关闭工作空间】，关闭上一个程序，再创建新的 C 程序，否则可能会造成同一个工作空间中出现两个以上的 main 函数，错误信息如下：

```
--------------------Configuration: eg1_1 - Win32 Debug--------------------
Linking...
eg1_2.obj : error LNK2005: _main already defined in eg1_1.obj
Debug/eg1_1.exe : fatal error LNK1169: one or more multiply defined symbols found
执行 link.exe 时出错.

eg1_1.exe - 1 error(s), 0 warning(s)
```

【思考】 两个程序的运行过程有什么不同？是什么原因造成的？

【提示】 当程序执行到 scanf 函数调用语句会暂停，等待用户从键盘输入数据，按 Enter 键结束输入后，程序才继续向下运行。

2) 在 VC++ 6.0 中运行以下程序，进一步理解 C 程序的基本结构

(1) 该程序以文件名 ex1_3.c 保存。

```
#include<stdio.h>
{
    printf("This is my first program.\n");
}
```

程序 ex1_3.c 能否正确运行，为什么？

(2) 该程序以文件名 ex1_4.c 保存。

```
#include<stdio.h>
int max(int x,int y)
{
    int z;
    if(x>y)
      z=x;
    else
      z=y;
    return z;
}

int main()
{
    int a,b,c;
    scanf("%d,%d",&a,&b);
    c=max(a,b);
    printf("max=%d\n",c);
}
```

观察 ex1_4.c 的运行结果,与 ex1_2.c 的有区别吗? 二者的程序对比有什么不同,说明什么?

2. 进阶实验

参考例 1-1,编写自己的第一个程序 ex1_5.c,实现以下输出:

```
*
* *
* * *
* * * *
```

【思路提示】 该图形需要分行输出,利用 printf 函数和字符'\n'可实现一行信息的显示。

3. 提高扩展实验

(1) 模仿例 1-2,实现输入三个整数,求出其中的最大值,该程序以文件名 ex1_6.c 保存。

【思路提示】 可以先求出两个数中的最大值,再用该最大值与第三个数比较,最终求出三个数中的最大值。

(2) 以下程序 ex1_7.c 有错,试着调试程序,分析简单的编译、连接错误。

```c
#include <stdio.h>
int mian
{
    int sum(intx,inty);
    int a,b,c;
    scanf("%d,%d",&A,&B);
    c=sum(a,b)
    prinf("sum=%d/n",c);
    return 0;
}

int Sum(intx,inty)
{
    int z
    z=X+y;
    return z;
}
```

11.2　实验 2　基本数据类型和运算符

一、实验目的

(1) 掌握基本数据类型变量的定义和使用方法;

(2) 理解不同数据类型间的相互转换;

(3) 掌握算术、赋值、自增自减等常用运算符的含义;

(4) 掌握 C 语言表达式的运算规则。

二、实验准备

(1) 熟悉各种变量、常量的定义及标识符的正确含义；

(2) 熟悉各种运算符的运算规则(优先级、结合性)和运算特点；

(3) 熟悉各类表达式的求值过程。

三、实验内容

1. 基础实验

1) 分析以下程序运行结果,并上机验证

(1) 该程序以文件名 ex2_1.c 保存。

```c
#include <stdio.h>
int main()
{
    int a,b,c;
    a=3;
    b=5;
    c=a/b;
    printf("c=%d\n",c);
    return 0;
}
```

① 运行程序,观察运行结果。

② 若将程序修改如下(该程序以文件名 ex2_2.c 保存),则运行结果如何?

```c
#include <stdio.h>
int main()
{
    int a,b;
    double c;
    a=3;
    b=5;
    c=(double)a/b;
    printf("c=%f\n",c);
    return 0;
}
```

③ 如果将语句 c=(double)a/b;改为 c=(double)(a/b)呢?

④ 若将程序 ex2_1.c 和 ex2_2.c 中除法运算"/"改为取余运算"%",再重复①②③运行程序观察结果。

【提示】

① 除号"/"有"整数除"与"实数除"之分。整数之间做除法时,运算结果只保留整数部分而舍弃小数部分。

② 取余运算"%"要求两侧的运算对象必须为整型,否则系统会提示语法错误。

③ 强制类型转换:将其右侧的运算对象显示转换为指定类型。

(2) 该程序以文件名 ex2_3.c 保存。

```c
#include <stdio.h>
int main()
{
    int a,b;
    a=b=3;
    printf("a=%d,b=%d\n",a,b);
    return 0;
}
```

若将程序修改如下(该程序以文件名 ex2_4.c 保存):

```c
#include <stdio.h>
int main()
{
    int a,b;
    a=3.1;
    b=3.78;
    printf("a=%d,b=%d\n",a,b);
    return 0;
}
```

【思考】 对比两个程序的运行结果是否存在区别,为什么?

【提示】 若赋值号左右均为数值型,但类型不一致时,系统会自动将右侧数据转换为左侧类型再赋值。

(3) 该程序以文件名 ex2_5.c 保存。

```c
#include <stdio.h>
int main()
{
    unsigned char a=2,b=4,c=5,d;
    d=a|b;
    d&=c;
    a^=a;
    c=c<<2;
    b=b>>1;
    printf("a=%d,b=%d,c=%d,d=%d\n",a,b,c,d);
    return 0;
}
```

2) 程序改错与设计题

程序 ex2_6.c 功能为:根据圆的半径和圆锥体的高,计算圆锥体和球的体积。

（1）请纠正程序中的错误，以实现程序功能。

```
#include <stdio.h>
int main()
float r,h;
r=12;
h=5;
v1=1/3 * 3.14 * r2 * h;
v2=4/3 * 3.14 * r3;
printf("圆锥体体积为:%f,球体积为:%f\n",v1,v2);
return 0;
```

【提示】

① 函数的定义包含函数首部和函数体两部分，且函数体必须由一对花括号括起来。

② 区分"整数除"和"实数除"。

③ C语言中无次幂运算，但可以用连乘的方式替代。

（2）请将圆周率定义为符号常量，重写该程序，以文件名 ex2_7.c 保存。

2. 进阶实验

分析以下程序运行结果，并上机验证。

（1）该程序以文件名 ex2_8.c 保存。

```
#include <stdio.h>
int main()
{
    int a;
    a+=a-=a=8;
    printf("a=%d\n",a);
    a=4;
    a+=a-=a+a;
    printf("a=%d\n",a);
    return 0;
}
```

【提示】

① 应先将复合的赋值运算符转换为基本赋值运算符，然后再计算。

② 赋值操作具有"破坏性"，即对同一变量赋值时，新值会覆盖旧值。

（2）该程序以文件名 ex2_9.c 保存。

```
#include <stdio.h>
int main()
{
    int a=1,b=2;
    a=a+b,b=b+a;
    printf("a=%d,b=%d\n",a,b);
    return 0;
}
```

若将程序中的语句 a＝a＋b,b＝b＋a;改为 a＝(a＋b,b＝b＋a),再次运行程序观察结果。

【思考】 对比程序先后两次运行的结果是否存在区别,为什么?

【提示】 逗号运算符的优先级最低,低于赋值运算符。

3. 提高扩展实验

(1) 分析以下程序运行结果,并上机验证,该程序以文件名 ex2_10.c 保存。

```c
#include <stdio.h>
int main()
{
    int x,y,z;
    x=y=1;
    z=x++,y++,++y;
    printf("x=%d,y=%d,z=%d\n",x,y,z);
    return 0;
}
```

若将程序中的 z＝x＋＋,y＋＋,＋＋y;改为 z＝(x＋＋,y＋＋,＋＋y);再次运行程序观察结果。

【思考】 对比程序先后两次运行的结果是否存在区别,为什么?

【提示】

① 自增运算符与其他运算混合使用时,其前缀形式和后缀形式的运算特点分别为"先变再用"和"先用再变"。

② 赋值运算符的优先级高于逗号运算符的。

(2) 假设 abcd 是一个四位整数,编写程序计算(ab＋cd)^{2}和(ac＋bd)^{2}并输出,该程序以文件名 ex2_11.c 保存。

【思路提示】 参照例 2-7,先利用除法与取余运算将一个四位整数的各位上的数字分离,然后根据要求将分离出的数字重新组合成两位整数。

11.3 实验 3 顺序结构程序设计

一、实验目的

(1) 掌握 scanf、printf 函数等常用输入输出函数的使用;

(2) 熟练应用赋值语句;

(3) 学习编制简单的 C 程序。

二、实验准备

(1) 熟悉常用的输入输出函数的使用;

(2) 了解 C 语句的基本构成方式;

(3) 理解顺序结构程序的基本构成。

三、实验内容

1. 基础实验

1）分析以下程序的运行结果并上机验证

（1）该程序以文件名 ex3_1.c 保存。

```c
#include <stdio.h>
int main()
{
    int a;
    float b;
    a=5/4;
    b=5.0/4;
    printf("a=%d,b=%d\n",a,b);
    return 0;
}
```

若将以上程序中的 printf 函数调用语句改写为 printf("a=%d,b=%f\n",a,b);,再次运行程序观察结果,与上一次的运行结果有何不同,为什么?

【提示】 printf 函数中的格式说明与输出项的类型、个数应保持一致。

（2）该程序以文件名 ex3_2.c 保存。

```c
#include <stdio.h>
int main()
{
    char c1,c2;
    c1='A'+'8'-'4';
    c2='A'+'8'-'5';
    printf("%c,%d\n",c1,c2);
    return 0;
}
```

【提示】 因每个字符型数据都有一整型的 ASCII 值与之对应,故可将其看作整型数据的特例,既能以整型形式(%d),又能以字符型形式(%c)输出。

2）程序改错题

（1）程序 ex3_3.c 的功能为:输入一个华氏温度,输出对应的摄氏温度,计算公式为: $c=\dfrac{5}{9}(f-32)$,其中 f 为华氏温度,c 为摄氏温度。请纠正程序中存在的错误,并得到如下页图所示的运行效果。

```c
#include <stdio.h>
int main()
{
    float F,C;
    scanf("%d",f);
```

```
    c=5/9(f-32);
    printf("%d\n",c);
    return 0;
}
```

```
请输入华氏温度: 80  -->此处为输入的数据
摄氏温度: 26.67      -->此处为输出数据的格式
Press any key to continue
```

(2) 程序 ex3_4.c 的功能为：输入长方体的长、宽、高，输出长方体的表面积和体积。请纠正程序中存在的错误，并得到如图所示的运行效果。

```
#include <stdio.h>
int main()
{
    double  a,b,c,s,v;
    printf(input a,b,c:\n);
    scanf("%d%d%d",a,b,c);
    s=2ab+2ac+2bc;
    v=abc;
    printf("%d %d%d",a,b,c);
    printf("s=%f\n",s,"v=%d\n",v);
    return 0;
}
```

```
input a,b,c:
1.0,2.0,3.0     -->此处为输入数据的格式
a=1.000000,b=2.000000,c=3.000000 -->此处为输出数据的格式
s=22.00,v=6.00
Press any key to continue
```

2. 进阶实验

(1) 分析程序 ex3_5.c 的运行结果，并上机验证。

```
#include <stdio.h>
int main()
{
    char c1,c2,c3,c4,c5,c6;
    scanf("%c%c%c%c",&c1,&c2,&c3,&c4);
    c5=getchar();
    c6=getchar();
    putchar(c1);
    putchar(c2);
    printf("%c%c\n",c5,c6);
    return 0;
}
```

① 当执行程序时，按下列方式输入数据（从第 1 列开始）：

123↙ (↙代表回车键 Enter)

45678↙

则输出结果如何？

② 若输入数据(从第 1 列开始)：

12345678↙ (↙代表回车键 Enter)

则输出结果又如何？两次运行结果有无区别？为什么？

【提示】 空白字符(包括回车符、空格符和水平制表符 Tab)都会作为有效字符被字符型变量接收。

(2) 根据程序 ex3_6.c 的预期运行结果，分析数据的正确输入形式并上机验证。

```
#include <stdio.h>
int main()
{
    int a1,a2;
    char c1,c2;
    scanf("%d%c%d%c",&a1,&c1,&a2,&c2);
    printf("%d,%c,%d,%c",a1,c1,a2,c2);
    return 0;
}
```

若通过键盘输入，使得 a1 的值为 12,a2 的值为 34,c1 的值为字符 a,c2 的值为字符 b，即程序输出结果为：12,a,34,b，则正确的数据输入格式如何？

(3) 请在程序 ex3_7.c 中填写适当形式的 scanf 函数和 printf 函数调用语句，实现如图所示的运行结果：

```
#include <stdio.h>
int main()
{
    int x,y,z;
    printf("Input x,y:\n");
    _____【1】_____
    z=x+y;
    _____【2】_____ ;
    return 0;
}
```

3. 提高扩展实验

(1) 编写程序 ex3_8.c：从键盘上输入任意两个三位整数，并赋给整型变量 a 和 b，实现变量 a 和 b 中数据的交换，输出交换前后变量 a 和 b 的值。如变量 a 的值为 123,变量 b 的值为 456,交换后变量 a 的值为 456,变量 b 的值为 123。

【思路提示】

① 通过在 scanf 函数中使用附加格式说明符域宽,可控制输入整数的位数。

② 因赋值操作具有"破坏性",故不能直接进行变量 a 和 b 的相互赋值操作,如 a=b;和 b=a;这样会使得变量 a 中的原值丢失。可考虑增加一个中间变量,用于暂存变量 a 的原值。

(2) 学生成绩管理系统之学生信息的输出:输入某学生五门课程的成绩,计算总成绩和平均成绩,并实现如图所示的运行效果。该程序以文件名 ex3_9.c 保存。

【思路提示】 通过在 printf 函数中使用转义字符\t、附加说明符域宽和小数位进行格式输出。

11.4 实验4 选择结构程序设计

一、实验目的

(1) 掌握关系运算符及关系表达式的使用方法;

(2) 掌握逻辑运算符及逻辑表达式的使用方法;

(3) 掌握 if 语句的多种使用形式及 if 语句间的并列、嵌套关系;

(4) 掌握 switch 语句的使用;

(5) 理解条件运算符及条件表达式的使用方法;

(6) 掌握选择结构的程序设计。

二、实验准备

(1) 熟悉关系、逻辑运算符的运算规则并掌握正确的关系、逻辑表达式的描述方式;

(2) 熟悉 if 语句、switch 语句的基本格式;

(3) 理解条件运算符的使用形式;

(4) 理解 break 语句的作用。

三、实验内容

1. 基础实验

1) 分析以下程序的运行结果并上机验证

(1) 该程序以文件名 ex4_1.c 保存。

```
#include<stdio.h>
int main()
{
```

```
    int a=10,b=8,c=5;
    if(a>b>c)
      printf("max=%d\n",a);
    return 0;
}
```

【思考】　程序的运行结果是否符合预期？为什么？应如何修改才能将最大的 a 值输出？

【提示】　数学式"a>b>c"直接出现在 C 程序中，系统并不提示错误，但无法正确表示变量 a、b、c 间的关系，需通过增加逻辑运算符 && 进行表示。

（2）该程序以文件名 ex4_2.c 保存。

```
#include <stdio.h>
int main()
{
    int i=1,j=2,k=3;
    if(i++==1&&(++j==3||k++==3))
      printf("%d%d%d\n",i,j,k);
    return 0;
}
```

如果将 if 语句的表达式改为!（++i==1&&（++j==3||k++==3）），再次运行程序观察结果。

【提示】　逻辑与"&&"和逻辑或"||"运算的短路问题。

（3）该程序以文件名 ex4_3.c 保存。

```
#include<stdio.h>
int main()
    {
    int a,b,t;
    scanf("%d,%d",&a,&b);
    printf("交换前:a=%d,b=%d\n",a,b);
    if(a<b)
    {
        t=a;
        a=b;
        b=t;
    }
    printf("交换后:a=%d,b=%d\n",a,b);
    return 0;
}
```

① 运行程序时,若从键盘上输入3,5↙,则程序的输出结果是什么？若从键盘上输入5,3↙呢？

② 如果将程序中的 if 语句改写成如下形式,重复①观察程序的运行结果有何变化,为什么？

```
if(a<b)
 t=a;
 a=b;
 b=t;
```

【提示】 if 语句的内嵌语句只能是一条,正确区分 if 语句的内嵌语句和后继语句。

(4) 该程序以文件名 ex4_4.c 保存。

```
#include <stdio.h>
int main()
{
    int a;
    scanf("%d",&a);
    if(a%2==0)
        printf("%d是一个偶数\n",a);
    else
        printf("%d是一个奇数\n",a);
    return 0;
}
```

① 若程序运行时,从键盘上输入8✓,运行结果如何? 若输入9✓呢?

② 若将 if 语句中的表达式分别修改为:!(a%2)、a%2!=0、a%2

多次运行程序观察结果,对比分析 a%2==0、!(a%2)、a%2!=0 和 a%2 四个表达式间有何关系,分别代表什么含义?

【提示】

① 进一步理解 C 语言关于逻辑值的约定: 对于参与运算的对象而言,非零值代表"逻辑真",0 代表"逻辑假";对于运算结果而言,"1"代表"逻辑真",0 代表"逻辑假"。

② 通过对取余结果是否为 0 的判断,可以确定两数间的整除关系。

(5) 该程序以文件名 ex4_5.c 保存。

```
#include<stdio.h>
int main()
{
    int a,b,c;
    b=1;
    c=2;
    scanf("%d",&a);
    switch(a)
    {
        case 1:b++;
        case 2:c++;
        case 3:b++;
        default:b++;c++;
    }
    printf("a=%d,b=%d,c=%d\n",a,b,c);
```

```
        return 0;
    }
```

① 若运行程序时,从键盘上输入2↙,运行结果如何? 若输入4↙呢?

② 若将 switch 语句体中的 default 子句放到 case 1 的前面,仍然输入4↙,再次运行程序观察结果。

③ 如果将 switch 语句改写成如下形式,重复①②运行结果如何?

```
switch(a)
{
    case 1:b++;break;
    case 2:c++;break;
    case 3:b++;break;
    default:b++;c++;
}
```

【提示】

① 进一步理解 switch 语句的执行特点:case 常量仅相当于定义了一个标号位置,switch 语句一旦遇到第一次 case 匹配,就将顺序执行此标号后的所有程序代码,直至遇到 break 语句或 switch 语句体的右花括号。

② break 语句的作用:可中止 switch 语句流程。

2) 用条件表达式改写程序中的 if 语句

程序 ex4_6.c 的功能为:求 x 的绝对值。

```
#include <stdio.h>
int main()
{
    float x;
    scanf("%f",&x);
    printf("x=%.2f\n",x);
    if(x<0)
      x=-x;
    printf("abs(x)=%.2f\n",x);
    return 0;
}
```

3) 程序设计题

(1) 编写程序 ex4_7.c:从键盘上输入一个整数,它如果是一个能被 7 或 11 整除,但不能同时被 7 和 11 整除的数,则输出"Yes",否则输出"No"。(本书第 4 章程序设计题的第 3 小题)

【思路提示】 参照实验程序 ex4_4.c,利用取余运算进行整除的判断。

(2) 编写程序 ex4_8.c:从键盘上输入三个实数 x、y、z,按由大到小的顺序输出。

【思路提示】 参照实验程序 ex4_3.c 的设计思路:

① 先比较 x 和 y。若 x<y,则交换 x 和 y,从而使 x 值成为 x 和 y 两数中的较大者。

② 再比较 x 和 z。若 x<z,则交换 x 和 z,从而使 x 值成为三数中的最大者。

③ 最后比较 y 和 z。若 y<z,则交换 y 和 z,从而使 y 值成为三数中的次大者,z 值成为最小者。

④ 顺序输出 x,y,z。

(3) 编写程序 ex4_9.c 的功能为:根据以下分段函数的定义,输入 x 值,求解 y 值。

$$y=\begin{cases}0, & x<5 \\ x, & 5\leqslant x<15 \\ 2x-40, & 15\leqslant x<30 \\ 0.2x+10, & x\geqslant30\end{cases}$$

2. 进阶实验

(1) 程序 ex4_10.c 的功能为:输入三角形的三条边,在能构成三角形的情况下,判断它是等边三角形还是等腰三角形,并给出相应信息的输出,请纠正程序中存在的错误。

```c
#include<stdio.h>
int main()
{
    int a,b,c;
    scanf("%d,%d,%d",&a,&b,&c);
    if(a+b>c&&a+c>b&&b+c>a);
        if(a=b=c);
            printf("它是等边三角形!\n");
        else if(a=b);
            printf("它是等腰三角形!\n");
    return 0;
}
```

【提示】

① 注意 if 语句的基本格式,else 子句不能独立存在。

② 分号是一条合法的 C 语句。

③ 区分赋值运算符"="和关系运算符"=="。

④ 数学式在 C 程序中的合法描述。

(2) 分析以下程序段的执行结果,如何修改可以实现预期的逻辑关系。该程序以文件名 ex4_11.c 保存。

```c
if(a<b)
  if(b<c)
    printf("a<b<c\n");
else
    printf("a>=b\n");
```

【提示】 if-else 的配对关系。

3. 提高扩展实验

(1) 阅读下列程序段,将 switch 语句改写等价的 if 语句。该程序以文件名 ex4_12.c 保存。

```
int x,y;
scanf("%d",&x);
switch(x>=0)
{
    case    0:y=-x;break;
    case 1:switch(x>0)
        {
            case 1:y=x;break;
            case 0:y=0;
        }
}
```

（2）利用 switch 语句重新编写例 4-10，以文件名 ex4_13.c 保存。

【思路提示】 当利用 switch 语句实现时，关键是确定 switch 语句中的表达式。经观察发现，除了等级'A'和'E'，其余三个分数段都具备一个共同特点，其十位数字是固定的。故可以考虑将"score/10"作为 switch 语句的表达式，以减少 case 数。

形如：

```
switch(score/10)
{          }
```

【思考】 如果存放学生成绩的变量定义为实型，switch 语句中的表达式又该如何表示呢？

【提示】 因 switch 语句中的表达式只能为 char 型或整型，而学生成绩又为实型，故可考虑使用强制转换，以方便对学生成绩的判断。

形如：

```
switch((int)score/10)
{          }
```

11.5　实验 5　循环结构程序设计

一、实验目的

（1）掌握实现循环结构的三种控制语句：while 语句、do-while 语句和 for 语句的使用方法；

（2）掌握 break 语句、continue 语句在循环中的使用；

（3）掌握循环语句的嵌套使用，重点是 for 循环；

（4）掌握循环结构程序设计的方法。

二、实验准备

（1）熟悉 while 语句、do-while 语句和 for 语句的基本格式及运行过程；

（2）理解 break 语句和 continue 语句在循环中使用的区别。

三、实验内容

1. 基础实验

1) 分析以下程序的运行结果并上机验证

(1) 该程序以文件名 ex5_1.c 保存。

```c
#include <stdio.h>
int main()
{
    int y=9;
    while(y>0)
        if(y%3==0)
            printf("%3d",--y);
    return 0;
}
```

① 运行程序,观察运行结果。

② 若将循环语句修改如下,再次运行程序观察结果。

```c
do
{
    if(y%3==0)
        printf("%3d",--y);
} while(y>0);
```

③ 若将循环语句修改如下,再次运行程序观察结果。

```c
for(;y>0;)
    if(y%3==0)
        printf("%3d",--y);
```

④ 若将变量 y 的初始化语句修改为: int y=-9;,再重复①②③运行程序观察结果。

【思考】 当变量 y 初始值分别为 9 和-9 时,采用三种不同的循环语句,程序的运行结果有何区别? 为什么?

【提示】 当循环的初始条件成立时,三条循环语句是完全等价的。但若循环的初始条件不成立,则当型循环(while 和 for)的循环体一次也不执行,直到型循环会执行一次。

(2) 该程序以文件名 ex5_2.c 保存。

```c
#include <stdio.h>
int main()
{
    int i;
    for(i=1;i<5;i++)
    {
        if(i%2)
            printf("*");
```

```
        else
            continue;
        printf("#");
    }
    printf("$\n");
    return 0;
}
```

若将程序中的"contiue;"改成"break;",再次运行程序观察结果,比较两次运行结果的区别,为什么?

【提示】 一旦执行 break 语句,则执行流程立即退出当前循环,而执行 continue 语句则立即结束本次循环即放弃剩余循环体里的语句,重新开始新的循环。

(3) 该程序以文件名 ex5_3.c 保存。

```
#include <stdio.h>
int main()
{
    int x=0,y=5,z=3;
    do
    {
        y=y-1;
    }while(z-->0 && ++x<5);
    printf("%d,%d,%d\n",x,y,z);
    return 0;
}
```

【提示】 自增运算与关系、逻辑运算的混合使用及逻辑运算的短路问题。

(4) 该程序以文件名 ex5_4.c 保存。

```
#include <stdio.h>
main()
{
    int i,j;
    for(i=1;i<4;i++)
    {
        for(j=i;j<4;j++)
            printf("%d * %d=%d\t",i,j,i * j);
        printf("\n");
    }
}
```

【提示】 理解双重循环的执行特点:外重循环先执行,但内重循环的执行速度快于外重循环,内重循环执行一轮,外重循环执行一次。在编写双重循环程序时,可以此为依据,确定循环的内外重关系。

2) 程序改错题

程序 ex5_5.c 的功能为:计算 10!,请纠正程序中的错误,以实现程序功能。

```
#include <stdio.h>
int main()
{
    int f,i=1;
    while(i<10);
        f=f*i;
        i++;
    printf("10!=%d\n",f);
    return 0;
}
```

【提示】

① 求阶乘是一个累乘算法,注意累乘变量的初始值。

② 注意 while 语句的格式特点。

③ C 语言约定:循环体只能是一条语句,若多于一条需用花括号括起来,构成复合语句。

④ 注意循环的边界值,即表示循环条件的表达式描述,这将影响循环的执行次数。

3) 程序填空题

(1) 程序 ex5_6.c 的功能为:找出 100 至 500 之间各位上的数字之和为 15 的所有整数,然后输出。例如,159、168、177 都是符合上述要求的数字。请填空。

```
#include <stdio.h>
int main()
{
    int n,s1,s2,s3;
    for(n=100;____【1】____;n++)
    {
        s1=n/100;
        s2=____【2】____;
        s3=n%10;
        if(____【3】____)
            printf("%5d",n);
    }
    printf("\n");
    return 0;
}
```

(2) 程序 ex5_7.c 的功能是:输出 100 以内(含 100)能被 3 整除且个位数为 6 的所有整数。请填空。

```
#include <stdio.h>
int main()
{
    int i,j;
    for(i=0;____【1】____;i++)
```

```
    {
        j=i*10+6;
        if(___【2】___)
            continue;
        printf("%d  ",j);
    }
    return 0;
}
```

4）程序设计题

（1）编写程序 ex5_8.c：求解水仙花数并统计个数。所谓水仙花数是指满足这样条件的三位整数：三位整数等于三位整数中各位数字的立方和。例如，153 就是一个水仙花数，即 $153=1^3+3^3+5^3$。

【思路提示】 参照程序填空题 ex5_6.c 编写，需调整循环范围及判定条件，另外还需增加一个整型变量用于统计水仙花数的个数。

（2）编写程序 ex5_9.c 打印如下图形，要求用双重循环实现。

```
*
***
*****
*******
```

【思路提示】

① 每行上的信息除了图形中直观看到的若干个"＊"号，还应有一个回车符"\n"。

② 该图形有行列之分，输出图形的过程为：先输出第一行的信息，再输出第二行的信息，依此类推。根据双重循环的执行特点，设变量 i 为外重循环变量，用于控制行即每循环一次输出一行信息，故其取值范围为 1～4；变量 j 为内重循环变量，用于控制列即每循环一次输出一个"＊"，其循环次数决定输出"＊"的个数且随着行数的增大而增大，故变量 j 取值范围为：1～2＊i-1。

【思考】 若图形改为以下形式，该程序应如何修改？

```
   *
  ***
 *****
*******
```

【思路提示】 与第一个图形相比，该图形的每行信息在若干个"＊"号和一个回车符"\n"的基础上，增加了若干个空格符，空格符的输出方法与"＊"号的输出方法相似。

2. 进阶实验

1）分析以下程序的运行结果并上机验证。

（1）该程序以文件名 ex5_10.c 保存。

```
#include <stdio.h>
main()
{
```

```
        int c;
        while((c=getchar())!='\n')
        {
            switch(c-'2')
            {
                case 0:
                case 1:putchar(c+4);
                case 2:putchar(c+4);break;
                case 3:putchar(c+3);
                default:putchar(c+2);break;
            }
        }
    }
```

若程序运行时,从第一列开始输入数据:2473↙(↙代表回车符),则程序的运行结果如何?

(2) 该程序 ex5_11.c 的功能为:根据以下公式求 π 的值,直至某项的值小于 0.00005 为止。$\dfrac{\pi}{2}=1+\dfrac{1}{3}+\dfrac{1}{3}\times\dfrac{2}{5}+\dfrac{1}{3}\times\dfrac{2}{5}\times\dfrac{3}{7}+\dfrac{1}{3}\times\dfrac{2}{5}\times\dfrac{3}{7}\times\dfrac{4}{9}+\cdots$

```
#include <stdio.h>
int main()
{
    double s,t;
    int n=1;
    s=0.0;
    t=1.0;
    while(t>=5e-5)
    {
        s+=t;
        t=t*n/(2*n+1);
        n++;
    }
    printf("pi=%lf",2*s);
    return 0;
}
```

① 运行程序,观察程序的执行结果。

② 若将程序中的循环条件表示为 t<5e-5,则再次运行程序观察结果,比较有何不同,为什么?

【提示】 体会 C 语言中循环条件的正确表达,均应为进入循环的条件,而非结束循环的条件。

2) 程序设计题

(1) 编写程序 ex5_12.c:输入一行字符,分别统计其中英文字母、空格、数字和其他字符的个数。

【思路提示】 参照实验分析程序 ex5_10.c,将 getchar 函数调用语句放在循环条件位置。

【思考】 getchar 函数是如何实现一行字符输入的？

（2）编写程序 ex5_13.c：用公式 $s=1+\dfrac{1}{1+2}+\dfrac{1}{1+2+3}+\cdots+\dfrac{1}{1+2+3+\cdots+n}$ 计算 s，其中 n 值由键盘输入。例如，若 n 的值为 11 时，s 值为 1.833333。

【思路提示】 由公式分析可知，它是一个循环累和的过程，只是累加项在不断的变化，但具有以下规律：

① 每项的分子都是 1。

② 后一项的分母是在前一项的分母上加当前项的序号，如第三项的分母就是在第二项分母"1+2"的基础上加"3"得到的。

3. 提高扩展题

1）分析以下程序的运行结果并上机验证

（1）该程序以文件名 ex5_14.c 保存。（二级考试真题）

```c
#include <stdio.h>
main()
{
    int i,j,m=1;
    for(i=1;i<3;i++)
        for(j=3;j>0;j--)
        {
            if(i*j>3)
                break;
            m*=i*j;
        }
    printf("m=%d\n",m);
}
```

（2）该程序以文件名 ex5_15.c 保存。（二级考试真题）

```c
#include <stdio.h>
main()
{
    int i,j,x=0;
    for(i=0;i<2;i++)
    {
        x++;
        for(j=0;j<=3;j++)
        {
            if(j%2)
                continue;
            x++;
        }
        x++;
    }
```

```
    printf("x=%d\n",x);
}
```

【提示】　当 break 和 continue 语句出现在多重循环结构时,它们都是只对所在层的循环有效。

2) 程序设计题

(1) 编写程序 ex5_16.c:输出大于整数 m 且紧靠 m 的 k 个素数,其中整数 m 和 k 由键盘输入。例如,输入 17,3✓,表明求大于 17 且紧靠 17 的 3 个素数,结果为 19,23,29。

【思路提示】　在求素数的算法基础上,再增加一个外重循环(设循环变量为 n),循环次数由 k 值控制,每找到一个大于整数 m 的素数,n 值增 1。

(2) 完善例 4-10,学生成绩管理系统之某学生某门课程的成绩等级显示程序:首先从键盘上输入某学生的百分制考试成绩,若输入的百分制成绩非法(即成绩不在 0～100 的范围),则允许用户反复输入直至合法为止,然后输出成绩等级'A'、'B'、'C'、'D'、'E',成绩与等级的对应关系如下:

≥90 分:	'A'等级
80～89 分:	'B'等级
70～79 分:	'C'等级
60～69 分:	'D'等级
<60 分:	'E'等级

该程序以文件名 ex5_17.c 保存。

【思路提示】　实现学生成绩等级显示的处理过程基本分为两个阶段:

① 输入学生成绩 score 并判断其合法性。例 4-10 的程序中虽对百分制成绩进行了合法性判断,但若成绩非法则退出程序,没有提供给用户再次输入成绩的机会,不符合本实验题目的要求。由题意可知,只要学生成绩不在 0～100 的范围,则需要重复输入,故输入学生成绩过程应通过循环实现。因无论成绩合法与否,都至少要输入一次,故采用 do-while 循环更为合适。

② 在确保得到一个合法百分制成绩的条件下(do-while 循环结束后),根据其取值范围的不同,输出该成绩所处等级,可利用多分支语句实现。

11.6　实验 6　函数程序设计

一、实验目的

(1) 掌握函数的定义方法、函数类型与函数返回值的关系;

(2) 掌握函数实参、形参的对应关系及"值传递"特点;

(3) 掌握函数的嵌套使用和递归调用方法;

(4) 理解全局变量和局部变量、动态变量和静态变量的概念及使用方法。

二、实验准备

(1) 熟悉函数的定义、声明、调用规则及参数传递过程;

（2）熟悉函数的嵌套调用和递归调用；

（3）理解全局变量和局部变量、动态变量和静态变量的概念及使用特点。

三、实验内容

1. 基础实验

1）分析以下程序的运行结果并上机验证

（1）该程序以文件名 ex6_1.c 保存。

```c
#include <stdio.h>
void fun(char a,char b)
{
    a='C';
    b='D';
    printf("%c,%c\n",a,b);
}
int main()
{
    int a,b;
    a='A';
    b='B';
    printf("%c,%c\n",a,b);
    fun(a,b);
    printf("%c,%c\n",a,b);
    return 0;
}
```

① 若将变量 a、b 定义语句放到编译预处理命令 ♯include ＜stdio.h＞的下方，再次运行程序观察结果，与上次运行结果是否相同？为什么？

【提示】 当发生函数调用时，实参的值可以传给对应的形参，但形参的值无论改变与否，都不能回传给主调函数，这一参数传递特点称为"值传递"；全局变量与局部变量同名，且作用域有交集时，则该范围内使用同名的局部变量。

② 若将程序 ex6_1.c 修改如下，以文件名 ex6_2.c 保存。

```c
#include <stdio.h>
int a,b;
void fun()
{
    a='C';
    b='D';
    printf("fun:a=%c,b=%c\n",a,b);
}
int main()
{
    a='A';
```

```
        b='B';
        printf("main:a=%c,b=%c\n",a,b);
        fun();
        printf("main:a=%c,b=%c\n",a,b);
        return 0;
    }
```

【提示】 全局变量的作用域是从定义处开始到整个程序结束。因此,通过全局变量可实现多个函数间的数据传递。

(2) 该程序以文件名 ex6_3.c 保存。

```
#include <stdio.h>
int main()
{
    int k,a=0;
    for(k=1;k<=2;k++)
    {
        int a=1;
        a++;
        printf("k=%d,a=%d\n",k,a);
    }
    printf("k=%d,a=%d\n",k,a);
    return 0;
}
```

【提示】 在同一程序中出现的"同名变量"不等价于"同一变量",若二者的作用域有交集,则在该范围使用的是作用域小的同名变量。

(3) 该程序以文件名 ex6_4.c 保存。

```
#include <stdio.h>
f(int a)
{
    int c=5;
    a=c++;
    return a;
}
int main()
{
    int a=2,i,k;
    for(i=0;i<=2;i++)
    {
        k=f(a++);
        printf("%d\n",k);
    }
    return 0;
}
```

若将函数 f 中变量 c 的定义及初始化语句修改为：static int c＝5，再次运行程序观察结果，程序先后两次运行的结果有何不同，为什么？

【提示】 静态局部变量与动态局部变量相比：

① 生存期（"寿命"）不同：静态局部变量具有"全局寿命"，数据存储在静态存储区的存储单元中，在函数调用结束后，它的值并不消失，直到整个应用程序执行结束，它的存储空间才被收回去；而动态局部变量是"临时寿命"，即"用时创建，用完释放"。动态局部变量存储在内存的动态区，调用函数时才为其分配存储空间，函数调用结束后所占存储单元就被收回，其值也随之消失。

② 变量初始化的执行阶段不同：若在定义静态局部变量时赋有初值，则该操作只在编译过程中进行一次，故其值具有继承性；若在定义动态局部变量时赋有初值，则该操作是在运行程序时进行的，即每调用一次函数就要重新赋初值一次，故其值不具继承性。

因此，如果希望在函数调用结束后仍然保留函数中定义的局部变量的值，则可以将该局部变量定义为静态局部变量。

2）程序改错题

程序 ex6_5.c 的功能为：计算两数之和并输出。请纠正程序中存在的错误。

```c
#include <stdio.h>
int sum(int ,int,int);
int main()
{
    int a,b,c;
    scanf("%d,%d",&a,&b);
    c=sum(a,b);
    printf("a=%d,b=%d,c=%d\n",a,b,c);
    return 0;
}
float sum(int x,int y,int z);
{
    z=x+y;
    return z;
}
```

【提示】

① 注意函数首部与函数声明语句的区别。

② 函数调用格式中出现的实参与函数定义时出现的形参，类型、个数应保持一致。

③ 函数类型与函数返回值类型应一致。

④ 分析函数参数的设置是否合理：

形参变量：用于接收由外部传入的数据。

返回值：该函数执行完毕需返回给主调函数的数据。

3）程序填空题

程序 ex6_6.c 的功能为：调用 fun 函数计算 m＝1－2＋3－4＋…＋9－10，并输出结果。请填空。

```
#include <stdio.h>
int main()
{
    ____【1】____ ;
    printf("m=%d\n",____【2】____);
    return 0;
}
int fun(int n)
{
    int m=0,f=1,i;
    for(i=1;i<=n;i++)
    {
        m+=i*f;
        f=____【3】____;
    }
    ____【4】____;
}
```

4）程序设计题

编写程序 ex6_7.c：在主函数中输入变量 m 和变量 n 的值（m＞n），按下述公式计算并输出 C_m^n 的值，要求利用函数编程。

$$C_m^n = \frac{m!}{n!(m-n)!}$$

【思路提示】

① 定义一个求阶乘函数。考虑到当某整数值比较大时，则其阶乘值也会随之增大很多，甚至会超出整型数据的取值范围，因此将求阶乘函数定义为 double 类型。

可按如下接口编写求阶乘函数：

```
/* 函数功能:求任一整数的阶乘值
函数参数:形参 n 用于接收一个整数,为待求阶乘值的整数
函数返回值:返回 n 的阶乘
*/
double fac(int n)
{   }
```

② 在主函数中输入变量 m 和变量 n 的值，然后调用三次求阶乘函数即可求得 C_m^n。

【思考】

① 与直接在主函数中编程的方式相比，采用函数编程有何好处？

② 第 6 章程序设计题的第 3 小题也给出了另外一种编程思路，定义函数 fun 直接求得 C_m^n，读者也可尝试用这种方法实现该题目。

2. 进阶实验

1）分析以下程序的运行结果并上机验证

（1）该程序以文件名 ex6_8.c 保存。

```
#include <stdio.h>
```

```
int func(int a,int b)
{
    int c;
    c=a*b;
    return c;
}
int main()
{
    int x=6,y=7,z=8,r;
    r=func((x--,y--,++y),z--);
    printf("%d\n",r);
    return 0;
}
```

【提示】 func 函数调用格式中,(x－－,y－－,＋＋y)为第一个实参,其中的",",是逗号运算符;z－－是第二个实参。

(2) 该程序以文件名 ex6_9.c 保存。

```
#include <stdio.h>
char fun(char x,char y)
{
    if(x<y)return x;
    return y;
}
int main()
{
    int a='9',b='8',c='7';
    printf("%c\n",fun(fun(a,b),c));
    return 0;
}
```

若将 main 函数中的 printf 函数调用语句修改如下,再次运行程序观察结果。与上次的运行结果是否存在区别,为什么?

```
printf("%c\n",fun(fun(a,b),fun(b,c)));
```

【提示】 当函数嵌套调用时,先执行内层函数调用,再执行外层函数调用。

2) 程序填空题

程序 ex6_10.c 中的函数 isprime 用于判断参数 n 是否为素数,若是素数则返回值 1,否则返回值 0。根据该函数的返回值在主函数中输出相应的提示信息"This is a prime number"或"This is not a prime number",请填空。

```
#include <stdio.h>
#include <math.h>
int main()
{
    int m;
```

```
    ____【1】____ ;          //求素数函数声明
    printf("Please input a data m=:");
    scanf("%d",&m);
    if(____【2】____)    //调用求素数函数
        printf("This is a prime number.\n");
    else
        printf("This isn't a prime number.\n");
}
int isprime(int n)
{
    int i,k;
    k=sqrt(n);
    for(i=2;i<=k;i++)
        if(n%i==0)break;
    if(i>=k+1)
    ____【3】____ ;
else
    ____【4】____ ;
}
```

3) 程序设计题

编写程序 ex6_11.c: 实现 100～200 之间的素数和, 要求编写 2 个函数分别完成求和、求素数功能。

程序部分代码如下:

```
#include <stdio.h>
#include <math.h>
int main()
{
    int isprime(int n);
    int sum(int n1,int n2);
    int total;
    total=sum(100,200);
    printf("total=%d\n",total);
}
```

请按如下函数接口编程:

```
/* 函数功能:对参数 n1 和 n2 之间的素数求和
函数参数:形参 n1 和 n2 都用于接收一个整数,分别记录待求素数的起止范围
函数返回值:返回素数之和
*/
int sum(int n1,int n2)
{          }

/* 函数功能:判断参数 n 是否为素数
函数参数:形参 n 用于接收一个整数,为待判断数据
```

函数返回值:是素数则返回 1,否则返回 0

```
*/
int isprime(int n)
{              }
```

3. 提高扩展实验

1) 分析以下程序的运行结果并上机验证

(1) 该程序以文件名 ex6_12.c 保存。

```c
#include <stdio.h>
int main()
{
    int fun(int k);
    int w=5;
    fun(w);
    printf("\n");
    return 0;
}
int fun(int k)
{
    if(k>0)   fun(k-1);
    printf("%5d",k);
}
```

(2) 该程序以文件名 ex6_13.c 保存。(二级考试真题)

```c
#include <stdio.h>
int fun(int n)
{
    if(n==1)
        return 1;
    else
        return(n+fun(n-1));
}
main()
{
    int x;
    scanf("%d",&x);
    x=fun(x);
    printf("%d\n",x);
}
```

运行程序时,若输入4↙,则程序的输出结果是什么?

2) 重新编写实验 5 中的程序

学生成绩管理系统之学生成绩等级统计功能,要求用函数实现。该程序以文件名 ex6_14.c 保存。

【思路提示】

① 定义学生成绩等级统计函数 scoreStatistic。因学生成绩从主函数输入,故函数 scoreStatistic 应设置一个整型的形式参数,用于接收主函数传递过来的实际参数即学生成绩。函数 scoreStatistic 接收到成绩后,应返回该成绩所属等级,故函数 scoreStatistic 的返回值类型为 char。可按如下函数接口编写:

```
char scoreStatistic(int s)
{         }
```

② 在主函数中调用成绩统计函数 scoreStatistic 即可。

11.7 实验7 数组程序设计

一、实验目的

(1) 掌握一维数组和二维数组的定义、初始化和输入输出方法;
(2) 掌握字符数组的定义、初始化和输入输出方法;
(3) 掌握数组元素、数组名作为函数实参时,对应的"值传递""地址传递"特点;
(4) 掌握字符串处理函数的使用;
(5) 掌握与数组相关的常用算法,如查找、插入、删除、排序等。

二、实验准备

(1) 熟悉函数调用相关知识;
(2) 熟悉数组的定义、初始化和输入输出方法;
(3) 熟悉数组元素、数组名作为函数实参时,参数传递的特点。

三、实验内容

1. 基础实验

1) 分析以下程序的运行结果,并上机验证

(1) 该程序以文件名 ex7_1.c 保存。

```c
#include <stdio.h>
int main()
{
    int i,n[]={0,0,0,0,0};
    for(i=1;i<=4;i++)
    {
        n[i]=n[i-1] * 2+1;
        printf("%5d",n[i]);
    }
    printf("\n");
}
```

若将 for 语句中的第一个表达式改为：i＝0，再次运行程序，结果如何？为什么？

若将数组的定义改为：int n[]＝{0}，程序的运行结果又将如何？为什么？

【提示】 引用数组元素时，应注意数组下标的变化范围：0～数组长度－1。

（2）该程序以文件名 ex7_2.c 保存。

```c
#include <stdio.h>
int main()
{
    int i,j,t[][3]={9,8,7,6,5,4,3,2,1};
    for(i=0;i<3;i++)
      for(j=i+1;j<3;j++)
        t[j][i]=0;
    for(i=0;i<3;i++)
        printf("%4d",t[i][i]);
    return 0;
}
```

若将循环体语句修改如下，再次运行程序观察结果。两次运行结果有何不同，为什么？

```c
printf("%4d",t[2-i][i]);
```

【提示】 理解二维数组元素及对角线上元素的引用方法。

（3）该程序以文件名 ex7_3.c 保存。

```c
#include <stdio.h>
int main()
{
    char str[]="abcdefgh";
    str[4]='\0';
    printf("%s\n",str);
    return 0;
}
```

若去掉程序中的赋值语句 str[4]='\0';，再次运行程序观察结果。两次运行结果有何不同，为什么？

【提示】 字符串输出遇第一个'\0'结束。

（4）该程序以文件名 ex7_4.c 保存。

```c
#include <stdio.h>
int main()
{
    char s[]="1234567\0\0";
    int i,j;
    i=sizeof(s);
    j=strlen(s);
    printf("%d,%d\n",i,j);
}
```

【提示】 理解 sizeof()和 strlen()用于字符数组的区别：sizeof()用于统计字符数组所占内存字节数(包含'\0')；strlen()用于统计字符串的长度，即统计到字符串中第一个'\0'(不含'\0')为止的字符个数。

(5) 该程序以文件名 ex7_5.c 保存。

```c
#include <stdio.h>
#include <string.h>
int main()
{
    char str1[]="How do you do?",str2[]="es she";       //字符串中各单词间有一个空格符
    strcpy(str1+strlen(str1)/2-1,str2);
    puts(str1);
    return 0;
}
```

【提示】 理解字符串处理函数 strcpy 连同'\0'一起拷贝的特点。

(6) 该程序以文件名 ex7_6.c 保存。

```c
#include <stdio.h>
#include <string.h>
int main()
{
    char s1[]="AbCdEf",s2[]="aBCdEf";
    printf("%d\n",strcmp(s1,s2));
    return 0;
}
```

若将程序中的 printf 函数调用语句改为：printf("%d\n",strcmp(s1+1,s2+1))；再次运行程序观察结果。若改为 printf("%d\n",strcmp(s1+2,s2+2))；呢？

【提示】 进行字符串比较时，strcmp 函数中的参数表示串的首地址。

2) 程序改错题

程序 ex7_7.c 的功能是：为一维数组输入 10 个数据，统计其中正数的个数并求出它们的和。例如，从键盘上输入1 ␣-1 ␣2 ␣-2 ␣3 ␣-5 ␣-7 ␣-9 ␣-11 ␣-13↙，则输出结果为：count＝3,sum＝6。请纠正下列程序中存在的错误。

```c
#include <stdio.h>
int main()
{
    int n=10,i,sum,count;
    int a[n];
    for(i=0;i<=10;i++)
    {
        sum=count=0;
        scanf("%d",a[i]);
        if(a[i]>0)
            count++;
```

```
        sum=sum+a[i];
    }
    printf("count=%d,sum=%d\n",count,sum);
    return 0;
}
```

【提示】

① 定义数组时,数组名后面的中括号"[]"内必须为常量表达式,其代表数组长度。

② 引用数组元素时,下标的变化范围是 0～数组长度-1。

③ 数组元素相当于简单变量,为其输入数据的格式同简单变量。

④ 仔细分析程序功能,理清程序中各语句间的逻辑关系,以得到正确的运行结果。

3) 程序填空题

程序 ex7_8.c 的功能为:从键盘上输入一个字符串存入字符数组 s,将其中的数字字符存入字符数组 t 中并输出。例如,输入字符串 abc123 __ed __f45 __6gh↙(其中,__为空格符),程序执行后输出:123456。请填空。

```
#include <stdio.h>
#include <ctype.h>
int main()
{
    char s[80],t[80];
    int i.j;
    printf("输入字符串:");
    ___【1】___ ;
    for(i=j=0;s[i]!='\0';i++)
        if(isdigit(s[i]))
        {
            ___【2】___ =s[i];
            j++;
        }
    ___【3】___ ;
    printf("%s\n",t);
    return 0;
}
```

【提示】

① scanf("%s")和 gets()函数都可以接收从键盘上输入的字符串,但二者有区别,前者只能接收不带空格的字符串,而后者可以。

② isdigit()是库函数 ctype.h 中的一个系统函数,用于判断某个字符是否为数字字符,如果是则返回 1,否则返回 0。

③ 将一个字符串存放到字符数组中时,不要忘记存放字符串结尾标志'\0'。

4) 程序设计题

(1) 将一个数组中的值按逆序重新存放。例如,数组中的数据原顺序为:8,6,5,4,1,逆序存放后数组中数据的顺序为:1,4,5,6,8。该程序以文件名 ex7_9.c 保存。(第 7 章程

序设计题的第 1 小题)

【思路提示】 第一个元素与最后一个数组元素交换,第二个数组元素与倒数第二个数组元素交换,以此类推循环进行。

（2）从键盘上输入一个字符串和一个字符,分别存入字符数组 str 和字符变量 ch,编写程序 ex7_10.c,统计字符 ch 在字符串 str 中出现的次数并输出。

【思路提示】 统计字符 ch 在字符串 str 中出现的次数,本质上就是使字符串 str 中的每个字符依次与字符 ch 进行比较,若相等则计数器加 1,即顺序查找算法。但查找过程中,控制循环的次数不再是数组长度,而是字符数组中字符串的长度或以字符串结尾标志进行循环的控制。例如,设变量 i 为循环变量并已正确定义,则循环控制条件为 i<strlen(str) 或 str[i]！ ='\0'。

2. 进阶实验

1）分析程序 ex7_11.c 的运行结果并上机验证（二级考试真题）

```
#include <stdio.h>
#define N 4
void fun(int a[][N],int b[])
{
    int i;
    for(i=0;i<N;i++)b[i]=a[i][i];
}
main()
{
    int x[][N]={{1,2,3},{4},{5,6,7,8},{9,10}},y[N],i;
    fun(x,y);
    for(i=0;i<N;i++)
    printf("%d,",y[i]);
    printf("\n");
}
```

【提示】 当数组名作为函数实参时,传递给形参的是数组地址,从而使二者具有了相同的首地址,在内存中地址又是唯一的。因此,可以理解为形参数组与实参数组是同一个数组,它们在内存中占据同一段存储空间。所以,无论通过哪一个数组改变该存储空间的数据,另一个数组中的值都会随之而变。这一参数传递过程称为"地址传递",特点是可以实现在不同函数中对同一存储空间的访问,以达到数据的共享。

2）程序改错题

程序 ex7_12.c 的功能为：实现数组中两个元素值的互换。请纠正下列程序中存在的错误。

```
#include <stdio.h>
void swap(int x,int y)
{
    int t;
    t=x;
```

```
        x=y;
        y=t;
    }
    int main()
    {
        int a[]={1,3};
        printf("a[0]=%d\ta[1]=%d\n",a[0],a[1]);
        swap(a[0],a[1]);
        printf("a[0]=%d\ta[1]=%d\n",a[0],a[1]);
        return 0;
    }
```

【提示】 本程序不存在语法错误,主要考察对于"值传递""地址传递"方式的理解。考虑本程序中被调用函数 swap 的实参应该是数组元素还是数组名。

3) 程序填空题

程序 ex7_13.c 中,函数 fun 的功能是:把形参 a 所指数组中的奇数按顺序依次存放到 a[0],a[1],a[2],…中,把偶数从数组中删除,奇数个数通过函数值返回。例如,若 a 所指数组中的数据最初排列为:9,1,4,2,3,6,5,8,7,删除偶数后,a 所指数组中数据为:9,1,3,5,7,返回值为 5。(二级考试真题)

```
    #include <stdio.h>
    #define N 9
    int fun(int a[], int n)
    {
        int i,j;
        j=0;
        for(i=0; i<n; i++)
            if(a[i]%2==____【1】____)
            {
                a[j]=a[i];____【2】____;
            }
        return____【3】____;
    }
    main()
    {
        int b[N]={9,1,4,2,3,6,5,8,7},i,n;
        printf("\nThe original data  :\n");
        for(i=0; i<N; i++)    printf("%4d ", b[i]);
        printf("\n");
        n=fun(b, N);
        printf("\nThe number of odd: %d \n", n);
        printf("\nThe odd number:\n");
        for(i=0; i<n; i++)  printf("%4d", b[i]);
        printf("\n");
    }
```

4) 程序设计题

(1) 利用函数调用方式,重新编写基础实验程序设计题中的第 2 小题:从键盘上输入一个字符串和一个字符,分别存入字符数组 str 和字符变量 ch,统计字符 ch 在字符串 str 中出现的次数并输出。该程序以文件名 ex7_14.c 保存。

程序部分代码如下:

```
#include <stdio.h>
#include <string.h>
int main()
{
    int count(char str[],char ch);
    char str[80],ch;
    int n;
    printf("请输入字符串:");
    gets(str);
    printf("请输入待查找字符:");
    ch=getchar();
    n=count(str,ch);
    printf("n=%d\n",n);
    return 0;
}
```

请按如下函数接口编程:

```
/* 函数功能:用于查找字符 ch 在字符串 str 中出现的次数
函数参数:形参 str 用于接收字符串的首地址
          形参 ch 用于接收待查找字符
函数返回值:返回字符 ch 在字符串 str 中出现的次数
*/
int count(char str[],char ch)
{            }
```

(2) 程序 ex7_15.c 的功能为:从键盘上输入 10 个无序整数和一个待插入数据,分别存入整型数组 a 和整型变量 b。先将数组 a 中的数据按由小到大的顺序排列,并在保证排列顺序不变的情况下,将整数 b 插入数组 a。要求编写 3 个函数实现数据的输入、排序和插入功能。

部分程序代码如下:

```
#include <stdio.h>
#define N 10
int main()
{
    void input(int x[],int n);                          //函数声明语句
    void output(int x[],int n);
    void sort(int x[],int n);
    void insert(int x[],int n,int y);
```

```
    int a[N+1],b;                    //变量b用于存放待插入数据,插入后数组a长度应增1
    input(a,N);
    printf("排序前:");
    output(a,N);
    sort(a,N);
    printf("排序后:");
    output(a,N);
    printf("输入待插入数据:");
    scanf("%d",&b);
    insert(a,N,b);
    printf("插入数据后:");
    output(a,N+1);
}
void output(int x[],int n)
{
    int i;
    for(i=0;i<n;i++)
     printf("%5d",x[i]);
    printf("\n");
}
```

请按如下函数接口编程:

```
/* 函数功能:用于为数组输入数据
函数参数:形参x用于接收一维数组的首地址
        形参n用于记录一维数组的长度
函数返回值:无返回值
*/
void input(int x[],int n)
{            }
```

```
/* 函数功能:用于对数组中的数据进行由小到大的排序
函数参数:形参x用于接收一维数组的首地址
        形参n用于记录一维数组的长度
函数返回值:无返回值
*/
void sort(int x[],int n)
{            }
```

```
/* 函数功能:实现整数y插入有序数组,且插入后数组仍然有序
函数参数:形参x用于接收一维数组的首地址
        形参n用于记录一维数组的长度
        形参y用于接收待插入数据
函数返回值:无返回值
*/
void insert(int x[],int n,int y)
```

```
    {                 }
```

【思路提示】 仅给出将整数 y 插入有序数组 x 的算法分析,大致分为三个过程:

① 利用循环在有序数组 x 中查找待插入数据 y 的插入位置。

② 将查找到的插入位置及其以后的元素依次向后移,以便让出插入位置。为了避免数据被覆盖,需注意后移元素的次序,应先移动最后一个元素,再移动倒数第二个元素,……,最后移动插入位置的元素。

③ 将待插入数据 y 存入有序数组 x 的插入位置。

3. 提高扩展实验

1) 分析以下程序的运行结果,并上机验证

(1) 该程序以文件名 ex7_16.c 保存。(二级考试真题)

```c
#include <stdio.h>
main()
{
    int s[12]={1,2,3,4,4,3,2,1,1,1,2,3},c[5]={0},i;
    for(i=0;i<12;i++)
        c[s[i]]++;
    for(i=1;i<5;i++)
        printf("%4d",c[i]);
    printf("\n");
}
```

【提示】 整型数组元素值可作为数组的下标使用,实现 $c[1] \sim c[4]$ 分别统计数字 $1 \sim 4$ 的个数。

(2) 该程序以文件名 ex7_17.c 保存。(二级考试真题)

```c
#include <stdio.h>
main()
{
    int x[3][2]={0},i;
    for(i=0;i<3;i++)
    scanf("%d",x[i]);
    printf("%3d%3d%3d\n",x[0][0],x[0][1],x[1][0]);
}
```

【提示】 二维数组 x 中的 x[i]代表的是每一行的行首地址,等同于每一行第一个元素的地址。

2) 程序设计题

学生成绩管理系统之学生信息输入输出和统计功能:从键盘上输入 n 名学生 M 门课程的百分制成绩,其中变量 n 在主函数中输入(设 n≤40),M 为符号常量(设值为 5)。要求编写 4 个函数分别实现学生成绩的输入、输出、统计每个学生的总成绩和平均成绩及每门课程的总成绩和平均成绩。该程序以文件名 ex7_18.c 保存。

【思路提示】 每行存放的是某一学生每科的成绩,累加后求平均值便是该生的平均成绩。每列存放的是某一科每个学生的成绩,累加后求平均值便是该课程的平均成绩。需要

注意的是平均成绩该怎么存放,可以和成绩单存放在一起,如表所示。

行	列	j=0	j=1	j=2	j=3	j=4	j=5	j=6
		C 语言	高数	英语	大学物理	体育	学生总成绩	学生平均成绩
i=0		95	86	74	92	81	428	85.60
i=1		93	84	75	81	97	430	86.00
i=2		63	95	74	80	66	378	75.60
i=6	每科总成绩	251.00	265.00	223.00	253.00	244.00		
i=7	每科平均成绩	83.67	88.33	74.33	84.33	81.33		

运行程序时输入3↙,输出效果如图所示。

部分程序代码如下:

```
#include <stdio.h>
#define N 40                              //代表学生总人数
#define M 5                               //代表课程数目
int main()
{
    void input(float s[][M+2],int n);
    void output(float s[][M+2],int n);
    void stuTotal(float s[][M+2],int n);
    void couTotal(float s[][M+2],int n);
    /* 多出的两行信息用于存放每门课程的总分和平均分
    多出的两列用于存放每个学生的总分和平均分 */
    float score[N+2][M+2]={0};
    int n;
    printf("请输入学生的实际人数:");
    scanf("%d",&n);
    input(score,n);
    stuTotal(score,n);
    couTotal(score,n);
    output(score,n);
}
```

请按如下函数接口编程：

```
/*函数功能:用于为二维数组输入数据
函数参数:形参 s 用于接收二维数组的首地址
        形参 n 用于接收二维数组的行长度,代表学生的实际人数
函数返回值:无返回值
*/
void input(float s[][M+2],int n)
{              }
```

```
/*函数功能:用于输出二维数组中的数据
函数参数:形参 s 用于接收二维数组的首地址
        形参 n 用于接收二维数组的行长度,代表学生的实际人数
函数返回值:无返回值
*/
void output(float s[][M+2],int n)
{              }
```

```
/*函数功能:用于统计各学生的总成绩及平均成绩
函数参数:形参 s 用于接收二维数组的首地址
        形参 n 用于接收二维数组的行长度,代表学生的实际人数
函数返回值:无返回值
*/
void stuTotal(float s[][M+2],int n)
{              }
```

```
/*函数功能:用于统计各科课程的总成绩及平均成绩
函数参数:形参 s 用于接收二维数组的首地址
        形参 n 用于接收二维数组的行长度,代表学生的实际人数
函数返回值:无返回值
*/
void couTotal(float s[][M+2],int n)
{              }
```

11.8 实验 8 指针程序设计

一、实验目的

(1) 掌握指针与指针变量的概念、变量与地址、数组与地址的关系；
(2) 掌握指针变量的定义、初始化和引用；
(3) 掌握指针运算符；
(4) 掌握指针与变量、指针与数组、指针与函数的关系及使用；
(5) 了解指针数组与多级指针变量。

二、实验准备

（1）理解指针与指针变量的概念；

（2）熟悉指针运算符的使用；

（3）熟悉指向不同对象的指针变量的定义、初始化及使用。

三、实验内容

1. 基础实验

1）分析以下程序的运行结果，并上机验证

（1）该程序以文件名 ex8_1.c 保存。

```c
#include <stdio.h>
int main()
{
    int a,b, * pa, * pb;
    pa=&a;
    pb=&b;
    scanf("%d,%d",&a,&b);
    printf("%d,%d,%d,%d\n",a,b,pa,pb);
    printf("%d,%d,%d,%d\n", * pa, * pb,&a,&b);
    return 0;
}
```

① 运行程序时，若输入3,5↙，则程序的输出结果是什么？各个值的含义是什么？

② 若将程序中的 scanf 和 printf 函数调用语句修改如下，则运行结果如何？

```c
scanf("%d,%d",pa,pb);
printf("%d,%d,%p,%p\n",a,b,pa,pb);
printf("%d,%d,%p,%p\n", * pa, * pb,&a,&b);
printf("%d,%d,%d,%d\n", * &a, * &b,&a,&b);
```

【提示】　正确区分指针值与指针所指向的变量值。

（2）该程序以文件名 ex8_2.c 保存。（二级考试真题）

```c
#include <stdio.h>
main()
{
    int a=1,b=3,c=5;
    int * p1=&a, * p2=&b, * p=&c;
    * p= * p1 * ( * p2);
    printf("%d\n",c);
}
```

【提示】　体会 C 语言中"＊"的三种不同含义：

① 定义指针变量时出现的"＊"是标识符，用于标识该变量为指针变量。

② 运算过程中,若"﹡"只需一个运算对象,则该"﹡"为指针运算符,用于获取指针变量所指向的存储单元或指针变量所指向的存储单元的值。

③ 运算过程中,若"﹡"需要两个运算对象,则该"﹡"为乘法运算符。

(3) 该程序以文件名 ex8_3.c 保存。

```c
#include <stdio.h>
int main()
{
    char str[]="Computer";
    char *ptr;
    ptr=str+1;                      //等价于 ptr=&str[1];
    printf("%c\n",*(ptr+2));
    return 0;
}
```

若将 printf 函数调用语句修改如下,再次运行程序观察结果。

```c
printf("%c\n",ptr[2]);
```

若再改为：printf("%s\n",ptr+2);程序的运行结果如何?

【提示】 注意指针变量的当前指向及格式说明%c、%s 的使用。

(4) 该程序以文件名 ex8_4.c 保存。

```c
#include <stdio.h>
void fun(int *p,int d)
{
    *p=*p+1;
    d=d+1;
    printf("%d,%d,",*p,d);
}
int main()
{
    int a=10,b=20;
    fun(&b,a);
    printf("%d,%d\n",b,a);
    return 0;
}
```

【提示】 理解指针变量和整型变量作为函数参数的区别,一个是"地址传递",一个是"值传递"。

2) 程序改错题

(1) 程序 ex8_5.c 的功能为：通过指针变量 p 为变量 n 读入数据并输出,请纠正程序中存在的错误。

```c
#include<stdio.h>
int main()
{
```

```
    int n, * p=NULL;
     * p= &n;
    printf("Input n:");
    scanf("%d",&p);
    printf("Output n:");
    printf("%d\n",p);
    return 0;
}
```

【提示】

① 注意区分"＊"的不同含义。

② scanf 函数的输入项参数应为地址项，但该地址所指向的存储单元应为数据单元。

（2）程序 ex8_6.c 的功能为：输出数组 a 的所有元素，请纠正程序中的错误。

```
#include <stdio.h>
int main()
{
    int a[]={1,3,5,7,9}, * p;
    p=a;
    for(;a<p+5;a++)
        printf("%5d", * a++);
    printf("\n");
    return 0;
}
```

【提示】 注意数组名为地址常量，不能通过自增、赋值等运算改变数组名的值。

（3）程序 ex8_7.c 的功能为：通过函数调用实现两个字符串中第一个字符的交换，请纠正程序中存在的错误。

```
#include<stdio.h>
void swap(char * ps1,char * ps2)
{
    char * p;
    * p= * ps1;
    * ps1= * ps2;
    * ps2= * p;
}
int main()
{
    char * s1="abc", * s2="123";
    swap(s1,s2);
    printf("%s,%s\n",s1,s2);
    return 0;
}
```

【提示】

① 注意不能使用未赋初值的指针变量。

② 利用字符指针变量指向一个字符串时,不能改变字符串的内容,但利用字符数组存放字符串时,可以改变字符串的内容。

3) 程序填空题

(1) 程序 ex8_8.c 的功能是:利用指针指向三个整型变量,通过指针找出其中最大值,并输出到屏幕上。请填空。

```
#include <stdio.h>
int main()
{
    int x,y,z,max, * px, * py, * pz, * pmax;
    scanf("%d%d%d",&x,&y,&z);
    px=&x;
    py=&y;
    pz=&z;
    pmax=&max;
    _____【1】_____ ;
    if( * pmax< * py) pmax= * py;
    if( * pmax< * pz) pmax= * pz;
    printf("max=%d\n",max);
    return 0;
}
```

(2) 程序 ex8_9.c 中,函数 fun 的功能是:统计形参 s 所指字符串中数字字符出现的次数,并存放在形参 t 所指的变量中,并传回主函数输出。请填空。例如,形参所指的字符串为:abcd43kj526ds8,输出结果为:6。(二级考试真题)

```
#include <stdio.h>
void fun(char * s,int * t)
{
    int i,n;
    n=0;
    for(i=0; _____【1】_____ !='\0';i++)
        if(s[i]>='0'&&s[i]<= _____【2】_____ )n++;
    _____【3】_____ =n;
}
main()
{
    char s[80]="abcd43kj526ds8";
    int t;
    printf("\nThe original string is: %s\n",s);
    fun(s,&t);
    printf("\nThe result is:  %d\n",t);
}
```

4) 程序设计题

(1) 编写程序 ex8_10.c,用指向数组元素的指针变量为一维数组输入数据并输出该数组的全部元素。

（2）编写一个函数，用于统计一个字符串中字母、数字、空格的个数。该程序以文件名 ex8_11.c 保存。（第 8 章程序设计题第 3 小题）

程序部分代码如下：

```
#include <stdio.h>
int main()
{
    void count(char * sp,int m);
    char str[80];               //用于存放一个字符串
    int n    ;                  //用于记录字符串长度
    puts("输入一个字符串:");
    gets(str);
    n=strlen(str);
    count(str,n);
    return 0;
}
```

请按如下函数接口编程：

```
/ * 函数功能:用于统计字符串中字母、数字、空格的个数并输出
函数参数:形参 sp 是指向字符串的指针变量,可访问字符串
        形参 m 用于记录字符串的长度
函数返回值:无返回值
 * /
void count(char * sp,int m)
{              }
```

2. 进阶实验

1）分析以下程序的运行结果并上机验证

（1）该程序以文件名 ex8_12.c 保存。（二级考试真题）

```
#include <stdio.h>
void fun1(char * p)
{
    char * q;
    q=p;
    while( * q!='\0'){( * q)++;q++;}
}
main()
{
    char a[]={"Program"}, * p;
    p=&a[3];
    fun1(p);
    printf("%s\n",a);
}
```

【提示】

① 注意主函数中指针变量 p 的初始指向。

② (＊q)＋＋等价于＊q＝＊q＋1。

(2) 该程序以文件名 ex8_13.c 保存。

```
#include <stdio.h>
int main()
{
    char ch[3][4]={"123","456","78"},* p[3];
    int i;
    for(i=0;i<3;i++)p[i]=ch[i];
    for(i=0;i<3;i++)printf("%s\n",p[i]);
    return 0;
}
```

【提示】

① ch[i]表示二维数组 ch 中各行的首地址。

② p 为指针数组名,它的每个元素用于存放地址。

(3) 该程序以文件名 ex8_14.c 保存。

```
#include <stdio.h>
void fun(char * a,char * b)
{
    while(* a=='* ')a++;
    while(* b=* a)
    {
        b++;
        a++;
    }
}
int main()
{
    char *s="*****a*b****",t[80];
    fun(s,t);
    puts(t);
    return 0;
}
```

【提示】 正确区分关系运算符"＝＝"和赋值运算符"＝"。

2) 程序填空题

(1) 在程序 ex8_15.c 中,findmax 函数功能为:返回数组中的最大值。请填空。

```
#include <stdio.h>
int findmax(int * a,int n)
{
    int * p,* s;
```

```
    for(p=a,s=a; p-a<n; p++)
        if(_____【1】_____)s=p;
    return(*s);
}
int main()
{
    int x[5]={12,21,13,6,18};
    printf("%d\n",findmax(x,5));
    return 0;
}
```

(2) 在程序 ex8_16.c 中，函数 SumColumnMin 的功能是：求出 M 行 N 列二维数组每列元素中的最小值，并计算它们的和值。和值通过形参传回主函数输出，请填空。

```
#include <stdio.h>
#define M 2
#define N 4
void SumColumnMin(int a[M][N],int *sum)
{
    int i,j,k,s=0;
    for(i=0;i<N;i++)
    {
        k=0;
        for(j=1;j<M;j++)
          if(a[k][i]>a[j][i])   k=j;
        s+=____【1】____;
    }
    _____【2】_____=s;
}

int main()
{
    int x[M][N]={3,2,5,1,4,1,8,3},total;
    SumColumnMin(x,&total);
    printf("%d\n",total);
    return 0;
}
```

【提示】 函数 SumColumnMin 中各变量的含义：

① 变量 k 用于记录当前列最小元素所在的行下标。

② 变量 s 用于存放所有列最小元素的和值。

③ 指针变量 sum 指向主调函数 main 中的变量 total，则 *sum 等价于 total，从而可将函数 SumColumnMin 中求出的和值 s 传回 main 函数。

3. 提高扩展实验

1) 分析程序 ex8_17.c 的运行结果，并上机验证

```
#include <stdio.h>
```

```
int main()
{
    int i,x[3][3]={9,8,7,6,5,4,3,2,1};
    int * p=&x[1][0];
    for(i=0;i<4;i+=2)printf("%d ",p[i]);
    return 0;
}
```

若将程序中指针变量的定义语句和 printf 函数调用语句修改如下,再次运行程序观察结果。

```
int(* p)[3]=x[1];
printf("%d ",(* p)[i]);
```

【提示】

① 语句 int * p=&x[1][0];中的变量 p 为指向二维数组元素 x[1][0]的指针变量,是一个一级指针变量,可通过下标法 p[i]访问位于 x[1][0]后面的各元素值。

② 语句 int(* p)[3]=x[1];中的变量 p 为指向二维数组第二行行首的行指针变量,是一个二级指针变量,故需经两级地址访问 *、[],才能得到数组元素值。

2) 程序填空题

在程序 ex8_18.c 中,函数 fun 的作用是:将字符串 tt 中的大写字母都改为对应的小写字母,其他字符不变。例如,若输入"Ab,cD",则输出"ab,cd"。请填空。(二级考试真题)

```
#include <stdio.h>
#include <string.h>
#include <conio.h>
char _____【1】_____ fun(char tt[])
{
    int i;
    for(i=0;tt[i];i++)
    {
        if((tt[i]>='A')&&(tt[i]<=_____【2】_____))
            tt[i]+=32;
    }
    return(tt);
}
main()
{
    char tt[81];
    printf("\nPlease enter a string: ");
    gets(tt);
    printf("\nThe result string is: %s\n",fun(_____【3】_____));
}
```

【提示】 函数 fun 是一个返回指针值的函数。

3）程序设计题

（1）编写一个函数（参数用指针）将一个 3×3 矩阵转置。该程序以文件名 ex8_19.c 保存。（第 8 章程序设计题第 4 小题）

程序部分代码如下：

```
#include <stdio.h>
void fun(int(*pa)[3],int(*pb)[3]);
int main()
{
    int a[3][3],b[3][3];      //二维数组 a 用于存放原矩阵,二维数组 b 用于存放转置后的矩阵
    int i,j;
    puts("输入 3×3 的矩阵:");
    for(i=0;i<3;i++)
        for(j=0;j<3;j++)
            scanf("%d",&a[i][j]);
    fun(a,b);
    for(i=0;i<3;i++)
    {
        for(j=0;j<3;j++)
            printf("%d\t",b[i][j]);
        printf("\n");
    }
    return 0;
}
```

请按如下函数接口编程：

```
/ * 函数功能:用于矩阵转置,即原矩阵行列对换
函数参数:形参 pa 是指向二维数组的行指针变量,用于访问原矩阵
        形参 pb 是指向二维数组的行指针变量,用于访问转置后的矩阵
函数返回值:无返回值
 * /
void fun(int(*pa)[3],int(*pb)[3])
{            }
```

（2）学生成绩管理系统之查找学生信息功能：现有 4 名学生 5 门课程成绩,要求在用户输入学生序号后能输出该学生的全部成绩,用指针型函数来实现。请编写函数 float * search()。该程序以文件名 ex8_20.c 保存。

部分程序代码如下：

```
#include <stdio.h>
int main()
{
    //定义二维数组 score,行代表学生序号,列代表课程成绩信息
    static float
score[][5]={{60,70,80,90,85},{50,89,67,88,78},{34,78,90,66,95},{80,90,100,70,
```

```
88}};
    float * search(), * p;              //被调用函数 search 的声明及指针变量 p 的定义
    int i,m;
    printf("请输入学生序号(0-3):");
    scanf("%d",&m);
    printf("\n 序号为%d 的学生成绩为:\n",m);
    p=search(score,m);
    printf("C 语言    高数    英语  大学物理  体育\n");
    for(i=0;i<5;i++)printf("%5.2f\t", * (p+i));
                                //输出序号为 m 的学生成绩
    printf("\n");
}
```

请按如下函数接口编程：

```
/* 函数功能:根据学生序号确定该生成绩的地址
函数参数:形参 pointer 是指向二维数组的行指针变量,用于访问 score 数组
         形参 n 用于存放学生序号,即二维数组的行下标
函数返回值:返回序号为 n 的学生成绩地址
*/
float * search(float( * pointer)[5],int n)
{              }
```

【思路提示】　函数 search 功能的实现大致可分为以下两步：

① 确定序号为 n 的学生在二维数组中的行首地址。函数 search 的 pointer 参数为指向二维数组的行指针变量,是一个二级指针;参数 n 存放的是学生序号,即二维数组的行下标。因此,pointer+n 代表的就是二维数组中该学生所在行的行首地址。

② 确定该学生第一门课程成绩的地址。第一门课程成绩的地址,就是学生所在行的第一个元素的地址,它是一级地址,与函数 search 的类型一致,故可作为函数的返回值。

运行程序时输入2✓,输出效果如图所示。

```
请输入学生序号（0-3）：2

序号为2的学生成绩为：
C语言    高数    英语  大学物理  体育
34.00   78.00   90.00   66.00   95.00
Press any key to continue_
```

11.9　实验 9　用户自定义数据类型

一、实验目的

(1) 掌握结构体类型的定义及利用 typedef 为其更名的方法；

(2) 掌握结构体类型变量的定义、初始化以及使用；

(3) 掌握结构体类型数组的定义、初始化及使用；

（4）掌握结构体数据作为函数参数时的使用；

（5）了解链表的概念、建立及操作。

二、实验准备

（1）熟悉结构体类型、结构体类型变量和数组的定义；

（2）熟悉结构体成员的使用；

（3）理解结构体数据作为函数参数时的参数传递特点；

（4）理解指向结构体类型的指针变量；

（5）了解链表的概念、建立及操作。

三、实验内容

1. 基础实验

1）根据提示补全以下程序，请填空

【提示】 结构体成员的两种访问方式，"->"用于指向结构体数据的指针变量，"."用于结构体变量、结构体数组元素等对象。

（1）该程序以文件名 ex9_1.c 保存。

```
#include <stdio.h>
typedef struct data
{
    char i;
    int m;
}DATA;
int main()
{
    _____【1】_____ ;            //定义一个结构体变量 a 并初始化为'2'和 0
    _____【2】_____              //定义一个指向结构体的指针变量
    pa=&a;
    _____【3】_____ ;            //利用结构体变量引用 i 成员，使其内容增 1
    a.m=a.i*2;
    printf("%d,%c\n",___【4】___); //利用指向结构体变量的指针变量引用所有成员
    return 0;
}
```

（2）该程序以文件名 ex9_2.c 保存。

```
#include <stdio.h>
struct m
{int a,b;};
int main()
{
    struct m s[3]=___【1】___;      //初始化结构体数组,其值为 1,10,2,20,3,30
```

```
    struct m * p=s+2;
    _____【2】_____;
            //利用"."成员访问运算符,将数组元素 s[2]的两个成员值之和赋给该元素的 b 成员
    printf("%d,%d\n",____【3】____);
            //利用"->"成员访问运算符,输出数组元素 s[2]的两个成员值
}
```

2) 分析程序 ex9_3.c 的运行结果并上机验证

```
#include <stdio.h>
struct dd
{
    float x,y;
}f[3]={1.1,2.2,3.3,4.4,5.5,6.6};
int main()
{
    struct dd * p=f;
    printf("%.1f\n",++(p->x));
    printf("%.1f\n",++(p->y));
    return 0;
}
```

① 若将两条 printf 函数调用语句修改如下,再次运行程序,比较两次运行结果有何特点,为什么?

```
printf("%.1f\n",++p->x);
printf("%.1f\n",++p->y);
```

② 若将两条 printf 函数调用语句修改如下,运行结果如何,为什么?

```
printf("%.1f\n",(++p)->x);
printf("%.1f\n",(++p)->y);
```

③ 若将两条 printf 函数调用语句修改如下,运行结果如何,为什么?

```
printf("%.1f\n",(*p).x);
printf("%.1f\n",(*p).y);
```

若将两条 printf 函数调用语句修改如下,运行结果又如何?

```
printf("%.1f\n",*p.x);
printf("%.1f\n",*p.y);
```

④ 若将两条 printf 函数调用语句修改如下,运行结果如何,为什么?

```
printf("%.1f\n",(*p++).x);
printf("%.1f\n",(*p++).y);
```

【提示】

① 成员访问运算符"->"的优先级高于自增运算符"++",故++p->x 等价于

＋＋(p->x)，含义为 p->x＝p->x+1。

② (++p)->x 含义为 p＝p+1,p->x。

③ 成员访问运算符"."的优先级高于指针访问运算符"＊"，故 ＊p.x 等价于 ＊(p.x)，但应注意 p 是指向结构体数组的指针变量。

3) 程序改错题

程序 ex9_4.c 的功能为：输入某人员姓名、性别和年龄存于结构体变量 p 中，并赋值给另一同类型的结构体变量 q，再对变量 q 中的成员 name 赋值，输出变量 p 和 q 各成员的值。请纠正下列程序中存在的错误。

```c
#include <stdio.h>
struct person
{
    char name[10];
    char sex;//'F'代表"男",'M'代表"女"
    int age;
};
int main()
{
    person p,q;
    printf("输入人员信息(含姓名、年龄、性别):");
    scanf("%s%d%c",&p->name,&p->age,&p->sex);
    printf("姓名:%s,性别:%c,年龄:%d\n",p->name,p->sex,p->age);
    q=p;
    q->name="王云";
    printf("姓名:%s,性别:%c,年龄:%d\n",q->name,q->sex,q->age);
    return 0;
}
```

【提示】

① 结构体类型是由关键字 struct 和结构体名两部分构成的。

② 成员访问运算符"->"适用于结构体指针变量，成员访问运算符"."适用于结构体变量等对象。

③ 为结构体变量输入数据，就是为它的每个成员输入数据，而各成员接收数据的方法，完全取决于成员自身的类型。

4) 程序设计题

学生成绩管理系统之学生信息的添加功能：结合学生成绩管理系统的菜单和学生信息显示函数，每在菜单中选择一次"添加学生信息"，则输入该学生信息并添加到结构体数组中，同时学生人数加 1。要求使用函数编程，该程序以文件名 ex9_5.c 保存。添加学生信息的运行效果如下页图所示。

【思路提示】　输入待添加学生信息,在表示学生信息的结构体数组容量允许的情况下,将其存入结构体数组最后一个元素的后面,使其成为新的最后一个元素,并提示"添加成功!",返回更新后的学生人数;否则提示"容量不足,添加失败!",返回原学生人数。

请按如下函数接口编程:

```
/*函数功能:实现学生信息的添加
函数参数:形参 s 用于接收结构体数组的首地址
         形参 n 用于接收结构体数组的长度,代表学生的实际人数
函数返回值:若添加成功则返回更新后的学生人数,否则返回原学生人数 */
int add(STU s[],int n)
{           }
```

部分程序代码如下:

```c
#include <stdio.h>
#include <conio.h>
#include <stdlib.h>
#include <string.h>
#define N 40                        //学生总人数
#define M 5                         //课程数目
typedef struct student              //表示学生信息的结构体类型定义
{
    char num[10];
    char sex;
    char name[10];
    float score[M];
    float sum;
    float ave;
```

```
}STU;
void menu();                              //菜单函数声明
void output(STU s[],int n);               //显示学生信息的函数声明
int add(STU s[],int n);                   //添加学生信息的函数声明
int search(STU s[],int n,char name[]);    //按姓名查找学生信息的函数声明
int del(STU s[],int n,char name[]);       //删除学生信息的函数声明
int main()
{
    static STU stu[N];                    //存放学生信息
    int choice;                           //存放功能操作代码
    int i,n=0,k;                          //用于存放学生的实际人数,k用于存放查找到的学生位置
    char name[10];                        //存放待查找或删除的学生姓名
    while(1)
    {
        system("cls");
        menu();
        printf("\n\t\t\t 请输入操作代码 0-9:");
        scanf("%d",&choice);
        switch(choice)
        {
        case 0:printf("谢谢使用本系统!\n");exit(0);
        case 1:printf("已执行从文件中读取学生信息操作!\n");break;
        case 2: n=add(stu,n);
              output(stu,n);
              break;
        case 3:output(stu,n);break;
        case 4: printf("已执行按姓名查询学生信息操作!\n"); break;
        case 5: printf("已执行删除学生信息操作!\n");break;
        case 6:printf("已执行统计学生总成绩和平均成绩操作!\n");break;
        case 7:printf("已执行统计学生成绩各分数段人数操作!\n");break;
        case 8:printf("已执行按平均成绩由高到低排名操作!\n");break;
        case 9:printf("已执行保存学生信息操作!\n");break;;
        }
    printf("按任意键继续...\n");
    getch();
    }
}
void menu()                               //菜单函数的定义
{
    printf("\t\t\t*********学生成绩管理系统*********\n");
    printf("\t\t\t *    1.从文件中读取学生信息        * \n");
    printf("\t\t\t *    2.添加学生信息               * \n");
    printf("\t\t\t *    3.显示学生信息               * \n");
    printf("\t\t\t *    4.按姓名查询学生信息          * \n");
    printf("\t\t\t *    5.删除学生信息               * \n");
```

```
        printf("\t\t\t *      6.统计学生总成绩和平均成绩  * \n");
        printf("\t\t\t *      7.统计学生成绩各分数段人数  * \n");
        printf("\t\t\t *      8.按平均成绩由高到低排名    * \n");
        printf("\t\t\t *      9.保存学生信息            * \n");
        printf("\t\t\t *      0.退出本系统             * \n");
        printf("\t\t\t*****************************\n");
}
void output(STU s[],int n)                    //显示学生信息函数的定义
{
    int i,j;
    printf("\n  学号     性别    姓名     C语言   高数  英语 大学物理 体育 总成绩 平均成绩
       \n");
    for(i=0;i<n;i++)
    {
        printf("%s %3c %9s",s[i].num,s[i].sex,s[i].name);
        for(j=0;j<M;j++)
        {
            printf("%7.2f",s[i].score[j]);
        }
        printf("%7.2f%7.2f\n",s[i].sum,s[i].ave);
    }
}
```

2. 进阶实验

1) 分析以下程序的运行结果并上机验证

(1) 该程序以文件名 ex9_6.c 保存。（二级考试真题）

```
#include <stdio.h>
typedef struct {int b,p;}A;
void f(A c)
{
    int j;
    c.b +=1;
    c.p +=2;
}
main()
{
    int i;
    A a={1,2};
    f(a);
    printf("%d,%d\n",a.b,a.p);
}
```

(2) 该程序以文件名 ex9_7.c 保存。

```
#include <stdio.h>
typedef struct {int b,p;}A;
```

```
void f(A * c)
{
    int j;
    c->b +=1;
    c->p +=2;
}
main()
{
    int i;
    A a={1,2};
    f(&a);
    printf("%d,%d\n",a.b,a.p);
}
```

【提示】 比较程序 ex9_6.c 和 ex9_7.c 的运行结果,体会结构体变量和结构体变量地址作为函数实参时,参数传递特点。

(3) 该程序以文件名 ex9_8.c 保存。(二级考试真题)

```
#include <stdio.h>
struct S
{int n;int a[20];};
void f(struct S * p)
{
    int i,j,t;
    for(i=0;i<p->n-1;i++)
        for(j=i+1;j<p->n;j++)
            if(p->a[i]>p->a[j])
            {
            t=p->a[i];
            p->a[i]=p->a[j];
            p->a[j]=t;
            }
}
main()
{
    int i;
    struct S s={10,{2,3,1,6,8,7,5,4,10,9}};
    f(&s);
    for(i=0;i<s.n;i++)
        printf("%d,",s.a[i]);
}
```

【提示】 结构体数组名作为函数实参时为"地址传递"。

2) 程序设计题

学生成绩管理系统之学生信息的按姓名查找和删除功能:在实验程序 ex9_5.c 的基础上,分别编写 2 个函数完成学生信息的按姓名查找和删除功能。该程序以文件名 ex9_9.c

保存。删除学生信息的运行效果如图所示。

【思路提示】　因本程序中所涉及的大多数算法前面都编写过,所以此处仅对删除学生信息算法进行简单分析。

删除学生信息算法:根据学生姓名进行删除,大致分为两步:

① 先按姓名在表示学生信息的结构体数组中进行查找,若找到则利用变量 k 记录该学生所对应的数组下标 i,否则变量 k 值为 −1。这部分功能可直接调用"按姓名查找"函数。

② 判别变量 k 值,若为 −1,则说明该学生不存在,提示"查无此人,删除失败!",并返回原学生人数;否则,将变量 k 中所记录下标位置后的数组元素依次向前移动,以覆盖查找到的学生信息,从而达到删除该学生信息的目的,并提示"删除成功",这是一个循环的过程。应注意删除后学生人数会减少,故需返回更新后的学生人数。

请按如下函数接口编程:

/* 函数功能:通过形参 name 与结构体数组中各元素的 name 成员比较,实现按姓名查找学生信息
函数参数:形参 s 用于接收结构体数组的首地址
　　　　　形参 n 用于接收结构体数组的长度,代表学生的实际人数
　　　　　形参 name 用于接收字符串的首地址,代表待查找学生姓名
函数返回值:若查找成功,则返回该学生在结构体数组中的下标,否则返回 −1 */
int search(STU s[],int n,char name[])
{　　　　　}

/* 函数功能:通过形参 name 与结构体数组中各元素的 name 成员比较,实现按姓名删除学生信息
函数参数:形参 s 用于接收结构体数组的首地址
　　　　　形参 n 用于接收结构体数组的长度,代表学生的实际人数
　　　　　形参 name 用于接收字符串的首地址,代表待删除学生姓名
函数返回值:若删除成功则返回更新后的学生人数,否则返回原学生人数 */
int del(STU s[],int n,char name[])
{　　　　　}

在程序 ex9_5.c 代码基础上,需更新的程序代码如下:

```
int del(STU s[],int n,char name[]);                //删除学生信息的函数声明
int search(STU s[],int n,char name[]);             //按姓名查找学生信息的函数声明
int main()
{
    static STU stu[N];                             //存放学生信息
    int choice;                                    //存放功能操作代码
    int i,n=0,k;                     //用于存放学生的实际人数,k用于存放查找到的学生位置
    char name[10];                                 //存放待查找或删除的学生姓名
    while(1)
    {
        system("cls");
        menu();
        printf("\n\t\t\t 请输入操作代码 0-9:");
        scanf("%d",&choice);
        switch(choice)
        {
        case 0:printf("谢谢使用本系统!\n");exit(1);
        case 1:printf("已执行从文件中读取学生信息操作!\n");break;
        case 2: n=add(stu,n);
                output(stu,n);
                break;
        case 3:output(stu,n);break;
        case 4: printf("请输入待查找学生的姓名:");
                scanf("%s",name);
                k=search(stu,n,name);
                if(k!=-1)
                {
                    printf("学生序号为:%d,具体信息如下:",k);
                    printf("\n 学号      性别    姓名    C语言    高数  英语 大学物理 体育
                       总成绩 平均成绩 \n");
                    printf("%s %3c %9s",stu[k].num,stu[k].sex,stu[k].name);
                    for(i=0;i<M;i++)
                        printf("%7.2f",stu[k].score[i]);
                    printf("%7.2f%7.2f\n",stu[k].sum,stu[k].ave);
                }
                else
                {
                    printf("查无此人!\n");
                }
                break;
        case 5: printf("请输入待删除学生的姓名:");
                scanf("%s",name);
                n=del(stu,n,name);
                output(stu,n);
                break;
```

```
        case 6:printf("已执行统计学生总成绩和平均成绩操作!\n");break;
        case 7:printf("已执行统计学生成绩各分数段人数操作!\n");break;
        case 8:printf("已执行按平均成绩由高到低排名操作!\n");break;
        case 9:printf("已执行保存学生信息操作!\n");break;;
        }
    printf("按任意键继续...\n");
    getch();
    }
}
```

3. 提高扩展实验

1) 分析程序 ex9_10.c 的运行结果并上机验证

```
#include <stdlib.h>
#include <stdio.h>
struct NODE
{
    int num;
    struct NODE * next;
};
int main()
{
    struct NODE * p, * q, * r;
    int sum=0;
    p=(struct NODE  * )malloc(sizeof(struct NODE));
    q=(struct NODE  * )malloc(sizeof(struct NODE));
    r=(struct NODE  * )malloc(sizeof(struct NODE));
    p->num=1;q->num=2;r->num=3;
    p->next=q;q->next=r;r->next=NULL;
    sum+=q->next->num;sum+=p->num;
    printf("%d\n",sum);
}
```

【提示】 指针变量 p 所指向的结点为第一个结点，指针变量 r 所指向的结点为最后一个结点。

2) 程序填空题

在程序 ex9_11.c 中，函数 outlist 的功能是：输出带有头结点的单向链表中各个结点的数据域。请填空。

```
#include <stdio.h>
#include <stdlib.h>
#define N 8
typedef struct list
{
    int data;
    struct list * next;
```

```
}SLIST;
SLIST * creatlist(int * a);
void outlist(SLIST * );
main()
{
    SLIST * head;
    int a[N]={12,87,45,32,91,16,20,48};
    head=creatlist(a);
    outlist(head);
}
SLIST * creatlist(int a[ ])
{
    SLIST * h,* p,* q;
    int i;
    h=p=(SLIST * )malloc(sizeof(SLIST));
    for(i=0; i<N; i++)
    {
        q=(SLIST * )malloc(sizeof(SLIST));
        q->data=a[i];p->next=q;p=q;
    }
    p->next=0;
    return h;
}
void outlist(SLIST * h)
{
    SLIST * p;
    p=h->next;
    if(____【1】____)printf("The list is NULL!\n");
    else
    {
        printf("\nHead ");
        do
        {
            printf("->%d",p->data);
            p=p->next;
        }while(____【2】____);
        printf("->End\n");
    }
}
```

3) 程序设计题

学生成绩管理系统之学生成绩的统计和排名：在实验程序 ex9_9.c 的基础上，分别编写 2 个函数完成各门课程的分数段统计及按平均成绩从高到低排名功能。该程序以文件名 ex9_12.c 保存。统计各门课程的分数段人数的运行效果如图所示。

```
*        3.显示学生信息          *
*        4.按姓名查询学生信息      *
*        5.删除学生信息          *
*        6.统计学生总成绩和平均成绩  *
*        7.统计学生成绩各分数段人数  *
*        8.按平均成绩由高到低排名    *
*        9.保存学生信息          *
*        0.退出本系统           *
*********************************

          请输入操作代码0-9:7

学号      性别   姓名    C语言   高数   英语  大学物理  体育  总成绩  平均成绩
115042101  f    李丽   95.00  86.00  74.00  92.00  81.00  428.00  85.60
115042102  m    王强   93.00  84.00  75.00  81.00  97.00  430.00  86.00
115042103  f    张梦   63.00  95.00  74.00  80.00  66.00  378.00  75.60

各门课程分数段人数统计如下:
          C语言   高数   英语   大学物理   体育
>=90:      2      1     0      1       1
80-89:     0      2     0      2       1
70-79:     0      0     3      0       0
60-69:     1      0     0      0       0
<60:       0      0     0      0       0
按任意键继续...
```

【思路提示】 此处仅对"各门课程的分数段人数统计"算法进行简单分析:

① 成绩划分为五个分数段,分别是: $>=90$、$80\sim89$、$70\sim79$、$60\sim69$、<60。可利用 switch 语句实现成绩的分段判断。

② 定义一个整型的二维数组 count[5][M],用于记录不同课程不同分数段的人数,其各元素初始化为 0。其中,行下标 k(取值范围: $0\sim4$)分别表示由高到低五个不同的分数段,列下标 i(取值范围: $0\sim M-1$)表示不同的课程。

③ 利用双重循环实现各门课程不同分数段的人数统计:外重循环依次遍历所有课程,利用下标变量 i 控制;内重循环依次遍历所有学生该门课程的成绩,利用下标变量 j 控制;然后利用 switch 语句判断成绩所属的分数段,并使该课程对应分数段的人数统计变量增 1。各分数段与统计二维数组 count 中各元素的对应关系如下表所示。

$>=90$:	count[0][i]++
80-89:	count[1][i]++
70-79:	count[2][i]++
60-69:	count[3][i]++
<60:	count[4][i]++

请按如下函数接口编程:

```
/* 函数功能:根据结构体数组中存放的每个学生的 M 门课程成绩,实现各课程成绩分数段的统计
函数参数:形参 s 用于接收结构体数组的首地址
        形参 n 用于接收结构体数组的长度,代表学生的实际人数
函数返回值:无返回值 */
void segment(STU s[],int n)
```

```
{                    }
```

/ * 函数功能:根据结构体数组中存放的每个学生的平均成绩,实现由高到低的排名

函数参数:形参 s 用于接收结构体数组的首地址

　　　　　形参 n 用于接收结构体数组的长度,代表学生的实际人数

函数返回值:无返回值 * /

```
void sort(STU s[],int n)
{                    }
```

在程序 ex9_9.c 代码基础上,需更新的程序代码如下:

```
void totalAve(STU s[],int n);                //统计学生总成绩和平均成绩的函数声明
void segment(STU s[],int n);                 //各门课程分数段统计的函数声明
void sort(STU s[],int n);                    //按平均成绩由高到低排名的函数声明
int main()
{
    static STU stu[N];                       //存放学生信息
    int choice;                              //存放功能操作代码
    int i,n=0,k;                             //用于存放学生的实际人数,k用于存放查找到的学生位置
    char name[10];                           //存放待查找或删除的学生姓名
    while(1)
    {
        system("cls");
        menu();
        printf("\n\t\t\t 请输入操作代码 0-9:");
        scanf("%d",&choice);
        switch(choice)
        {
        case 0:printf("谢谢使用本系统!\n");exit(0);
        case 1:printf("已执行从文件中读取学生信息操作!\n");break;
        case 2: n=add(stu,n);
                output(stu,n);
                break;
        case 3:output(stu,n);break;
        case 4: printf("请输入待查找学生的姓名:");
                scanf("%s",name);
                k=search(stu,n,name);
                if(k!=-1)
                {
                    printf("学生序号为:%d,具体信息如下:",k);
                    printf("\n 学号     性别     姓名     C语言    高数 英语 大学物理 体育
                        总成绩 平均成绩 \n");
                    printf("%s %3c %9s",stu[k].num,stu[k].sex,stu[k].name);
                    for(i=0;i<M;i++)
                        printf("%7.2f",stu[k].score[i]);
                    printf("%7.2f%7.2f\n",stu[k].sum,stu[k].ave);
```

```
            }
            else
            {
                printf("查无此人!\n");
            }
            break;
        case 5: printf("请输入待删除学生的姓名:");
                scanf("%s",name);
                n=del(stu,n,name);
                output(stu,n);
                break;
        case 6:totalAve(stu,n);
                output(stu,n);
                break;
        case 7:output(stu,n);
                segment(stu,n);
                break;
        case 8:sort(stu,n);
                output(stu,n);
                break;
        case 9:printf("已执行保存学生信息操作!\n");break;;
            }
        printf("按任意键继续...\n");
        getch();
        }
}
void totalAve(STU s[],int n)                    //计算每位学生的总成绩和平均成绩的函数定义
{
    int i,j;
    for(i=0;i<n;i++)
    {
        s[i].sum=0;
        for(j=0;j<M;j++)
            s[i].sum+=s[i].score[j];
        s[i].ave=s[i].sum/M;
    }
}
```

11.10　实验10　文件操作

一、实验目的

（1）掌握文件、缓冲文件系统、文件指针的概念；

（2）学会使用文件打开、关闭、读、写等文件操作函数；

（3）学会对文件进行简单操作。

二、实验准备

(1) 理解文件、缓冲文件系统及文件指针的概念；
(2) 熟悉文件的打开、关闭、读、写等文件操作函数。

三、实验内容

1. 基础实验

1) 分析以下程序的运行结果并上机验证

(1) 程序以文件名 ex10_1.c 保存。

```c
#include <stdio.h>
int main()
{
    FILE * fp;
    int k,n,a[6]={1,2,3,4,5,6};
    fp=fopen("d2.dat","w");
    fprintf(fp,"%d%d%d\n",a[0],a[1],a[2]);
    fprintf(fp,"%d%d%d\n",a[3],a[4],a[5]);
    fclose(fp);
    fp=fopen("d2.dat","r");
    fscanf(fp,"%d%d",&k,&n);
    printf("%d %d\n",k,n);
    fclose(fp);
    return 0;
}
```

若将程序中的两条 fprintf 函数调用语句修改如下，再次运行程序观察结果。

```c
fprintf(fp,"%d  %d  %d\n",a[0],a[1],a[2]);
fprintf(fp,"%d  %d  %d\n",a[3],a[4],a[5]);
```

【思考】 对比程序先后两次运行的结果是否存在区别，为什么？

【提示】 fprintf 函数中的"格式控制"参数，决定了数据写入文件的格式。当以"％d％d％d"这种紧密形式将整型数据写入文件时，会使原本独立的三个整数连续存放，以至于系统会将它们作为一个整数读出。

(2) 程序以文件名 ex10_2.c 保存。

```c
#include <stdio.h>
int main()
{
    FILE * fp;
    char c;
    int i;
    fp=fopen("q1.c","w");
    for(c='a',i=0;i<=25;i++)
```

```
        fputc(c+i,fp);
    fclose(fp);
    fp=fopen("q1.c","r");
    while(!feof(fp))
    {
        c=fgetc(fp);
        putchar(c);
    }
    fclose(fp);
    return 0;
}
```

2）程序填空题

给定程序 ex10_3.c 的功能是：调用函数 fun 将指定源文件中的内容复制到指定的目标文件中，复制成功时函数返回值为 1，失败时返回值为 0。在复制的过程中，把复制的内容输出到终端屏幕。主函数中源文件名放在变量 sfname 中，目标文件名放在变量 tfname 中。请填空。（二级考试真题）

```
#include <stdio.h>
#include <stdlib.h>
int fun(char * source,char * target)
{   FILE * fs,* ft;
    char ch;
    if((fs=fopen(source,____【1】____))==NULL)
        return 0;
    if((ft=fopen(target,"w"))==NULL)
        return 0;
    printf("\nThe data in file :\n");
    ch=fgetc(fs);
    while(!feof(____【2】____))
    {   putchar(ch);
        fputc(ch,____【3】____);
        ch=fgetc(fs);
    }
    fclose(fs);
    fclose(ft);
    printf("\n\n");
    return 1;
}
main()
{   char sfname[20]="myfile1",tfname[20]="myfile2";
    FILE * myf;
    int i;
    char c;
    myf=fopen(sfname,"w");
```

```
        printf("\nThe original data :\n");
        for(i=1; i<30; i++)
        {
            c='A'+rand()%25;
            fprintf(myf,"%c",c);
            printf("%c",c);
        }
        fclose(myf);
        printf("\n\n");
        if(fun(sfname, tfname))printf("Succeed!");
        else printf("Fail!");
}
```

3）程序设计题

编写程序 ex10_4.c，将 10 个整数写入数据文件 f3.dat 中，再读出 f3.dat 中的数据并求其和。（第 10 章程序设计题的第 3 小题）

【思路提示】 通过循环从键盘上输入 10 个整数，并将其依次写入文件 f3.dat 中，但应注意写入的数据不能为紧密格式，否则会出现多个数据作为一个数据读出的情况，如实验程序 ex10_1.c。

2. 进阶实验

1）程序分析题

程序 ex10_5.c 运行后，文件 t1.dat 中的内容是_____。

```
#include "stdio.h"
void WriteStr(char * fn,char * str)
{
    FILE * fp;
    fp=fopen(fn,"w");
    fputs(str,fp);fclose(fp);
}
main()
{
    WriteStr("t1.dat","start");
    WriteStr("t1.dat","end");
}
```

若将 fopen 函数中的打开方式改为"a"，再次运行程序观察文件内容的变化，为什么？

【提示】 "w"是覆盖写方式，"a"是追加写方式。

2）程序填空题

给定程序 ex10_6.c 的功能是：调用 fun 函数建立班级通讯录。通讯录中记录每位同学的编号、姓名和电话号码。班级的人数和学生的信息从键盘读入，每个人的信息作为一个数据块写到名为 myfile5.dat 的二进制文件中。请填空。

```
#include <stdio.h>
#include <stdlib.h>
#define N 5
```

```
typedef   struct
{   int num;
    char name[10];
    char tel[10];
}STYPE;
void check();
int fun(____【1】____ * std)
{
        ____【2】____ * fp;
    int  i;
    if((fp=fopen("myfile5.dat","wb"))==NULL)
        return(0);
    printf("\nOutput data to file !\n");
    for(i=0; i<N; i++)
    fwrite(&std[i], sizeof(STYPE), 1,____【3】____ );
    fclose(fp);
    return(1);
}
main()
{
    STYPE s[10]={ {1,"aaaaa","111111"},{1,"bbbbb","222222"},{1,"ccccc","333333"},
    {1,"ddddd","444444"},{1,"eeeee","555555"}};
    int  k;
    k=fun(s);
    if(k==1)
    {  printf("Succeed!");  check();  }
    else
        printf("Fail!");
}
void check()
{   FILE * fp;
    int  i;
    STYPE  s[10];
    if((fp=fopen("myfile5.dat","rb"))==NULL)
    { printf("Fail !!\n"); exit(0); }
    printf("\nRead file and output to screen :\n");
    printf("\n  num    name       tel\n");
    for(i=0; i<N; i++)
    {
        fread(&s[i],sizeof(STYPE),1, fp);
        printf("%6d    %s    %s\n",s[i].num,s[i].name,s[i].tel);
    }
    fclose(fp);
}
```

3. 提高扩展实验

学生成绩管理系统之学生信息的保存与读取：现有 3 名学生信息，每名学生的信息包括学号、性别、姓名、5 门课程的成绩、总成绩和平均分，将每个学生的信息作为一个数据块写到名为 student.dat 的二进制文件中，再从文件中读入这些数据并在屏幕上进行显示。编写 2 个函数实现学生信息写入文件和从文件中读出学生信息并在屏幕上显示。该程序可参照实验程序 ex10_6.c 编写，以文件名 ex10_7.c 保存。运行效果如图所示。

```
将学生信息写入文件！

读文件内容并在屏幕上显示：

学号      性别   姓名   C语言   高数    英语   大学物理 体育  总成绩  平均成绩
115042101   f     李丽   95.00   86.00  74.00   92.00  81.00 428.00  85.60
115042102   m     王强   93.00   84.00  75.00   81.00  97.00 430.00  86.00
115042103   f     张梦   63.00   95.00  74.00   80.00  66.00 378.00  75.60
Press any key to continue_
```

部分程序代码如下：

```c
#include <stdio.h>
#include <stdlib.h>
#define N 3                              //学生人数
#define M 5                              //课程数量
typedef struct student
{
    char num[10];                        //学号
    char name[10];                       //姓名
    char sex;                            //性别
    float score[M];                      //课程成绩
    float sum;                           //总成绩
    float ave;                           //平均成绩

}STU;
void writeFile(STU s[],int n);           //数据写入二进制文件的函数声明
void readFile(STU s[],int n);            //读取二进制文件信息的函数声明
int main()
{
    STU stu[N]={{"115042101","李丽",'f',{95,86,74,92,81},428,85.6},{"115042102","
        王强",'m',{93,84,75,81,97},430,86},{"115042103","张梦",'f',{63,95,74,80,66},
        378,75.6}};
    writeFile(stu,N);
    readFile(stu,N);
    return 0;
}
```

请按如下函数接口编程：

```c
/* 函数功能:将表示学生信息的结构体数组中的数据写入二进制文件 student.dat
```

函数参数:形参 s 用于接收结构体数组的首地址

　　　　　　形参 n 用于接收结构体数组的长度,代表学生人数

函数返回值:无返回值

```
void writeFile(STU s[],int n)
{              }
```

/* 函数功能:读取二进制文件 student.dat 中的数据并存入结构体数组,同时将数据显示在屏幕上

函数参数:形参 s 用于接收结构体数组的首地址

　　　　　　形参 n 用于接收结构体数组的长度,代表学生人数

函数返回值:无返回值

```
void readFile(STU s[],int n)
{              }
```

C语言关键字

auto	break	case	char	const
continue	default	do	double	else
enum	extern	float	for	goto
if	int	long	register	return
short	signed	sizeof	static	struct
switch	typedef	union	unsigned	void
volatile	while			

标准ASCII码表

ASCII 值	控制字符	ASCII 值	控制字符	ASCII 值	控制字符	ASCII 值	控制字符
0	NUT	32	（space）	64	@	96	、
1	SOH	33	!	65	A	97	a
2	STX	34	"	66	B	98	b
3	ETX	35	#	67	C	99	c
4	EOT	36	$	68	D	100	d
5	ENQ	37	%	69	E	101	e
6	ACK	38	&.	70	F	102	f
7	BEL	39	,	71	G	103	g
8	BS	40	(	72	H	104	h
9	HT	41	)	73	I	105	i
10	LF	42	*	74	J	106	j
11	VT	43	+	75	K	107	k
12	FF	44	,	76	L	108	l
13	CR	45	-	77	M	109	m
14	SO	46	.	78	N	110	n
15	SI	47	/	79	O	111	o
16	DLE	48	0	80	P	112	p
17	DCI	49	1	81	Q	113	q
18	DC2	50	2	82	R	114	r
19	DC3	51	3	83	X	115	s
20	DC4	52	4	84	T	116	t
21	NAK	53	5	85	U	117	u
22	SYN	54	6	86	V	118	v
23	TB	55	7	87	W	119	w
24	CAN	56	8	88	X	120	x
25	EM	57	9	89	Y	121	y
26	SUB	58	:	90	Z	122	z
27	ESC	59	;	91	[	123	{
28	FS	60	<	92	\	124		
29	GS	61	=	93	]	125	}
30	RS	62	>	94	^	126	~
31	US	63	?	95	—	127	DEL

C语言运算符

优先级	运算符	名称或含义	使 用 形 式	结合方向	操作对象数目
1	[]	数组下标	数组名[常量表达式]	由左向右	
	()	圆括号	(表达式)/函数名(形参表)		
	.	成员选择(对象)	对象.成员名		
	->	成员选择(指针)	对象指针->成员名		
2	-	负号运算符	-表达式	由右向左	单目运算符
	(类型)	强制类型转换	(数据类型)表达式		
	++	自增运算符	++变量名/变量名++		
	--	自减运算符	--变量名/变量名--		
	*	取值运算符	*指针变量		
	&	取地址运算符	&变量名		
	!	逻辑非运算符	!表达式		
	~	按位取反运算符	~表达式		
	sizeof	长度运算符	sizeof(表达式)		
3	/	除	表达式/表达式	由左向右	双目运算符
	*	乘	表达式*表达式		
	%	余数(取模)	整型表达式/整型表达式		
4	+	加	表达式+表达式	由左向右	双目运算符
	-	减	表达式-表达式		
5	<<	左移	变量<<表达式	由左向右	双目运算符
	>>	右移	变量>>表达式		

优先级	运算符	名称或含义	使 用 形 式	结合方向	操作对象数目
6	>	大于	表达式>表达式	由左向右	双目运算符
	>=	大于等于	表达式>=表达式		
	<	小于	表达式<表达式		
	<=	小于等于	表达式<=表达式		
7	==	等于	表达式==表达式	由左向右	双目运算符
	!=	不等于	表达式!=表达式		
8	&	按位与	表达式 & 表达式	由左向右	双目运算符
9	^	按位异或	表达式^表达式	由左向右	双目运算符
10	|	按位或	表达式|表达式	由左向右	双目运算符
11	&&	逻辑与	表达式 && 表达式	由左向右	双目运算符
12	||	逻辑或	表达式||表达式	由左向右	双目运算符
13	?:	条件运算符	表达式1? 表达式2：表达式3	由右向左	三目运算符
14	=	赋值运算符	变量=表达式	由右向左	双目运算符
	/=	除后赋值	变量/=表达式		
	*=	乘后赋值	变量 * =表达式		
	%=	取模后赋值	变量%=表达式		
	+=	加后赋值	变量+=表达式		
	-=	减后赋值	变量-=表达式		
	<<=	左移后赋值	变量<<=表达式		
	>>=	右移后赋值	变量>>=表达式		
	&=	按位与后赋值	变量 &=表达式		
	^=	按位异或后赋值	变量^=表达式		
	|=	按位或后赋值	变量|=表达式		
15	,	逗号运算符	表达式,表达式,…	由左向右	

附录 D

C语言常用的函数库

1. 数学函数

使用数学函数时,应该在该源文件中使用以下命令行:

#include <math.h>

或

#include "math.h"

函数名	函 数 原 型	功　　能	返回值	说　　明
abs	int abs(int x);	求整数 x 的绝对值	计算结果	
acos	double acos(double x);	计算 $\arccos(x)$ 的值	计算结果	x 应在 $-1\sim1$ 范围内
asin	double asin(double x);	计算 $\arcsin(x)$ 的值	计算结果	x 应在 $-1\sim1$ 范围内
atan	double atan(double x);	计算 $\arctan(x)$ 的值	计算结果	
atan2	double atan2(double x, double y);	计算 $\arctan(x/y)$ 的值	计算结果	
cos	double cos(double x);	计算 $\cos(x)$ 的值	计算结果	x 的单位为弧度
cosh	double cosh(double x);	计算 x 的双曲余弦 $\cosh(x)$ 的值	计算结果	
exp	double exp(double x);	求 e^x 的值	计算结果	
fabs	double fabs(double x);	求 x 的绝对值	计算结果	
floor	double floor(double x);	求出不大于 x 的最大整数	该整数的双精度实数	
fmod	double fmod(double x, double y);	求整除 x/y 的余数	返回余数的双精度数	

续表

函数名	函数原型	功能	返回值	说明
frexp	double frexp(double val, int * eptr);	把双精度数 val 分解为数字部分(尾数)x 和以 2 为底、以 n 为幂的指数,即 val＝$x * 2^n$,n 存放在 eptr 指向的变量中	返回数字部分 x $0.5 \leqslant x < 1$	
log	double log(double x);	求 $\log_e x$,即 $\ln x$	计算结果	
log10	double log10(double x);	求 $\log_{10} x$	计算结果	
modf	double modf(double val, int * iptr);	把双精度数 val 分解为整数部分和小数部分,把整数部分存在 iptr 指向的单元	val 的小数部分	
pow	double pow(double x, double y);	计算 x^y 的值	计算结果	
rand	int rand(void);	产生－90～32767 间的随机整数	随机整数	
sin	double sin(double x);	计算 sin(x) 的值	计算结果	x 的单位为弧度
sinh	double sinh(double x);	计算 x 的双曲正弦函数 $\sinh(x)$ 的值	计算结果	
sqrt	double sqrt(double x);	计算 $\sqrt{x}$	计算结果	$x \geqslant 0$
tan	double tan(double x);	计算 $\tan(x)$ 的值	计算结果	x 的单位为弧度
tanh	double tanh(double x);	计算 x 的双曲正切函数 $\tanh(x)$ 的值	计算结果	

2. 字符函数

使用字符函数时,应该在该源文件中使用以下命令行:

```
#include<ctype.h >
```

或

```
#include " ctype.h "
```

函数名	函数原型	功能	返回值
isalnum	int isalnum(int ch);	检查 ch 是否是字母(alpha)或数字(numeric)	是字母或数字返回 1;否则返回 0
isalpha	int isalpha(int ch);	检查 ch 是否字母	是,返回 1;不是,则返回 0
iscntrl	int iscntrl(int ch);	检查 ch 是否控制字符(其 ASCII 码在 0 和 0x1F 之间)	是,返回 1;不是,返回 0
isdigit	int isdigit(int ch);	检查 ch 是否数字(0～9)	是,返回 1;不是,返回 0
isgraph	int isgraph(int ch);	检查 ch 是否可打印字符(其 ASCII 码在 0x21～0x7E 之间),不包括空格	是,返回 1;不是,返回 0
islower	int islower(int ch);	检查 ch 是否小写字母(a～z)	是,返回 1;不是,返回 0

函数名	函数原型	功　　能	返　回　值
isprint	int isprint(int ch);	检查 ch 是否是可打印字符（包括空格），其 ASCII 码在 0x20 到 0x7E 之间	是,返回 1;不是,返回 0
ispunct	int ispunct(int ch);	检查 ch 是否是标点字符（不包括空格），即除字母、数字和空格以外的所有可打印字符	是,返回 1;不是,返回 0
isspace	int isspace(int ch);	检查 ch 是否是空格、跳格符（制表符）或换行符	是,返回 1;不是,返回 0
isupper	int isupper(int ch);	检查 ch 是否是大写字母（A～Z）	是,返回 1;不是,返回 0
isxdigit	int isxdigit(intch);	检查 ch 是否是一个十六进制数字字符（即 0～9,或 A～F,或 a～f）	是,返回 1;不是,返回 0
tolower	int tolower(int ch);	将 ch 字符转换为小写字母	返回 ch 所代表的字符的小写字母
toupper	int toupper(int ch);	将 ch 字符转换成大写字母	与 ch 相应的大写字母

3. 字符串函数

使用字符串函数时,应该在该源文件中使用以下命令行:

```
#include <string.h >
```

或

```
#include " string.h "
```

函数名	函数原型	功　　能	返　回　值
strcat	char * strcat (char * str1, char * str2);	把字符串 str2 接到 str1 后面,str1 最后面的'\0'被删除	返回 str1
strchr	char * strchr (char * str, int ch);	找出 str 指向的字符串中第一次出现字符 ch 的位置	返回指向该位置的指针,如找不到,则返回空指针
strcmp	int strcmp (char * str1, char * str2);	比较两个字符串 str1,str2	str1＜str2,返回负数;str1＝str2,返回 0;str1＞str2,返回正数
strcpy	int strcpy (char * str1, char * str2);	把 str2 指向的字符串复制到 str1 中去	返回 str1
strlen	unsigned int strlen (char * str);	统计字符串 str 中字符的个数(不包括终止符'\0')	返回字符个数
strstr	int strstr (char * str1, char * str2);	找出 str2 字符串在 str1 字符串中第一次出现的位置(不包括 str2 的串结束符)	返回该位置的指针,如找不到,返回空指针

4. 输入输出函数

使用输入输出函数时,应该在该源文件中使用以下命令行:

```
# include< stdio.h >
```

或

```
# include " stdio.h "
```

函数名	函数原型	功 能	返 回 值	说 明
clearerr	void clearerr（FILE * fp）;	使 fp 所指文件的错误,标志和文件结束标志置 0	无	
close	int close(int fp);	关闭文件	关闭成功返回 0;否则返回－1	非 ANSI 标准
creat	int creat（char * filename, int mode）;	以 mode 所指定的方式建立文件	成功则返回正数;否则返回－1	非 ANSI 标准
eof	int eof(int fd);	检查文件是否结束	遇文件结束,返回 1;否则返回 0	非 ANSI 标准
fclose	int fclose(FILE * fp);	关闭 fp 所指的文件,释放文件缓冲区	有错则返回非 0;否则返回 0	
feof	int feof(FILE * fp);	检查文件是否结束	遇文件结束符返回非零值;否则返回 0	
fgetc	int fgetc(FILE * fp);	从 fp 所指定的文件中取得下一个字符	返回所得到的字符,若读入出错,返回 EOF	
fgets	char * fgets（char * buf, int n, FILE * fp）;	从 fp 指向的文件读取一个长度为(n－1)的字符串,存入起始地址为 buf 的空间	返回地址 buf,若遇文件结束或出错,返回 NULL	
fopen	FILE * fopen（char * format, args, …）;	以 mode 指定的方式打开名为 filename 的文件	成功,返回一个文件指针(文件信息区的起始地址);否则返回 0	
fprintf	int fprintf（FILE * fp, char *format, args, …）;	把 args 的值以 format 指定的格式输出到 fp 所指定的文件中	实际输出的字符数	
fputc	int fputc（char ch, FILE * fp）;	将字符 ch 输出到 fp 指向的文件中	成功,则返回该字符;否则返回非 0	
fputs	int fputs（char * str, FILE * fp）;	将 str 指向的字符串输出到 fp 所指定的文件	成功返回 0;若出错返回非 0	
fread	int fread（char * pt, unsigned size, unsigned n, FILE * fp）;	从 fp 所指定的文件中读取长度为 size 的 n 个数据项,存到 pt 所指向的内存区	返回所读的数据项个数,如遇文件结束或出错返回 0	
fscanf	int fscanf（FILE * fp, char format, args, …）;	从 fp 指定的文件中按 format 给定的格式将输入数据送到 args 所指向的内存单元(args 是指针)	已输入的数据个数	

函数名	函数原型	功　能	返　回　值	说　明
fseek	int fseek（FILE ＊ fp, long offset, int base）;	将 fp 所指向的文件的位置指针移到以 base 所给出的位置为基准、以 offset 为位移量的位置	返回当前位置；否则，返回－1	
ftell	long ftell（FILE ＊ fp）;	返回 fp 所指向的文件中的读写位置	返回 fp 所指向的文件中的读写位置	
fwrite	int fwrite（char ＊ ptr, unsigned size, unsigned n, FILE ＊ fp）;	把 ptr 所指向的 n ＊ size 个字节输出到 fp 所指向的文件中	写到 fp 文件中的数据项的个数	
getc	int getc（FILE ＊ fp）;	从 fp 所指向的文件中读入一个字符	返回所读的字符,若文件结束或出错,返回 EOF	
getchar	int getchar（void）;	从标准输入设备读取下一个字符	所读字符。若文件结束或出错,则返回－1	
getw	int getw（FILE ＊ fp）;	从 fp 所指向的文件读取下一个字（整数）	输入的整数。如文件结束或出错,返回－1	非 ANSI 标准函数
open	int open（char ＊ filename, int mode）;	以 mode 指出的方式打开已存在的名为 filename 的文件	返回文件号（正数）;如打开失败,返回－1	非 ANSI 标准函数
printf	int printf（char ＊ format, args, …）;	按 format 指向的格式字符串所规定的格式,将输出表列 args 的值输出到标准输出设备	输出字符的个数,若出错,返回负数	format 可以是一个字符串,或字符数组的首地址
putc	int putc（int ch, FILE ＊ fp）;	把一个字符 ch 输出到 fp 所指的文件中	输出的字符 ch,若出错,返回 EOF	
putchar	int putchar（char ch）;	把字符 ch 输出到标准输出设备	输出的字符 ch,若出错,返回 EOF	
puts	int puts（char ＊ str）;	把 str 指向的字符串输出到标准输出设备,将 \0 转换为回车换行	返回换行符,若失败,返回 EOF	
putw	int putw（int w, FILE ＊ fp）;	将一个整数 w（即一个字）写到 fp 指向的文件中	返回输出的整数,若出错,返回 EOF	非 ANSI 标准函数
read	int read（int fd, char ＊ buf, unsigned count）;	从文件号 fd 所指示的文件中读 count 个字节到由 buf 指示的缓冲区中	返回实际读入的字节个数,如遇文件结束返回 0,出错返回－1	非 ANSI 标准函数
rename	int rename（char ＊ oldname, char ＊ newname）;	把由 oldname 所指的文件名,改为由 newname 所指的文件名	成功返回 0;出错返回－1	

函数名	函 数 原 型	功　　能	返　回　值	说　　明
rewind	void rewind（FILE * fp）;	将 fp 指示的文件中的位置指针置于文件开头位置,并清除文件结束标志和错误标志	无	
scanf	int scanf(char * forma- t, args,…);	从标准输入设备按 format 指向的格式字符串所规定的格式,输入数据给 args 所指向的单元	读入并赋给 args 的数据个数,遇文件结束返回 EOF,出错返回 0	args 为指针
write	int write(int fd, char * buf, unsigned count);	从 buf 指示的缓冲区输出 count 个字符到 fd 所标志的文件中	返回实际输出的字节数,如出错返回 －1	非 ANSI 标准函数

5. 动态存储分配函数

关于动态存储分配函数 ANSI 标准建议在"stdlib. h"头文件中包含有关的信息,但许多 C 编译系统要求用"malloc. h"而不是"stdlib. h"。读者在使用时应查阅有关手册。

函数名	函 数 原 型	功　　能	返　回　值
calloc	void * calloc(unsigned n, unsign size);	分配 n 个数据项的内存连续空间,每个数据项的大小为 size	分配内存单元的起始地址,如不成功,返回 0
free	void free(void * p);	释放 p 所指的内存区	无
malloc	void * malloc（unsigned size）;	分配 size 字节的存储区	所分配的内存区起始地址,如内存不够,返回 0
realloc	void * realloc(void * p, unsigned size);	将 p 所指出的已分配内存区的大小改为 size,size 可以比原来分配的空间大或小	返回指向该内存区的指针

Visual C++ 6.0 常见错误中英对照表及分析

fatal error C1003: error count exceeds number: stopping compilation
中文对照: 错误太多,停止编译
分析: 修改之前的错误,再次编译

fatal error C1004: unexpected end of file found
中文对照: 文件未结束
分析: (1) 一个函数或者一个结构定义缺少"}"
  (2) 在一个函数调用或表达式中括号没有配对出现
  (3) 注释符"/ * … * /"不完整等

fatal error C1083: Cannot open include file: 'xxx': No such file or directory
中文对照: 无法打开头文件 xxx: 没有这个文件或路径
分析: 头文件不存在,或者头文件拼写错误,或者文件为只读

fatal error C1903: unable to recover from previous error(s): stopping compilation
中文对照: 无法从之前的错误中恢复,停止编译
分析: 引起错误的原因很多,建议先修改之前的错误

error C2001: newline in constant
中文对照: 在常量中出现了换行
分析: (1) 字符串常量、字符常量中是否有换行
  (2) 某个字符串常量的尾部是否漏掉了双引号
  (3) 某个字符常量的尾部漏掉了单引号或者在某语句的尾部、语句的中间误输入了一个单引号或双引号等

error C2006: #include expected a filename,found 'identifier'
中文对照: #include 命令中需要文件名
分析: 一般是头文件未用一对双引号或尖括号括起来,例如"#include stdio. h"

error C2007: #define syntax
中文对照: #define 语法错误
分析: "#define"后缺少宏名,例如"#define"

error C2008: 'xxx' : unexpected in macro definition
中文对照: 宏定义时出现了意外的 xxx
分析: 宏定义时宏名与替换串之间应有空格,例如"#define TRUE"1""

---

error C2009：reuse of macro formal 'identifier'
中文对照：带参宏的形式参数重复使用
分析：宏定义如有参数不能重名,例如"♯define s(a,a)(a*a)"中参数 a 重复

---

error C2010：'character'：unexpected in macro formal parameter list
中文对照：带参宏的参数表出现未知字符
分析：例如"♯define s(r|)r*r"中参数多了一个字符"|"

---

error C2014：preprocessor command must start as first nonwhite space
中文对照：预处理命令前面只允许空格
分析：每一条预处理命令都应独占一行,不应出现其他非空格字符

---

error C2015：too many characters in constant
中文对照：常量中包含多个字符
分析：字符型常量的单引号中只能有一个字符,或是以"\"开始的一个转义字符

---

error C2017：illegal escape sequence
中文对照：转义字符非法
分析：一般是转义字符位于单引号或双引号之外,例如"char error = '\n;"

---

error C2018：unknown character '0xhh'
中文对照：未知的字符 0xhh
分析：一般是输入了中文标点符号,例如"char error = 'E';"中";"为中文标点符号

---

error C2019：expected preprocessor directive,found 'character'
中文对照：期待预处理命令,但有无效字符
分析：一般是预处理命令的♯号后误输入其他无效字符,例如"♯! define TRUE 1"

---

error C2021：expected exponent value,not 'character'
中文对照：期待数值,不能是字符
分析：一般是浮点数的指数表示形式有误,例如 123.456E

---

error C2039：'identifier1'：is not a member of 'idenifier2'
中文对照：标识符 1 不是标识符 2 的成员
分析：程序错误地调用或引用结构体、共用体等的成员

---

error C2048：more than one default
中文对照：default 语句多于一个
分析：switch 语句中只能有一个 default,删去多余的 default

---

error C2050：switch expression not integral
中文对照：switch 表达式不是整型的
分析：switch 表达式必须是整型(或字符型),例如"switch("a")"中表达式为字符串,这是非法的

---

error C2051：case expression not constant
中文对照：case 表达式不是常量
分析：case 表达式应为常量表达式,例如"case "a""中""a""为字符串,这是非法的

---

error C2052：'type'：illegal type for case expression
中文对照：case 表达式类型非法
分析：case 表达式必须是一个整型常量(包括字符型)

---

error C2057：expected constant expression
中文对照：期待常量表达式
分析：一般是定义数组时数组长度为变量,例如"int n=10；int a[n];"中 n 为变量,是非法的

error C2058：constant expression is not integral
中文对照：常量表达式不是整数
分析：一般是定义数组时数组长度不是整型常量

error C2059：syntax error ：'xxx'
中文对照："xxx"语法错误
分析：引起错误的原因很多,可能多加或少加了符号 xxx

error C2064：term does not evaluate to a function
中文对照：无法识别函数语言
分析：(1) 函数参数有误,表达式可能不正确,例如"sqrt(s(s-a)(s-b)(s-c));"中表达式不正确
　　　　(2) 变量与函数重名或该标识符不是函数,例如"int i,j；j＝i();"中 i 不是函数

error C2065：'xxx'：undeclared identifier
中文对照：未定义的标识符 xxx
分析：(1) 如果 xxx 为 cout、cin、scanf、printf、sqrt 等,则程序中包含头文件有误
　　　　(2) 未定义变量、数组、函数原型等,注意拼写错误或区分大小写。

error C2078：too many initializers
中文对照：初始值过多
分析：一般是数组初始化时初始值的个数大于数组长度,例如"int b[2]＝{1,2,3};"

error C2082：redefinition of formal parameter 'xxx'
中文对照：重复定义形式参数 xxx
分析：函数首部中的形式参数不能在函数体中再次被定义

error C2084：function 'xxx' already has a body
中文对照：已定义函数 xxx
分析：在 VC++ 早期版本中函数不能重名,6.0 中支持函数的重载,函数名可以相同但参数不能一样

error C2086：'xxx'：redefinition
中文对照：标识符 xxx 重定义
分析：变量名、数组名重名

error C2087：'＜Unknown＞'：missing subscript
中文对照：下标未知
分析：一般是定义二维数组时未指定第二维的长度,例如"int a[3][];"

error C2100：illegal indirection
中文对照：非法的间接访问运算符"＊"
分析：对非指针变量使用"＊"运算

error C2105：'operator' needs l-value
中文对照：操作符需要左值
分析：例如"(a＋b)＋＋;"语句,"＋＋"运算符无效

error C2106：'operator'：left operand must be l-value
中文对照：操作符的左操作数必须是左值
分析：例如"a＋b＝1;"语句,"＝"运算符左值必须为变量,不能是表达式

error C2110：cannot add two pointers
中文对照：两个指针量不能相加
分析：例如"int ＊ pa, ＊ pb, ＊ a; a ＝ pa ＋ pb;"中两个指针变量不能进行"＋"运算

error C2117：'xxx'：array bounds overflow
中文对照：数组 xxx 边界溢出
分析：一般是字符数组初始化时字符串长度大于字符数组长度,例如"char str[4] ＝ "abcd";"

续表

---

error C2118：negative subscript or subscript is too large
中文对照：下标为负或下标太大
分析：一般是定义数组或引用数组元素时下标不正确

---

error C2124：divide or mod by zero
中文对照：被零除或对 0 求余
分析：如"int i ＝ 1 / 0;"除数为 0

---

error C2133：'xxx'：unknown size
中文对照：数组 xxx 长度未知
分析：一般定义数组时未初始化，也未指定数组长度，例如"int a[];"

---

error C2137：empty character constant
中文对照：字符型常量为空
分析：一对单引号""""中不能没有字符

---

error C2143：syntax error：missing 'token1' before 'token2'
error C2146：syntax error：missing 'token1' before identifier 'identifier'
中文对照：在标识符或语言符号 2 前漏写语言符号 1
分析：可能缺少"{"、")"或";"等语言符号

---

error C2144：syntax error：missing ')' before type 'xxx'
中文对照：在 xxx 类型前缺少')'
分析：一般是函数调用时定义了实参的类型

---

error C2181：illegal else without matching if
中文对照：非法的没有与 if 相匹配的 else
分析：可能多加了";"或复合语句没有使用"{}"

---

error C2196：case value '0' already used
中文对照：case 值 0 已使用
分析：case 后常量表达式的值不能重复出现

---

error C2296：'%'：illegal, left operand has type 'float'
error C2297：'%'：illegal, right operand has type 'float'
中文对照：％运算的左(右)操作数类型为 float，这是非法的
分析：求余运算的对象必须均为 int 类型，应正确定义变量类型或使用强制类型转换

---

error C2371：'xxx'：redefinition; different basic types
中文对照：标识符 xxx 重定义;基类型不同
分析：定义变量、数组等时重名

---

error C2440：'='：cannot convert from 'char [2]' to 'char'
中文对照：赋值运算，无法从字符数组转换为字符
分析：不能用字符串或字符数组对字符型数据赋值，更一般的情况，类型无法转换

---

error C2447：missing function header(old-style formal list?)
error C2448：'<Unknown>'：function-style initializerappears to be a function definition
中文对照：缺少函数标题(是否是老式的形式表?)
分析：函数定义不正确，函数首部的"()"后多了分号或者采用了老式的 C 语言的形参表

---

error C2450：switch expression of type 'xxx' is illegal
中文对照：switch 表达式为非法的 xxx 类型
分析：switch 表达式类型应为 int 或 char

error C2466: cannot allocate an array of constant size 0
中文对照：不能分配长度为 0 的数组
分析：一般是定义数组时数组长度为 0
error C2601: 'xxx': local function definitions are illegal
中文对照：函数 xxx 定义非法
分析：一般是在一个函数的函数体中定义另一个函数
error C2632: 'type1' followed by 'type2' is illegal
中文对照：类型 1 后紧接着类型 2，这是非法的
分析：例如"int float i;"语句
error C2660: 'xxx': function does not take n parameters
中文对照：函数 xxx 不能带 n 个参数
分析：调用函数时实参个数不对，例如"sin(x,y);"
error C4716: 'xxx': must return a value
中文对照：函数 xxx 必须返回一个值
分析：仅当函数类型为 void 时，才能使用没有返回值的返回命令
fatal error LNK1104: cannot open file "Debug/Cpp1.exe"
中文对照：无法打开文件 Debug/Cpp1.exe
分析：重新编译链接
fatal error LNK1168: cannot open Debug/Cpp1.exe for writing
中文对照：不能打开 Debug/Cpp1.exe 文件
分析：一般是 Cpp1.exe 还在运行，未关闭
fatal error LNK1169: one or more multiply defined symbols found
中文对照：出现一个或更多的多重定义符号
分析：一般与 error LNK2005 一同出现
error LNK2001: unresolved external symbol _main
中文对照：未处理的外部标识 main
分析：一般是 main 拼写错误，例如"void mian()"
error LNK2005: _main already defined in Cpp1.obj
中文对照：main 函数已经在 Cpp1.obj 文件中定义
分析：未关闭上一程序的工作空间，导致出现多个 main 函数
warning C4067: unexpected tokens following preprocessor directive - expected a newline
中文对照：预处理命令后出现意外的符号 - 期待新行
分析："#include<iostream.h>;"命令后的";"为多余的字符
warning C4091: ignored on left of 'type' when no variable is declared
中文：当没有声明变量时忽略类型说明
分析：语句"int ;"未定义任何变量，不影响程序执行
warning C4101: 'xxx': unreferenced local variable
中文对照：变量 xxx 定义了但未使用
分析：可去掉该变量的定义，不影响程序执行
warning C4244: '=': conversion from 'type1' to 'type2', possible loss of data
中文对照：赋值运算，从数据类型 1 转换为数据类型 2，可能丢失数据
分析：需正确定义变量类型，数据类型 1 为 float 或 double、数据类型 2 为 int 时，结果有可能不正确，数据类型 1 为 double、数据类型 2 为 float 时，不影响程序结果，可忽略该警告

---

warning C4305：'initializing'：truncation from 'const double' to 'float'

中文对照：初始化，截取双精度常量为 float 类型

分析：出现在对 float 类型变量赋值时，一般不影响最终结果

---

warning C4390：';'：empty controlled statement found；is this the intent?

中文对照：';' 控制语句为空语句，是程序的意图吗?

分析：if 语句的分支或循环控制语句的循环体为空语句，一般是多加了";"

---

warning C4508：'xxx'：function should return a value；'void' return type assumed

中文对照：函数 xxx 应有返回值，假定返回类型为 void

分析：一般是未定义 main 函数的类型为 void，不影响程序执行

---

warning C4552：'operator'：operator has no effect；expected operator with side-effect

中文对照：运算符无效果；期待起作用的操作符

分析：例如"i+j;"语句，"+"运算无意义

---

warning C4553：'=='：operator has no effect；did you intend '='?

中文对照："=="运算符无效；是否为"="?

分析：例如"i==j;"语句，"=="运算无意义

---

warning C4700：local variable 'xxx' usedwithout having been initialized

中文对照：变量 xxx 在使用前未初始化

分析：变量未赋值，结果有可能不正确，如果变量通过 scanf 函数赋值，则有可能漏写"&"运算符

---

warning C4715：'xxx'：not all control paths return a value

中文对照：函数 xx 不是所有控制路径都有返回值

分析：一般是在函数的 if 语句中包含 return 语句，当 if 语句的条件不成立时没有返回值

---

warning C4723：potential divide by 0

中文对照：有可能被 0 除

分析：表达式值为 0 时不能作为除数

参 考 文 献

[1] 李玲,桂玮珍,刘连英.C语言程序设计[M]. 北京:人民邮电出版社,2005.

[2] 张磊.C语言程序设计[M].3版.北京:清华大学出版社,2012.

[3] 谭浩强.C语言程序设计[M].4版.北京:清华大学出版社,2012.

[4] 杨旭,李杰.C语言程序设计[M].北京:北京时代华文书局,2014.

[5] 冯林,姚远,吕连生,等.C语言程序设计教程[M].北京:高等教育出版社,2015.

[6] 苏小红,王宇颖,孙志岗.C语言程序设计[M].2版.北京:高等教育出版社,2013.

[7] 苏小红,车万翔,王甜甜.C语言程序设计学习指导[M].北京:高等教育出版社,2011.

[8] 夏耘,吉顺如,王学光.大学程序设计(C)实践手册[M].上海:复旦大学出版社,2008.

[9] 明日科技.C语言经典编程282例[M].北京:清华大学出版社,2012.

[10] 张居敏.C语言编程精要12讲[M].北京:电子工业出版社,2006.

[11] 全国计算机等级考试命题研究中心,未来教育教学与研究中心.全国计算机等级考试真题汇编与专
用题库 二级C语言2016年无纸化考试专用[M].北京:人民邮电出版社,2016.